高性能
膨張コンクリート

辻　　幸和
佐久間隆司
保利　彰宏 著

技報堂出版

まえがき

　コンクリートは密度と粒径が異なる材料により造られているため，練り混ぜてから運搬し，打ち込んで，凝結・硬化するまでのフレッシュな状態から凝結初期の過程において材料分離が生じやすく，また初期乾燥によるひび割れ，沈下ひび割れ，およびプラスチックひび割れが生じやすい。これらのひび割れは，フレッシュ状態から凝結前のコンクリートをタンピングや再仕上げで補修できる範囲のものである。また，フレッシュ状態，凝結から硬化初期といった若材齢時のコンクリートでは，温度応力に起因するひび割れがマスコンクリートでは発生しやすく，また自己収縮によるひび割れが，高強度コンクリートには発生する危険性が高い。また，凝結から若材齢，長期材齢にかけてのコンクリート構造物が乾燥状態に置かれると，乾燥収縮ひび割れの発生する可能性が高い。

　このようにコンクリート構造物は，施工から供用における各段階において，種々な原因によりひび割れが発生する危険性があると言える。ひび割れが発生したコンクリート構造物の耐久性は，直ちに低下するものではない。しかし，ひび割れ幅がコンクリート標準示方書「設計編」に記載されている許容値以下であったとしても，供用中のコンクリートの耐久性を低下させる原因となる。なるべくひび割れの発生や発達を避けたいのが，コンクリートに携わる研究者や技術者の願いであり，目標でもある。

　このような背景で，1968年に我が国では最初のコンクリート用膨張材が開発され上市された。それまでは，乾燥収縮低減材が実用されていたに過ぎなかった。コンクリート用膨張材は，その膨張力をケミカルプレストレスとして，遠心力鉄筋コンクリート管（ヒューム管）の外圧強度の向上に効果が発揮できるとの知見も得られた。この用途開発により，コンクリート製品工場に対して膨張材が使用され始めると，膨張材の開発が活発化した。そして1970年，1972年，1974年と，各社からコンクリート用膨張材がそれぞれ上市され，現在ある製品の銘柄が出揃った。

　一方，コンクリート用膨張材に関する研究も，各方面で多くの研究者によって活発になされた。その膨大な研究成果は，土木学会の「膨張コンクリート設計施工指針」として，また日本建築学会の「膨張材を使用するコンクリートの調合設計・施工指針案・同解説」としてまとめられた。また，1980年には，JIS A 6202（コンクリート用膨張材）が制定され，以後2回改定されて現在に至っている。筆者もこれらの制定・改定作業に従事してきた。

　その後，高性能化や経済性などの観点から，従来型の膨張材の性能に加えて，低添加型膨張材および早強型膨張材の高性能膨張材が研究開発され，市販されるに至って，膨張材の適用範囲が広まり，使用量も増加してきた。本書において，これら高性能膨張材の基本設計と製造に関する

研究開発，高性能膨張材の基本性能，これら膨張材を用いたコンクリートについて，断面内の膨張ひずみやケミカルプレストレスの分布，有効ヤング係数，乾燥収縮の低減，ひび割れの低減などをまとめることは，高性能膨張材を有用するために不可欠なことである。

　幸い，高性能膨張材の開発とそれを用いたコンクリートの性状と適用について，筆者の2名が群馬大学に提出した学位論文の内容をベースにすることができた。また関連する内容について，井手一雄，鈴木　脩，栖原健太郎の各氏が群馬大学に提出された学位論文の一部についても引用させて頂いた。本書が，高性能膨張材を利用して，ひび割れを制御した高性能なコンクリート構造物の建造に寄与できれば，望外の喜びである。

　平成20年11月

著者　辻　　幸和
佐久間隆司
保利　彰宏

目　　次

1章　上梓の経緯と構成　　1

1.1　本書の上梓に際して ─────────── 1
1.2　本書の構成 ─────────────── 2

2章　高性能膨張材の開発の経緯　　5

2.1　はじめに ──────────────── 5
2.2　膨張材と膨張セメントの沿革 ──────── 5
2.3　膨張コンクリートの使用量の経緯 ────── 7
2.4　高性能膨張材の開発 ─────────── 9

3章　膨張コンクリートに関する既往の研究　　11

3.1　はじめに ─────────────── 11
3.2　膨張コンクリートの開発理由 ─────── 11
3.3　乾燥収縮ひび割れの抑制効果 ─────── 12
　　　3.3.1　乾燥収縮ひび割れの発生機構 ……… 12
　　　3.3.2　膨張コンクリートによる乾燥収縮ひび割れの抑制 ……… 14
3.4　温度ひび割れの抑制効果 ───────── 16
3.5　自己収縮ひび割れの抑制効果 ─────── 19
3.6　ケミカルプレストレスの導入効果 ───── 21
3.7　今後の研究課題 ──────────── 25

4章　自己収縮ひずみの低減効果　　29

4.1　はじめに ─────────────── 29
4.2　実験の概要 ────────────── 30

4.2.1　使用材料……… 30
　　4.2.2　練混ぜ方法……… 31
　　4.2.3　自己長さ変化率の測定方法……… 31
　　4.2.4　圧縮強度の試験方法……… 31
　　4.2.5　水和発熱の測定方法……… 31
4.3　自己長さ変化率 ───────────────────────────── 31
　　4.3.1　高炉スラグ微粉末含有（BS）モルタルを用いた自己長さ変化率……… 31
　　4.3.2　低熱セメント（HB）モルタルを用いた自己長さ変化率……… 33
　　4.3.3　石灰石微粉末含有（LS）モルタルを用いた自己長さ変化率……… 34
4.4　圧縮強度 ──────────────────────────────── 35
　　4.4.1　材齢28日における圧縮強度……… 35
　　4.4.2　材齢91日における圧縮強度……… 36
4.5　水和発熱 ──────────────────────────────── 37
4.6　まとめ ───────────────────────────────── 39

5章　マスコンクリートの温度応力の低減効果　　41

5.1　はじめに ──────────────────────────────── 41
5.2　実験の概要 ─────────────────────────────── 41
　　5.2.1　実験要因……… 41
　　5.2.2　使用材料および配合……… 42
　　5.2.3　実験方法……… 42
5.3　温度応力の測定結果 ─────────────────────────── 44
　　5.3.1　環境温度が15℃の場合……… 46
　　5.3.2　環境温度が30℃の場合……… 47
5.4　温度応力の考察 ───────────────────────────── 47
　　5.4.1　実験要因が及ぼす温度ひび割れへの影響……… 47
　　5.4.2　実験要因が及ぼす長さ変化率への影響……… 49
　　5.4.3　温度履歴と温度ひび割れの低減効果……… 50
5.5　温度応力の低減機構 ─────────────────────────── 51
　　5.5.1　温度応力……… 51
　　5.5.2　コンクリートのひずみ……… 51

5.5.3　コンクリートの引張強度とヤング係数……… 52

5.6　膨張コンクリートのクリープ係数 ─ 53
5.7　まとめ ─ 56

6章　高強度・高流動・高膨張コンクリートへの適用　59

6.1　高強度・高流動コンクリートへの適用 ─ 59
6.1.1　まえがき……… 59
6.1.2　実験の概要……… 59
6.1.3　自己収縮ひずみ……… 62
6.1.4　乾燥収縮ひずみ……… 63
6.1.5　促進中性化深さ……… 64
6.1.6　断熱温度上昇量……… 64
6.1.7　ひび割れ抵抗性……… 66
6.1.8　まとめ……… 68

6.2　高膨張コンクリートに関する研究 ─ 68
6.2.1　はじめに……… 68
6.2.2　実験対象の連続合成桁……… 68
6.2.3　実験項目と実験方法……… 69
6.2.4　一軸拘束膨張率，圧縮強度，ひび割れ発生荷重，およびひび割れ幅……… 71
6.2.5　まとめ……… 73

7章　高性能膨張材の基本設計　75

7.1　高性能膨張材の開発の背景 ─ 75
7.2　高性能膨張材の要求性能 ─ 77
7.2.1　低添加型膨張材の要求性能……… 77
7.2.2　早強型膨張材の要求性能……… 78

8章　高性能膨張材の製造　79

8.1　高性能膨張クリンカーの焼成に関する緒言 ─ 79

- 8.2 高性能膨張クリンカーに関する基礎実験 ——— 80
  - 8.2.1 実験の目的……… 80
  - 8.2.2 試料と水準……… 80
  - 8.2.3 実験項目と実験方法……… 81
  - 8.2.4 実験結果……… 82

- 8.3 低添加型膨張材に関する基礎実験 ——— 86
  - 8.3.1 実験の目的……… 86
  - 8.3.2 試料と水準……… 86
  - 8.3.3 実験方法……… 87
  - 8.3.4 粉末度と拘束膨張率……… 87

- 8.4 早強型膨張材に関する基礎実験 ——— 89
  - 8.4.1 はじめに……… 89
  - 8.4.2 早強型膨張材の調整と開発……… 90
  - 8.4.3 クリンカー組成と粒度組成……… 93
  - 8.4.4 無水石こうの混和の影響……… 95
  - 8.4.5 コンクリート実験の結果……… 97

- 8.5 まとめ ——— 100

9章 低添加型膨張材の基本性能　103

- 9.1 低添加型膨張材の性能 ——— 103
  - 9.1.1 はじめに……… 103
  - 9.1.2 使用材料，配合および実験方法……… 103
  - 9.1.3 フレッシュ性状……… 104
  - 9.1.4 硬化性状……… 105
  - 9.1.5 まとめ……… 107

- 9.2 低添加型膨張材の基礎物性 ——— 108
  - 9.2.1 はじめに……… 108
  - 9.2.2 実験の概要……… 108
  - 9.2.3 実験結果……… 110
  - 9.2.4 まとめ……… 116

10章 早強型膨張材の基本性能と耐久性　119

10.1 早強型膨張材の基本性能 ─── 119
　10.1.1　はじめに……… 119
　10.1.2　使用材料と実験方法……… 119
　10.1.3　実験結果……… 120

10.2 早強型膨張材を用いたコンクリートの耐久性 ─── 124
　10.2.1　はじめに……… 124
　10.2.2　使用材料，配合および実験方法……… 124
　10.2.3　実験結果と考察……… 125

10.3 まとめ ─── 127

11章 仕事量一定則の適合性　129

11.1 拘束鋼材比が異なる一軸拘束状態の仕事量 ─── 129
　11.1.1　はじめに……… 129
　11.1.2　実験の概要と水準……… 129
　11.1.3　使用材料と配合……… 130
　11.1.4　実験方法……… 130
　11.1.5　実験結果と考察……… 131

11.2 低添加型膨張材と従来型膨張材における仕事量 ─── 133
　11.2.1　膨張ひずみ……… 133
　11.2.2　圧縮強度……… 134
　11.2.3　仕事量一定則の概念……… 134
　11.2.4　まとめ……… 135

12章 鉄筋の各種拘束を受ける高性能膨張コンクリート　137

12.1 断面内の膨張分布と力学的特性 ─── 137
　12.1.1　はじめに……… 137
　12.1.2　実験の概要……… 137
　12.1.3　実験項目と実験方法……… 139
　12.1.4　実験結果……… 140

12.2　鉄筋コンクリート部材の膨張分布と乾燥収縮 — 143

- 12.2.1　はじめに……… 143
- 12.2.2　実験の概要……… 144
- 12.2.3　長さ変化率……… 146
- 12.2.4　膨張材の種類による影響……… 148

12.3　膨張材の使用効果に関する事前解析時の入力物性値 — 150

- 12.3.1　はじめに……… 150
- 12.3.2　実験の概要……… 152
- 12.3.3　実験結果……… 153

12.4　乾燥収縮ひび割れの抑制効果の評価方法 — 158

- 12.4.1　乾燥収縮ひずみの推定……… 158
- 12.4.2　鉄筋比のみを考慮した場合のケミカルプレストレスの推定……… 159
- 12.4.3　拘束率を加味した発生引張応力の推定式の提案……… 160
- 12.4.4　引張強度の推定と評価……… 161
- 12.4.5　乾燥収縮ひび割れの低減効果に関する適用例……… 162

12.5　まとめ — 165

13章　ケミカルプレストレインとケミカルプレストレスの推定および効果　169

13.1　膨張コンクリートがなす仕事量における従来型と低添加型膨張材の比較 — 169

- 13.1.1　実験の目的……… 169
- 13.1.2　実験の概要……… 169
- 13.1.3　膨張ひずみ分布……… 170

13.2　環境温度がケミカルプレストレストコンクリート梁の膨張率に及ぼす影響 — 175

- 13.2.1　実験の目的……… 175
- 13.2.2　実験の概要……… 175
- 13.2.3　実験結果……… 177

13.3　まとめ — 179

14章　低添加型膨張材のコンクリート構造物への適用　181

14.1　乾燥収縮ひび割れの抑制への適用 — 181

14.1.1　はじめに……… 181
14.1.2　現場の計測方法……… 181
14.1.3　使用材料と配合……… 182
14.1.4　実験結果……… 183
14.1.5　引張応力の推定とひび割れの抑制効果……… 187

14.2　壁体コンクリート構造物における評価 — 190

14.2.1　はじめに……… 190
14.2.2　実験の概要……… 190
14.2.3　コンクリートの品質管理の実験結果……… 192
14.2.4　コンクリート壁体における計測結果……… 194
14.2.5　耐久性の評価……… 196
14.2.6　まとめ……… 198

14.3　マスコンクリート構造物への適用 — 199

14.3.1　はじめに……… 199
14.3.2　計測の概要……… 199
14.3.3　実ひずみ，温度，発生応力およびひび割れ……… 200
14.3.4　解析的検討……… 201
14.3.5　解析結果……… 202

15章　早強型膨張材のコンクリート製品への適用　205

15.1　早期脱型強度の向上 — 205

15.1.1　はじめに……… 205
15.1.2　実験の概要……… 205
15.1.3　無機カルシウム塩系硬化促進剤との組み合わせ効果……… 206
15.1.4　供試体の大きさの影響……… 208
15.1.5　単位早強型膨張材量と蒸気養生の最高温度の影響……… 210

15.2　断熱養生への適用 — 214

15.2.1　はじめに……… 214
15.2.2　使用材料と配合……… 215
15.2.3　実験の概要……… 215
15.2.4　温度履歴と強度……… 216

15.3　大型コンクリート製品の温度ひび割れの防止 — 217

- 15.3.1 はじめに ……… 217
- 15.3.2 実験の概要 ……… 217
- 15.3.3 ひび割れ，圧縮強度および一軸拘束膨張率 ……… 219

15.4 遠心力鉄筋コンクリート管への適用 ──────────────── 220

16章 おわりに 223

- 16.1 膨張コンクリートの誕生 ──────────────── 223
- 16.2 膨張コンクリートの実用化の技術課題 ──────────── 223
- 16.3 ケミカルプレストレスの推定方法の提案 ──────────── 224
- 16.4 曲げおよびせん断特性の改善効果 ──────────── 225
- 16.5 ボックスカルバート工場製品の開発 ──────────── 225
- 16.6 土木学会　膨張コンクリート設計施工指針の制定 ──────── 225
- 16.7 将来に対する展望 ──────────────── 226

1章 上梓の経緯と構成

1.1 本書の上梓に際して

　コンクリートを構造物に使用する際にひび割れが発生する現象は，セメントを結合材として使用する限り避けて通れないものである。ひび割れには，多種多様な要因が絡み合っており，発生したひび割れの原因を特定することは難しい面があった。しかし，コンクリートを工学的な体系に創り上げてきた過程の中で，ひび割れの種類と原因が特定されるようになった。

　コンクリートが打ち込まれて，凝結するまでのフレッシュ状態において，初期乾燥によるひび割れ，沈下ひび割れ，およびプラスチックひび割れが生じやすい。これらのひび割れは，フレッシュ状態のコンクリートをタンピングや再仕上げで補修できる範囲のものである。また，フレッシュ状態，凝結から硬化初期といった若材齢のコンクリートでは，温度応力に起因するひび割れがマスコンクリートでは発生しやすく，また自己収縮によるひび割れが高強度コンクリートには発生する危険性が高い。また，凝結から若材齢，長期材齢にかけてのコンクリート構造物が乾燥状態に置かれると，乾燥収縮ひび割れが発生する可能性がある。

　このようにコンクリート構造物は，施工から供用における各段階において，種々の原因によりひび割れが発生する危険性があると言える。ひび割れが発生したコンクリート構造物の耐久性は，ただちに低下するものではない。しかし，ひび割れ幅がコンクリート標準示方書[設計編]に記載されている許容値[1]以下であったとしても，供用中のコンクリートの耐久性を低下させる原因となりうる場合もある。なるべくひび割れの発生を避けたいのが，コンクリートに携わる技術者の願いである。

　このような背景で，1968年にわが国では最初のコンクリート用膨張材が開発され上市された。それまでは，乾燥収縮低減材があったに過ぎなかった。無水石こうを主成分とするもので，コンクリートの収縮の原因となるセメント中のアルミン酸三カルシウムを消費させることを主目的にしていた。

　コンクリート用膨張材は，その膨張力をケミカルプレストレスとして，遠心力鉄筋コンクリート管（ヒューム管）の外圧強度の向上に効果が発揮できるとの知見も得られた。この用途開発により，各セメントメーカー系列の製品工場において膨張材が使用され始めると，膨張材の開発が活発化した。そして1970年，1972年，1974年と，各社からコンクリート用膨張材がそれぞ

れ上市され，現在ある製品が出揃った。

　一方，コンクリート用膨張材に関する研究も，各方面で多くの研究者によって活発になされた。その膨大な研究成果は，土木学会の「膨張コンクリート設計施工指針[2),3)]」としてや，日本建築学会の「膨張材を使用するコンクリートの調合設計・施工指針案・同解説[4)]」としてまとめられている。また，1980年には，JIS A 6202（コンクリート用膨張材）が制定され，以後2回改正されて現在に至っている[5)]。

　また，コンクリート製品向けの膨張材としては，ケミカルプレストレスの導入による外圧強度の確保がその主目的であった。しかし，コンクリート製品には，早期脱型による型枠回転率の向上，蒸気養生エネルギーの低減，大型製品の蒸気養生後の温度応力ひび割れの低減等の要求が以前から存在していた。これらの要求性能を満たすべく，膨張材に早強性能を付与した高性能膨張材を開発している。この基礎研究についても，本書の中で述べる。

　本書の目的としては，膨張材に関する既往の研究を見直した上で，従来型の膨張材の効果をどのように評価されてきたかを明らかにする。また，低添加型膨張材および早強型膨張材の高性能膨張材に関する基本設計と製造に関する研究開発の結果を述べる。そして，高性能膨張材の基本性能を述べた後に，低添加型膨張材にも共通する従来型の膨張材を用いたコンクリートについて，断面内の膨張分布，有効ヤング係数，乾燥収縮の低減，ひび割れの低減，高膨張コンクリートの性能といった基礎事項を述べる。最後に，高性能膨張材の適用として，低添加型膨張材に関しては，乾燥収縮の低減とマスコンクリートの温度応力の低減についての事例について，早強型膨張材に関しては，コンクリート製品への実際の適用事例についてそれぞれ述べるものである。

　本書は，高性能膨張材の開発とそれを用いたコンクリートの性状と適用について，筆者の2名が群馬大学に提出した学位論文[6),7)]の内容を用いて構成されている。また関連する内容について提出された学位論文[8)-10)]の一部についても引用している。

1.2　本書の構成

　本書は16章から構成されており，各章の概要は以下のようになっている。

　1章の上梓の経緯と構成内容では，本書を上梓した背景を概観するとともに，本書の目的と構成を述べる。

　2章では，開発・上市されて40年を経るコンクリート用膨張材の沿革を述べる。

　3章は，膨張コンクリートに関する過去の膨大な研究成果を，① 乾燥収縮ひび割れの抑制，② 温度ひび割れの抑制，③ 自己収縮ひび割れの抑制，④ ケミカルプレストレスの導入効果に関する観点から整理した。

4章では，膨張材の使用によるコンクリートの自己収縮ひずみの低減効果を述べる。

5章では，膨張材の使用によるマスコンクリートの温度応力や温度ひび割れの低減効果を述べる。

6章では，高強度コンクリートと高流動コンクリートへの膨張材の適用および高膨張性を有するコンクリートの基礎性状について述べる。

7章では，高性能膨張材に関する基本設計として，高性能膨張材の開発の背景と要求性能を整理してまとめる。

8章では，高性能膨張材に用いる高性能膨張クリンカーの焼成に関する基礎実験とそのクリンカーのキャラクターについての知見を整理する。また，これらの実験室の研究を生かした実機回転窯での焼成実験に関する研究成果を取りまとめる。さらに，この高性能膨張クリンカーを用いた低添加型膨張材と早強型膨張材の適用性に関する基礎研究について記述する。

9章では，8章での基礎研究を基に開発された高性能膨張材である低添加型膨張材について，膨張コンクリートとしての基本性能に関する研究結果をまとめる。

10章では，8章での基礎研究を基に開発された高性能膨張材である早強型膨張材について，膨張コンクリートとしての基本性能や耐久性に関する研究結果をまとめる。

11章では，高性能膨張材として，主に低添加型膨張材と低添加型膨張材にも共通する従来型膨張材を用いたコンクリートにおけるケミカルプレストレスに関する仕事量一定則の適用性について述べる。

12章では，従来型膨張材と対比して低添加型膨張材を鉄筋コンクリート部材に適用した膨張コンクリートについて，部材断面内の膨張ひずみの分布や鉄筋拘束の及ぶ範囲，若材齢時における有効ヤング係数，乾燥収縮ひび割れの低減に関する知見を明らかにする。

13章では，膨張材を用いた鉄筋コンクリート部材に導入されるケミカルプレストレインとケミカルプレストレスの定量的な推定方法とその効果について，環境温度を変化させた実験結果について述べる。

14章では，低添加型膨張材を使用したコンクリートの事例としては，デッキスラブコンクリートおよび大型水理構造物での定量評価の結果を明らかにする。また，マスコンクリートへの適用事例も報告する。

15章では，早強型膨張材を使用したコンクリートの早期脱型に関する適用事例，蒸気養生を省いて養生したコンクリート製品に関する事例，大型コンクリート製品に関する温度ひび割れの抑制に関する事例などをそれぞれ報告する。

16章のおわりでは，本書で報告した知見をまとめる。そして，高性能膨張材によるコンクリート構造物の性能向上の効果と今後の課題についてのまとめを行う。

●参考文献

1) 2007年制定コンクリート標準示方書[設計編]，土木学会，2008.3
2) 膨張コンクリート設計施工指針(案)，土木学会，1979.12
3) 膨張コンクリート設計施工指針，土木学会，1993.7
4) 膨張材を使用するコンクリートの調合設計・施工指針案・同解説，日本建築学会，1978.2
5) JIS A 6202(コンクリート用膨張材)，日本規格協会，1997.8
6) 佐久間隆司：高性能膨張材の製造とその適用に関する基礎研究，群馬大学学位論文，2005.3
7) 保利彰宏：低添加型の膨張材を用いた膨張コンクリートの適用に関する基礎研究，群馬大学学位論文，2004.3
8) 井手一雄：ケミカルプレストレストコンクリート部材の引張強度特性，群馬大学学位論文，2004.3
9) 鈴木 脩：早強型膨張材を用いた遠心力鉄筋コンクリート管の外圧ひび割れ強度に関する基礎的研究，群馬大学学位論文，2005.3
10) 栖原健太郎：膨張材によるケミカルプレストレインを考慮したCPC部材の限界状態設計法，群馬大学学位論文，2008.3

2章 高性能膨張材の開発の経緯

2.1 はじめに

　コンクリート用膨張材は，わが国で開発・上市されて40年を経る。近年は，従来の膨張材の約2/3の使用量でほぼ同等の膨張性能を発揮する「低添加型膨張材」や早期に膨張力を発揮できる「早強型膨張材」の高性能膨張材が開発されて実用されている。

　本章では，膨張材の開発の沿革をまず述べる。さらに，膨張材と膨張セメントに関する過去の研究開発の成果を整理して，低添加型膨張材と早強型膨張材の高性能膨張材への開発の経緯を主体に解説する。

2.2 膨張材と膨張セメントの沿革

　わが国は第二次世界大戦後の混乱期を経て，経済の復興時期になると物不足が解消され，商品の品質の向上に目が向けられていった。コンクリートに携わる技術者は，コンクリート構造物に発生するひび割れは，コンクリートの持つ宿命的なものとしていたが，その抜本的対策について徐々に考え始めるようになっていた。

　エトリンガイトは，1890年のCondlofによる研究，1892年のMichaelisの研究などと，海外では古くから研究が行われていた。H.Lossierはエトリンガイトの性状を明確にした後に，ボーキサイト・石こう・生石灰の混合物を焼成して膨張クリンカーの製造を試みている。その後，H.Lafumaがその研究を引き継ぎ，1954年にはあらかじめ膨張性能をセメントに付与して，コンクリートに発生する乾燥収縮を補償するという膨張セメントを，世界で初めて発表した[1]。

　日本では1955年に，小野田セメント社の田中太郎と渡辺嘉香が膨張セメントの研究にいち早く着手した。これはアルミナセメントと石こうを膨張の基材とし，安定材として高炉水砕スラグを用いるものであり，膨張の基材，高炉水砕スラグ，普通セメントを混合した膨張セメントであった。しかし，当時のコンクリート技術では，この膨張セメントの使用効果を有効に発揮させることができず，実用化には至っていない。

　膨張セメントとして世界で初めて実用化したのは，カリフォルニア大学のKleinで，彼は1958

年に特許をACI(米国コンクリート工学協会)に譲渡した。この膨張材は，ボーキサイト・石灰・石こうの混合物を1300℃で焼成し，無水カルシウムアルミネート系膨張クリンカーを使用するもので，現在のエトリンガイト系膨張材の基本となっている。またフランスでは，1962年に膨張セメント「Ciment Expansiv」の販売が，米国では膨張セメント「Chem comp」の販売がそれぞれ開始された。

一方，乾燥収縮ひび割れを抑制するコンクリート用混和材としては，日本国内では初めてとされる「ジプトン」が，小野田セメント社から1965年に発売された。「ジプトン」は副産無水石こうを主成分として，ワーカビリティーを増す目的で若干の石灰粉末と界面活性剤が混和されていた。その乾燥収縮の防止機構は，無水石こうが乾燥収縮に大きな影響を及ぼすアルミン酸三カルシウム(C_3A)と水和反応して，エトリンガイトを生成するものであった。セメント中のアルミン酸三カルシウム(C_3A)を利用してエトリンガイトを生成するために，初期膨張量は小さいが，無水石こうの溶解速度が小さいため，長期間にわたり乾燥収縮を補償するという機構であった。これらの化学反応を，式(2.1)に示す。コンクリートの乾燥収縮率を30％程度低減する効果があったとされている。

$$3CaO \cdot Al_2O_3 + 3CaSO_4 + nH_2O \rightarrow 3CaO \cdot Al_2O_3 \cdot 3CaSO_4 \cdot 32H_2O \tag{2.1}$$

アルミン酸三カルシウム　　無水石こう　　　　エトリンガイト

「ジプトン」は，単位セメント量に対して5％を細骨材と置換して混和する使用方法である。真空コンクリート工法と併用した「ジプトン真空工法」として，販路を拡大していた[2]。

一方，電気化学工業社は1963年に，官・学・民からなる「CSA研究会」を組織して，コンクリート用膨張材の開発研究に着手し，1968年4月に膨張型の乾燥収縮ひび割れ防止材(混和材)「デンカCSA」を上市した。「デンカCSA」はアウインと呼ばれる鉱物組成，カルシウムサルフォアルミネートを主成分として，生石灰と石こうを混合したものである。その水和過程でエトリンガイトが生成して，コンクリートを膨張させることにより，乾燥収縮によるひび割れを抑制するものである。式(2.2)には，「デンカCSA」の主な化学反応を示す。

$$3CaO \cdot 3Al_2O_3 \cdot CaSO_4 + 8CaSO_4 + 6CaO + 96H_2O \rightarrow 3(3CaO \cdot Al_2O_3 \cdot 3CaSO_4 \cdot 32H_2O) \tag{2.2}$$

カルシウムサルフォアルミネート　　　　無水石こう　生石灰　　　　　　エトリンガイト

その後，膨張材にコンクリートを破壊する膨張力が存在することが，偶然のトラブルで発見された。この膨張力を遠心力鉄筋コンクリート管のヒューム管の製造に生かすことで，ケミカルプレストレスを利用した高強度ヒューム管の開発の成功につなげた。この用途開発により，部材厚が薄いものでも，外圧強度の大きなコンクリート製品の製造が可能になった。デンカCSAが高強度コンクリート製品の製造のキーマテリアルとして利用され始め，セメント各社の系列を超えたコンクリート製品メーカーへも普及し始めた。そして今後，安価な高強度コンク

リート製品の製造には膨張材が不可欠であるという理由から，小野田セメント社は膨張材の開発に着手することになった。

小野田セメント社では，電気化学工業社が開発したカルシウムサルフォアルミネート系以外の基材を主成分とする膨張材の研究に着手した。当時小野田セメント社では，セメントを焼成する際に改良焼成法という技術を持っていた。これは，石灰石をあらかじめ焼成して，ローラー転圧したフレーク状の石灰原料を使用するものであった。この生石灰を製造する竪窯に，生石灰の焼結物が堆積してトラブルになることがあった。このように焼結した生石灰は水中に入れても，水和反応が著しく遅れることがわかっていた。このメカニズムを検討した結果，CaOの結晶が通常は$1〜2\mu m$であるのに対して$100\mu m$程度あり，蜂の巣状に発達していることがわかった。このような生石灰を工業的に製造できれば，膨張材への応用が可能であるとして取り組んだ。その結果，1972年2月に，世界で初めてとされる石灰系膨張材「小野田エクパン」が開発され，上市された。

1970年には，日本セメント社からCSA系膨張材「アサノジプカル」が上市された。また1974年には，石灰系膨張材「住友サクス」が上市されたが，その後CSA系膨張材に変更された。この時点で，現在に至る4銘柄の膨張材がすべて上市されたことになる。

膨張コンクリートに関する多くの研究も，膨張材が開発された1968年から1980年代まで盛んに行われ，膨大な研究成果が残されている。この研究成果を受けて，1978年2月に日本建築学会から「膨張材を使用するコンクリートの調合設計・施工指針案・同解説」が刊行された[3]。また1979年12月には，土木学会より「膨張コンクリートの設計・施工指針（案）」が刊行された[4]。そして1993年7月には，この指針案は改訂されて指針として発刊された[5]。この間の1980年には，JIS A 6202（コンクリート用膨張材）が制定され，以後2回改正されて現在に至っている[6]。

2.3　膨張コンクリートの使用量の経緯

コンクリート製品である遠心力鉄筋コンクリート管の2種ヒューム管や2種のボックスカルバートでは，JIS規格の外圧強度を満たすために，膨張材は欠かすことのできないコンクリートの構成材料となってきた。外圧強度を向上させるための一軸拘束膨張試験による膨張ひずみは，$250〜1\,000\times10^{-6}$と大きいため，膨張材の使用量も単位量で$40〜70\,\mathrm{kg/m^3}$と多くなっている。このことから，コンクリート製品用の膨張材の使用量は，現場打ちコンクリートの用途に対して多量となっている。

一方，現場打ちの膨張コンクリートは，コンクリート単位量あたり$30\,\mathrm{kg/m^3}$程度の単位膨張材量であり，収縮補償の用途が圧倒的に多い。しかし，コンクリート単位量あたりの使用量が少ないにもかかわらず，経済的な面や膨張材を使用しても効果が少ないことや無いことといっ

た事例も散見され，費用対効果の面から，全コンクリートに占める膨張コンクリートの使用率は低位である。

図-2.1には，生コンクリートの出荷実績とともに，その中で膨張コンクリートが占める割合を示す。図のように，膨張コンクリートの普及率では，近年増加傾向にあるが全生コンクリート出荷量の2％以下にとどまっており[7),8)]，現場打ちコンクリート用の膨張材が普及しているとは言いがたい状況にある。

しかし，近年の建設不況でコンクリート製品の需要が落ち込む一方，**図-2.2**に示すように，現場打ちコンクリート用の膨張材の需要が上昇してきている。その背景としては，① コンクリート構造物の耐久性が問題になってきており，耐久性の低下につながるひび割れをなるべく低減したいという要求の中で，膨張コンクリートが見直されつつあること，② 性能照査型設計

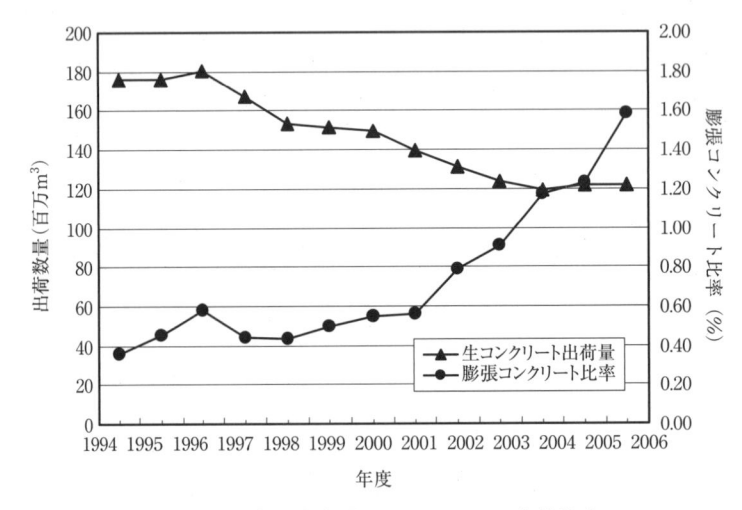

図-2.1 工事用途膨張コンクリートの出荷比率

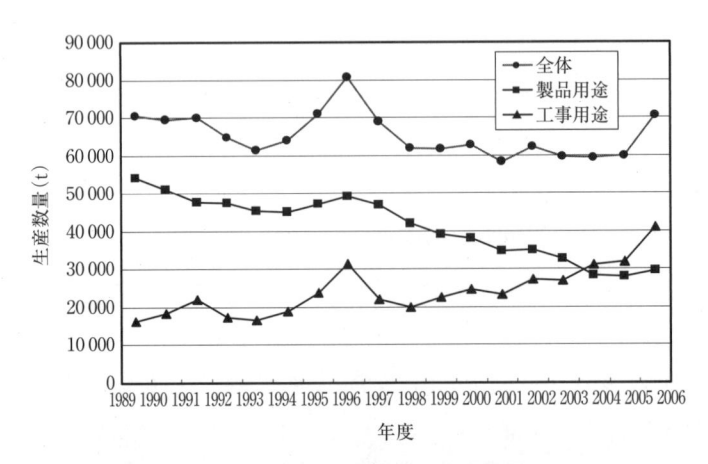

図-2.2 膨張材の生産数量

へと移行する上で欠くことができない膨張材の効果を定量的に評価する研究が進行していること，そして③ 低添加型膨張材が開発・上市され，経済的な面で有利になっていることが挙げられる。さらに，早強性を付与した膨張材が開発されて，膨張材の市場が広がりを見せていることも，増加要因の一つとして挙げられる。

2.4 高性能膨張材の開発

　コンクリート用膨張材は，前述のようにコンクリートに発生するひび割れを抑制するために開発されたが，その普及率は低位にとどまっている。その原因としては，コンクリートの価格が20年以上変化しない，または下落傾向にあるため，コンクリートの単位量あたりの価格が収縮補償用に用いた場合でも3 000円/m^3程度上昇する膨張材を使用することが困難であったことが挙げられる。すなわち，膨張材を使用したときの定量的な効果を明確に示せないことや施工に手間がかかることなどの問題があったことが，膨張コンクリートの普及率が停滞している原因と考える。

　近年，新幹線トンネル内コンクリートの剥落事故や橋梁からの剥落事故等により，コンクリート構造物の耐久性がとくに問題になっている。また，河川の砂利・砂の採取が禁じられ，骨材事情が悪化してきている。さらに，アルカリ骨材反応による劣化，飛来塩分による塩害劣化，酸性雨による中性化の促進に加えて，生コンクリートへの加水問題が噴出して，コンクリートの信頼性を失うような事象が起きている。

　このようなコンクリートの耐久性を低下させるような事象を踏まえて，コンクリートに発生するひび割れを抑制する目的で，膨張コンクリートが見直されつつある。日本コンクリート工学協会では2001年から2003年まで「膨張コンクリートによる構造物の高機能化／高耐久化研究委員会(委員長：辻　幸和)」が活動を行い，膨張コンクリートに関する新しい知見を踏まえて成果がまとめられた[8),9)]。また，日本橋梁建設協会床版技術部会膨張材評価WGが，2002年から2004年まで活動を行い，主に場所打ちPC床版に対する膨張材の使用評価を行っている[10)]。このような委員会活動を通じて，膨張材の効果の定量評価技術に大きな前進が認められた。

　このような背景から，定量評価の技術が進展するのと並行する形で，膨張材の製造会社は経済性を上げる努力を行い，少ない使用量でもその膨張性能を発揮できる製品を開発して，上市している。すなわち，グリーン調達法の普及により，土木用コンクリート構造物では高炉セメントが多く使用される事例が多く，高炉セメントとエトリンガイト系膨張材を併用した場合，エトリンガイトの生成に必要な生石灰を高炉スラグがカルシウムシリケートを生成する反応に消費してしまい，十分な膨張性能が得られなかった。これを解消するべく，生石灰も膨張起源とする複合型の低添加型膨張材を開発している[11),12)]。一方石灰系膨張材でも，低添加型に対応

するような高い膨張性能を得る研究・開発を実施して，上市している。これらの低添加型膨張材は，低レベル放射性廃棄物処分施設のコンクリートピット処分施設における鉄筋コンクリート壁のひび割れ制御に従来型の膨張材が効果を発揮したことを踏まえ，現在計画が進んでいる余裕深度処分施設においても使用される見込みである。

また，コンクリート製品向けの膨張材としては，ケミカルプレストレスの導入による外圧強度の確保がその主目的である。その際に，コンクリート製品にはまた，早期脱型による型枠回転率の向上，蒸気養生エネルギーの低減，大型製品の蒸気養生後の温度ひび割れの低減等の要求が，以前から存在していた。これらの要求性能を満たすために，膨張材に早強性能を付与した高性能膨張材を開発して，ヒューム管への適用も検討されている[13),14)]。

● 参考文献

1) コンクリート用膨張材技術資料，日本セメント建材事業部編
2) 綿貫輝彦：「太平洋エクスパン」の開発と歴史，太平洋マテリアル内部資料，2004.2
3) 膨張材を使用するコンクリートの調合設計・施工指針案・同解説，日本建築学会，1978.2
4) 膨張コンクリート設計施工指針(案)，土木学会，1979.12
5) 膨張コンクリート設計施工指針，土木学会，1993.7
6) JIS A 6202(コンクリート用膨張材)，日本規格協会，1997.8
7) 生コンクリート出荷実績に関する統計資料，全国生コンクリート工業組合連合会ホームページ掲載資料，2007.9
8) 膨張材実績，膨張材協会総会資料，2007.6
9) 膨張コンクリートによる構造物の高機能化/高耐久化に関するシンポジウム委員会報告書，日本コンクリート工学協会，2003.9
10) 日本橋梁建設協会，膨張材協会：場所打ちPC床版における膨張材の有効性評価検討報告書，2004.10
11) 盛岡実，坂井悦郎，大門正機：遊離石灰－アウイン－無水セッコウ系膨張材の性能におよぼす調整方法の影響，コンクリート工学論文集，Vol.14，No.2，pp.43-50，2003.5
12) 保利彰宏，高橋光男，辻幸和，原田真剛：低添加型膨張材を用いたコンクリートの基礎物性，コンクリート工学年次論文集，Vol.24，No.1，pp.261-266，2002.6
13) 鈴木脩，松村武文，橋本哲夫，渡邉斉：早強型膨張材の遠心力鉄筋コンクリート管への適用に関する基礎研究，コンクリート工学論文集，第15巻1号，pp.23-33，2004.1
14) 鈴木脩，松村武文，橋本哲夫，渡邉斉：型枠拘束制御による遠心力鉄筋コンクリート管の外圧ひび割れ強度の向上に関する基礎研究，コンクリート工学論文集，第15巻3号，pp.1-14，2004.9

3章 膨張コンクリートに関する既往の研究

3.1　はじめに

　コンクリート用膨張材は，わが国で開発・上市されて40年を経る。近年は，従来の膨張材の約2/3の使用量でほぼ同等の膨張性能を発揮する「低添加型膨張材」および早期に膨張力を発揮できる「早強型膨張材」の高性能膨張材が，開発されて実用されている。
　本章では，まず膨張材コンクリートの開発の理由を述べる。さらに，膨張コンクリートに関する過去の膨大な研究成果を，①乾燥収縮ひび割れの抑制，②温度ひび割れの抑制，③自己収縮ひび割れの抑制，④ケミカルプレストレスの導入効果の観点から整理して解説する。そして最後に，今後の膨張コンクリートの研究課題について言及する。

3.2　膨張コンクリートの開発理由

　コンクリート構造物を建造する際に，ひび割れはセメントを結合材として使用する限り避けて通れない現象である。ひび割れには，多種多様な要因が複雑に絡み合っており，発生したひび割れの原因を厳密に特定することは非常に難しい作業である。しかし，コンクリート工学の体系が創り上げられてきた過程において，ひび割れの種類と特徴およびその原因が明らかにされるようになってきた。
　コンクリートが打ち込まれて，凝結するまでのフレッシュ状態において，初期乾燥によるひび割れ，沈下ひび割れ，およびプラスチックひび割れが生じることが多い。これらのひび割れは，フレッシュ状態のコンクリートをタンピングや再仕上げで補修できる特徴を有するものである。
　フレッシュ状態，凝結から硬化初期過程といった若材齢時においては，セメントの水和熱に起因する温度ひび割れがマスコンクリートでは発生しやすい。また自己収縮によるひび割れが，高強度コンクリートを用いた場合においては，発生する危険性が高い。そして，若材齢から長期材齢における乾燥状態においては，乾燥収縮ひび割れが発生する可能性がある。このようにコンクリート構造物は，施工段階から供用期間において，種々の原因によりひび割れが発生し

やすいと言える。

　なお、ひび割れが発生したコンクリート構造物の耐久性は、ただちに低下するものではない。土木学会コンクリート標準示方書［設計編］では、コンクリート構造物が供用される環境条件下におけるひび割れ幅の制御が要求されている。例えば、腐食性環境の条件下では $0.004c$ 以下（c：かぶり）となっており、通常の 50 mm のかぶりを有するコンクリート構造物では 0.2 mm 以下のひび割れ幅が許容されている。これ以上のひび割れ幅になると、ひび割れからの有害物質の浸透量が大きくなり、鉄筋が発錆して構造物としての耐久性を阻害することになる[1]。

　しかし、ひび割れ幅がこの「設計編」に規定されている数値以下であったとしても、供用中のコンクリートの耐久性を低下させる原因となりうる。なるべくひび割れの発生を避け、もし発生したとしてもひび割れ幅を低減させるのが、コンクリートに携わる技術者の目標であった。

　このような背景で、1968 年にわが国で最初のコンクリート用膨張材「デンカ CSA」が、電気化学工業社で開発されて上市された。それまでは、収縮の原因となるセメント中のアルミン酸三カルシウムを消費させる無水石こうを主成分とする乾燥収縮低減材が、市販されていたに過ぎなかった。その後、コンクリート用膨張材には、その膨張力を積極的にケミカルプレストレスを導入する目的に使うことにより、コンクリート製品のひび割れ耐力を向上できる効果があるとの知見が得られた。

　この用途開発により、各セメントメーカー系列のコンクリート製品工場へ膨張材がスペックされ始め、膨張材の開発が活発化した。そして、1970 年に「アサノジプカル」が日本セメント社から、1972 年に「小野田エクスパン」が小野田セメント社から、1974 年に「住友サクス」が住友セメント社からそれぞれ市販され、現在ある製品が出揃った。また 1980 年には、JIS A 6202（コンクリート用膨張材）が制定され、以後 2 回の改正がなされた[2]。

　一方、コンクリート用膨張材に関する研究も各方面で多くの研究者によって活発になされた。これらの膨大な研究成果は、土木学会「膨張コンクリートの設計・施工指針（案）[3]」や日本建築学会から「膨張材を使用するコンクリートの調合設計・施工指針案・同解説[4]」としてまとめられてきた。そして、これらの指針（案）や指針案は、その後随時改訂された[5]。

3.3 乾燥収縮ひび割れの抑制効果

3.3.1 乾燥収縮ひび割れの発生機構

　乾燥収縮によりコンクリートに発生するひび割れを抑制することは、古くからの課題であり、多くの研究者が取り組んできている。乾燥収縮のメカニズムは、毛細管張力機構、分離圧機構、表面張力機構、間隙水の移動機構などの諸説がある。ただ、通常の構造物で問題となる 40〜

90％RH（相対湿度）の中湿度や高湿度の条件では，以下に示す毛細管張力機構が卓越することを，RILEM等のコンクリートのクリープと乾燥収縮の物理的，化学的原因に関するシンポジウムの総括討論においても，国際的に確認されている[6),7)]。

毛細管張力は，セメント硬化体の水和物や骨材間に存在する毛細管水が，乾燥により蒸発する時に発生するものである。毛細管張力 Δp は，液の表面張力 γ（水：73 dyn/cm），液面の主曲率半径 r_1, r_2 により，式(3.1)で算出される。

$$\Delta p = \gamma \left(\frac{1}{r_1} + \frac{1}{r_2} \right) \tag{3.1}$$

この式によれば，空隙径が小さければ小さいほど，毛細管張力は大きくなる。また，水の表面張力は，水素結合していて凝集力が大きいことから，水銀を除くいずれの液体よりも大きい。しかし，表面張力を減少させる性質を持つ物質を，例えば界面活性剤を添加することにより，表面張力を減少させることが可能である。コンクリート用の収縮低減剤は，この作用により乾燥収縮を低減している。

牧角らは，現在のJIS A 1151に近い形状寸法の外部拘束試験装置を用いて，拘束程度と収縮応力，ひび割れの発生の関係を検討している[8)]。この結果，自由収縮ひずみが小さい低水セメント比のコンクリートでも，拘束度が30％程度では収縮ひび割れが発生すること，ひび割れ発生時の収縮応力度は，拘束程度によらず一定であり，その値は引張強度の約1/2程度であることなどを報告している。また，その後の実験により，ひび割れ発生時の自由収縮ひずみと拘束ひずみとの関係を明らかにし，乾燥収縮ひび割れが発生する限界の収縮応力度は，引張クリープも考慮して，引張強度の70％であるとしている[9)]。

下村らは，真空乾燥法による実験と供試体の挙動の経時変化の解析を行っている[10)]。その結果，微小構成要素における含水状態と自由収縮ひずみ，および水分移動を定式化して，乾燥環境条件下にあるコンクリート部材の変形を予測している。

秋田らは水分移動解析の結果を利用して，弾性解析やリラクセーション解析を行って，コンクリート表面に生じている引張応力を実験により検証している[11)]。また，小柳らは，断面内のひずみや応力が平面保持すること，クリープが圧縮と引張で同一であること，引張クリープの限度ひずみは 200×10^{-6} であることなどの仮定の条件下において，乾燥収縮によるひび割れ幅の予測式を提案している[12)]。この予測式による予測値と大型の外部拘束試験を実施した結果は良い一致を示し，また実建物の調査事例においても，解析結果はおおまかに対応していることを確認している。

乾燥収縮によるひずみの予測式については，ACI-209式，Bazant-Panula式，CEB/FIP-70年式，78年式，90年式などがある。現在わが国のコンクリート標準示方書では，阪田式と呼ばれる式(3.2)および式(3.3)の予測式[13)]に基づく式が採用されている。

$$\varepsilon_{sh}(t,t_0) = \varepsilon_{sh\infty}\left[1-\exp\left\{-0.108(t-t_0)^{0.56}\right\}\right] \tag{3.2}$$

$$\varepsilon_{sh\infty} = -60 + 78 \cdot \{1-\exp(RH/100)\} + 38\ln W - 5\{\ln(V/S)\}^2 + 4(\ln t_0) \tag{3.3}$$

ここに，$\varepsilon_{sh}(t,t_0)$：乾燥収縮予測値($\times 10^{-5}$)

$\varepsilon_{sh\infty}$：乾燥収縮最終値($\times 10^{-5}$)

t_0：乾燥開始材齢，ただし，$t_0 \geq 28$日は$t_0 = 28$，$t_0 < 7$日は$t_0 = 7$とする

RH：相対湿度(%)ただし，45％≦RH≦80％

W：単位水量(kg/m^3)

V：体積(mm^3)

S：外気に接する表面積(mm^2)

これらの予測式は，温度と湿度が一定の条件下における予測であり，温度と湿度の変化が及ぼす影響が明示されていない。そのため，温度と湿度が及ぼす影響の検討も行われている。その結果，実環境下では湿度よりも温度の影響を強く受け，低温から上昇する温度履歴下では，一定温度下よりも乾燥収縮ひずみが大きくなるために，温度履歴に依存する係数が必要になるという研究結果もある[14]。一方，下村らは，コンクリート組織をモデル化し，微視的現象モデルとを組み合わせることと，コンクリートの微小体積要素の乾燥収縮特性を導くことにより，乾燥収縮予測モデルを構築している[15]。すなわち，細孔構造，水分移動，そして毛細管張力による応力の算定により，供試体レベルでのシミュレーションを試みている。

JIS A 1151に規定されている乾燥収縮ひび割れ試験装置を用いて，各種要因の検討や応力解析を行った研究も多い。上田らは，実験結果からひび割れ発生時の引張応力度は，いずれのコンクリートも同様な値を示したと報告している[16]。また，乾燥収縮応力の解析システムを用いて，供試体の平均脱水量とひずみをほぼ近似できたが，応力分布については，解析に必要な定数を検討する必要があると報告している[17]。大野らは，乾燥収縮ひび割れの発生に及ぼす拘束形態の違いや乾燥面数の違いによる影響を検討しているが，ひび割れの発生材齢が乾燥面数の減少により増加すること，ひずみの変動により求めた伸び能力と収縮応力比により，ひび割れを予測できる可能性を示唆した[18]。その後の研究では，ひび割れ発生時の伸び能力と強度の発現を考慮した収縮応力強度比は，ひび割れの発生材齢の増加に伴って大きくなる傾向にあり，ひび割れの発生材齢を予測できるとしている[19]。

3.3.2 膨張コンクリートによる乾燥収縮ひび割れの抑制

膨張コンクリートの使用による乾燥収縮ひび割れの抑制については，コンクリート用膨張材が開発されて上市された頃に，多くの研究成果が報告されている。石灰系膨張材については，

一家が乾燥収縮による引張応力度の減少を数式的に提示した[20]。すなわち，ケミカルプレストレスの差による引張応力度の低減と乾燥収縮率が小さいことによる引張応力度の減少であり，それぞれ0.2〜0.4 N/mm^{2}と0.4〜0.6 N/mm^{2}であり，合わせると0.6〜1.0 N/mm^{2}の応力度の低減効果があるとした[20]。CSA系膨張材では，コンクリートの乾燥収縮の低減効果と伸び能力の増進効果によって，乾燥収縮ひび割れが抑制できるとしている。そのためには，コンクリートに適度の拘束膨張ひずみを導入することが重要であり，伸び能力はプレーンコンクリートの伸び能力と拘束膨張ひずみの和として表すことができるとしている[21]。

乾燥収縮ひび割れの抑制や防止を行う観点から，膨張材を使用した事例は多く報告されている。関越自動車道の栗の木川橋の鋼橋RC床版に使用された例では，単位膨張材量が45 kg/m^{3}と多く，鉄筋計を設置して計測を行っている[22]。その結果，膨張コンクリートには橋軸方向に0.77 N/mm^2，橋軸直角方向に0.9 N/mm^{2}のケミカルプレストレスが導入されたことを，そして約2ヶ月後の観察により発生したひび割れ本数やひび割れ幅が顕著に減少していることをそれぞれ確認している。RC床版では，コンクリートの乾燥収縮が鋼桁や鉄筋に拘束されることにより，下面には拘束引張応力度を生じて打込み後2〜3年を超えてもひび割れが増加する。この問題について，模型桁を用いて評価した結果，軽量コンクリートと膨張コンクリートにはひび割れが発生しなかったとする報告がある[23]。同様に，鋼橋床版へ膨張コンクリートを適用した事例では，東北自動車道の丸木橋で3年半にわたる計測と観察の結果，初期に6〜9 kg/cm^{2}のケミカルプレストレスが導入され，その後収縮応力度と相殺されたにもかかわらず，ひび割れの密度や幅には大きな改善が認められている[24]。

橋梁の壁高欄に関しては，床版からの拘束が大きく，スパンが長いこと，施工条件が厳しいので十分な養生が行われていないこと等の理由から，乾燥収縮ひび割れが発生する危険性が高くなる。伸縮目地と誘発目地の間隔の短縮による対策をとった上で膨張コンクリートを使用した場合，ひび割れ本数が**表-3.1**のように激減した事例もある。

表-3.1 壁高欄に発生したひび割れ観察結果

上下線別	打込み壁高欄箇所	膨張材の配合	ひび割れ本数（本）	平均ひび割れ幅（mm）
上り線	左側	有	3	0.18
	右側	無	49	0.20
下り線	左側	有	0	―
	右側	無	19	0.15

建築物では，山根らの報告がある[25]。大規模病院の腰壁部分に使用された膨張コンクリートの挙動を，無拘束のダミー板と構造物内に設置した埋込型ひずみ計で評価している。材齢13週時点で，膨張コンクリートの引張応力度は引張強度を下回ったのに対して，普通コンクリート

は上回り，そのため膨張コンクリートが誘発目地に若干のひび割れが発生したのに対して，普通コンクリートでは各スパンごとにひび割れが発生したとの報告である。また，学校建築で54mの長大壁へ適用された事例もある[26]。この事例では，石灰系膨張材，CSA系膨張材を生コンクリート工場で使い分けている。ダミー板および構造物壁内に埋込型ひずみ計を設置して，計測した結果では，引張側のひずみに転じるのは4～8週であり，ひび割れ誘発目地で発生しており，ひび割れの発生が少ないことが確認されている。

以上のようなことから，乾燥収縮に対する膨張材の使用効果はかなり高いことがわかる。しかしながら，このような効果を事前にどのように定量的に説明できうるかが問題となり，膨張コンクリートが採用に至らないことが多い。乾燥収縮ひび割れについては，発生のメカニズムはほぼ解明できている。しかし，乾燥収縮ひずみの予測やひび割れに至る引張応力度の評価とひずみの評価については未だに確定している方法がなく，構造物レベルでのひび割れの予測は現状では難しいと考える。このような状況の中で，膨張コンクリートを解析へ持ち込むことを合理的に説明しうる入力物性値の設定，例えば乾燥収縮における膨張コンクリートのクリープの導入方法等が，今後の課題となろう。

3.4 温度ひび割れの抑制効果

マスコンクリートへの膨張コンクリートの適用は，開発の当初から研究が行われており，土木学会の膨張コンクリートの設計施工指針，日本建築学会のJASS 5，日本コンクリート工学協会のマスコンクリートのひび割れ制御指針などに，膨張材の有効性が謳われている。マスコンクリートに生じる温度ひび割れには，内部拘束による温度応力度と外部拘束による温度応力度が起因する。温度上昇過程における温度応力度は内部温度と表面温度の差により発生するものであることから，膨張コンクリートの膨張性状などが温度上昇に影響することもあるので，基礎的な性状を把握する必要がある。

また，水和熱抑制剤などと併用すると良い結果が得られるとされている[27]。すなわち，膨張材には膨張材やセメントの初期水和を遅らせ，コンクリートの放熱時においてより大きな効果を発揮することを目標にした水和熱抑制型膨張材がある。マスコンクリートには，このタイプの膨張材が使用されることが多い。そして，温度下降時に熱膨張したコンクリートが収縮を拘束されるために発生する引張応力度を低減する効果は，多くの既往の研究成果から認められる。

辻らは，基礎床版とマッシブな壁の実大規模の供試体を膨張コンクリートと普通コンクリートで作製して，温度とひずみを計測している。膨張コンクリートは，温度上昇量が大きくなるという不利な温度履歴が確認されたが，ひび割れの抑制効果が得られた[28]。この理由としては，膨張コンクリートのケミカルプレストレスの導入と卓越した伸び能力であるとした。なお，熱

膨張係数から求めた拘束度より外部拘束の温度応力度を求めたが，その推定には伸び能力を考慮した有効弾性係数としては，例えば30％程度に低減して評価する必要があるとしている。

下水処理施設のポンプ場の底版部と側壁部に，部分的に膨張コンクリートを使用して温度とひずみを計測した事例では，測定された熱膨張係数を膨張材の解析上の効果としている[29]。使用された膨張材量は30 kg/m^{3}であるが，セメントが高炉セメントC種であり，鉄筋比や拘束度が小さいため膨張ひずみは非常に大きい。そして，底版中央部で0.39 N/mm^2，側壁中央部で1.36 N/mm^{2}の大きな圧縮応力度が導入されたとしている。

温度応力試験装置を使用して，膨張コンクリートの効果を求めた研究も多数行われている。安藤らは，普通型と水和熱抑制型の膨張材に温度履歴を与えて検討している[30]。この結果，普通型膨張材は温度上昇時に熱膨張と膨張作用により大きな圧縮応力度を導入できるが，温度下降時に発生する引張応力度も大きくなる。一方，水和熱抑制型については，導入される圧縮応力度は小さいが，温度下降時にも膨張が持続して，収縮が緩和されることを示した。温度応力試験装置でフライアッシュセメントB種を使用した研究では，強度発現性が小さいコンクリートでも初期の膨張による大きな圧縮応力度は導入できないが，温度下降時にも膨張作用が持続していることを確認している[31]。

竹田らは，低熱ポルトランドセメントに膨張材を適用して，**図-3.1**に示すJIS原案「コンクリートの水和熱による温度ひび割れ試験方法」に準じた実験を行った[32]。使用セメントは高炉セメントB種，中庸熱ポルトランドセメント，低熱ポルトランドセメントであり，低熱ポルトランドセメントと膨張材を組み合わせている。発生した拘束応力度は，低熱ポルトランドセメントに膨張材を組み合わせたものが一番小さく，**図-3.2**に示す拘束応力度とひずみの傾きから算出される温度下降時における見かけの有効弾性係数が低減することにより評価できることを示した。

保利は，膨張コンクリートと普通コンクリートについて，温度応力試験装置を使用して7日まで拘束した後，一軸引張応力を与えてひずみの変化からクリープの検討を行っている[33]。この結果，膨張コンクリートは，引張応力に対する低減率が大きく，ひび割れの抑制効果が高い

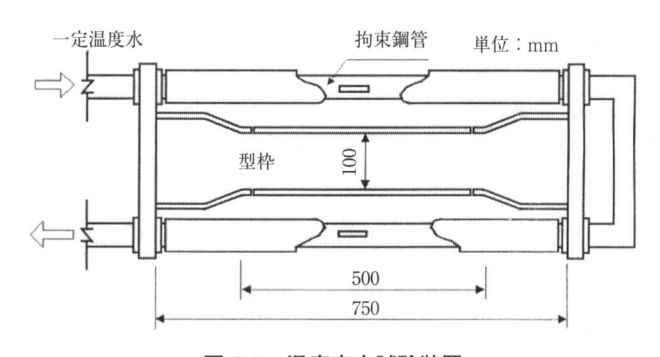

図-3.1 温度応力試験装置

3章 膨張コンクリートに関する既往の研究

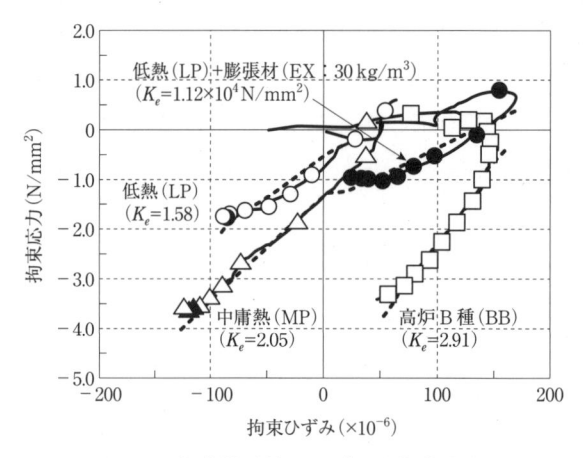

図-3.2 拘束供試体のひずみと拘束応力

ことを確認している。

溝渕らは，アクチュエーターを持った温度応力シミュレーション装置により，完全拘束状態での応力履歴，ひび割れの発生時期と発生応力度を求めた[34]。この結果，膨張コンクリートの引張限界ひずみは，普通コンクリートの1.4倍以上になることが確認された。また温度応力の解析上では，膨張コンクリートは普通コンクリートに対して，見かけの弾性（ヤング）係数を温度上昇時に2.3倍，温度下降時に1.3倍，引張強度を1.2倍とすれば，実験結果と一致するとしている。また，ひび割れの抑制効果をこのような係数から求めることにより，定量的な評価ができるとしている。

小田部らは，同じく温度応力シミュレーション装置を用いて，低熱ポルトランドセメントとそのセメントに膨張材または収縮低減剤を組み合わせた効果を評価した[35]。温度応力度，ひび割れの抑制に対しては，高炉セメントB種に比較して，低熱ポルトランドセメント，低熱ポルトランドセメントと膨張材の併用は，使用効果が高いとしている。また，温度応力の解析に用いるこれらの見かけのヤング係数は，引張応力が卓越する領域において大きく減少するとしている。

東らは，JIS原案「コンクリートの水和熱による温度ひび割れ試験方法」に準じた実験，およびその実験をシミュレートした温度応力の逆解析により，膨張コンクリートのヤング係数の補正係数を検討した[36]。その結果，温度ピーク時までの補正係数を普通コンクリートで$\phi = 0.34$，膨張コンクリートで$\phi = 0.49$と導き出した。また，見かけの熱膨張係数を温度下降時に低減する手法を採用すると，引張応力度の低減を大きめに見積もることになることを確認している。**図-3.3**に示すように，ヤング係数の補正係数を$\phi = 0.34$として，JIS A 6202の一軸拘束器具による拘束膨張ひずみの約40％の膨張ひずみを初期ひずみとして入力すれば，実測値とよく近似するとした。その後の研究では，この温度応力試験装置の拘束率を変化させた検討を行い，ヤ

3.5 自己収縮ひび割れの抑制効果

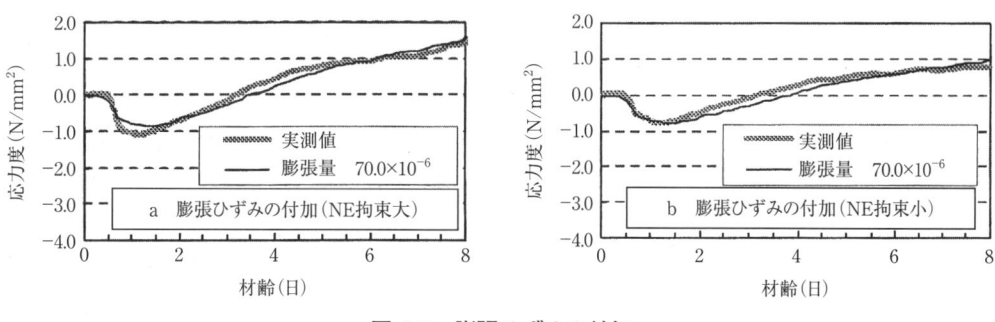

図-3.3 膨張ひずみの付加

ング係数の補正係数は，拘束度が小さくなるに従い小さくなること，さらに，膨張材なしの有効ヤング係数の補正係数を基準に，拘束に応じた膨張ひずみを与えることにより，膨張コンクリートの応力履歴を解析できるとしている[37]。

以上のように，マスコンクリートに対する膨張材の使用効果は，初期に圧縮応力度を導入できることや引張応力域での応力低減の効果があるとされている。しかし，膨張コンクリートを使用した場合の温度応力の解析に用いる熱膨張係数，見かけのヤング係数，膨張ひずみについては，実験的なデータとの整合性から検討されているものが多く，メカニズムに踏み込んだ合理的な説明のつくものがないのが現状である。

3.5 自己収縮ひび割れの抑制効果

自己収縮については，水セメント比が小さいコンクリートを用いる場合，無視できない大きな引張応力度が生じることを，田澤らによって明らかにされている[38]。自己収縮は，水分の蒸発によらずセメントの水和反応により水分が消費され，コンクリート内部が一種の乾燥状態になって，内部に空隙が形成されようとするときに水が連続性を保とうと移動して生じるとされている。

水セメント比が異なると全収縮における自己収縮ひずみの占める割合は変わるが，W/C が17％では大部分が自己収縮であるとされている。セメント中の鉱物では，C_3A や C_4AF の含有量の多いセメント，単位骨材量が少ない場合，粉末度が $4\,000\ cm^2/g$ 以上の高炉スラグ微粉末を用いて置換率を増加すると，自己収縮は大きくなる。自己収縮は，メカニズム的には乾燥収縮における毛細管張力により引き起こされるため，界面活性作用により，水の表面張力を下げる収縮低減剤は効果があるとされる他に，膨張材は，その種類にもよるが自己収縮補償に効果があるとされている[39]。

楊らは，高強度コンクリートの自己収縮応力について，既往のクリープ推定式を修正して若

材齢時の精度を良くし，さらに自己収縮応力度と温度応力度を修正式による物性値として用いれば，かなりの精度で予測が可能であるとしている[40]。また，楊らは，高強度コンクリートに生じる乾燥下の自己収縮応力を研究している。若材齢時に乾燥を受けると大きな空隙が内部に形成されるために，表面張力が低下して自己収縮は小さくなる傾向にある。このため，若材齢時に乾燥を受けた場合の高強度コンクリートの全収縮ひずみの分離については，重ね合わせ法よりも乾燥を受けた結合水に基づく方法のほうが適合性が高くなるものの，乾燥開始の材齢が7日になると近い値となることを，また，重ね合わせ法では自己収縮応力度が過大に評価されることをそれぞれ示している[41]。

保利は，膨張材を使用した高流動モルタルについての自己収縮を検討している[42]。この結果，遊離石灰を多く持つカルシウムサルフォアルミネート系膨張材は，従来のカルシウムサルフォアルミネート系膨張材よりも低添加量で，自己収縮の補償効果があることを，また，高炉スラグを含有するセメントよりも高ビーライト系セメントでは，膨張材の使用効果が大きいことをそれぞれ示した。

寺野らは，自己収縮ひずみを低減させる方法としては，収縮低減剤と石こうの相乗効果が高いとした[43]。これは，収縮低減剤による表面張力の低下と石こうの添加によるエトリンガイトの長期生成によりモノサルフェートへの転移が起きない効果であるとしている。石こうは，膨張材にも配合されているものであり，膨張材の自己収縮の低減効果に寄与する一つの要因と考えてよいと思われる。

谷村は，高強度コンクリートの自己収縮の低減について，膨張材と収縮低減剤の使用効果の研究を継続的に行っている[44]。自己収縮ひずみの低減効果は，セメントの種類で異なり，膨張材と収縮低減剤の併用の効果は単純な重ね合わせにならないが，低熱ポルトランドセメントを使用した時は相乗効果になることを示した。また，自己収縮の低減効果は，膨張材の種類により大きな差はないことや乾燥を受けたときの収縮低減剤の併用は効果的であることを示した[45]。さらに，**図-3.4** および **図-3.5** に示すように，自己収縮の低減に及ぼすセメントの種類の影響を，膨張材を用いないベース配合の自己収縮に対する補償量で比較すると，その差は大きくないことや，膨張材の自己収縮補償量はひずみで $280 \sim 340 \times 10^{-6}$，応力度では $1.2 \sim 1.3 \mathrm{MPa}$ 程度であるとしている[46]。

自己収縮については，膨張材による低減効果が多くの研究成果から確認されている。自己収縮が自己乾燥による水分の内部への移動による毛細管張力によるものであれば，乾燥収縮と同様な使用効果が期待できるものである。とくに $100 \mathrm{MPa}$ を超えるような高強度コンクリートへの適用性が高まっており，部材が厚くなれば，温度応力との連成で起きる拘束応力の低減についても大きな期待ができると考える。

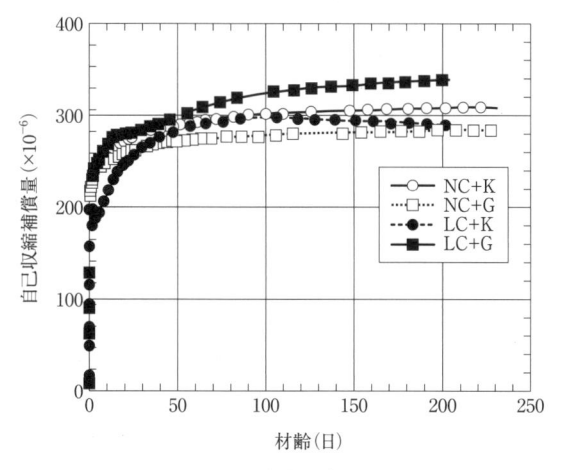

図-3.4　自己収縮ひずみの補償量

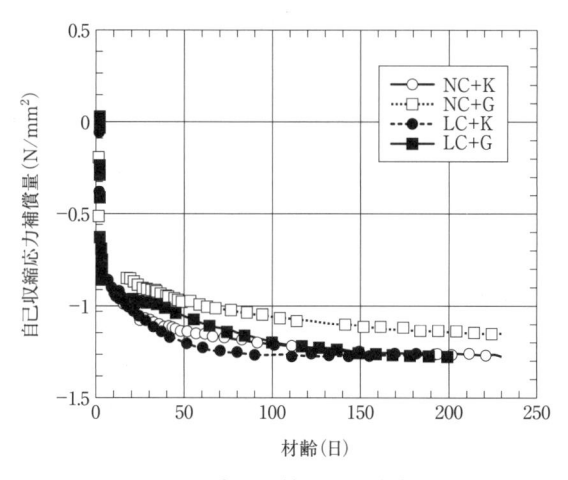

図-3.5　自己収縮応力の補償量

3.6　ケミカルプレストレスの導入効果

　ケミカルプレストレスに関する研究は，高い膨張力を生かしたコンクリート製品を製造しうることで，膨張材の開発の当初から行われている。戸田・荒木は，カルシウムサルフォアルミネート系膨張材を使用し，クリープ特性を普通コンクリートと対比しながら，ケミカルプレストレスの理論的な算定方法を提案している[47]。その中で，膨張ひずみはコンクリートに対する単位量で推定したほうが合理的であるとし，ケミカルプレストレスの導入には単位膨張材量として 57 kg/m^3 が適当で，14 kg/cm^2 程度のケミカルプレストレスが期待できるとしている。

　辻は，ケミカルプレストレスの推定式について，「単位体積あたりの膨張コンクリートが拘束に対してなす仕事量は，拘束の程度にかかわらず一定である。」との仕事量一定則の概念を提案

した[48),49)]。これは，式(3.4)に示すような，膨張コンクリートが拘束鋼材に対してなす仕事量 U が，拘束鋼材比が0.667～4.22％に変化しても，ほぼ一定であるというものである。

$$U = \frac{1}{2}\sigma_{cp}\varepsilon = \frac{1}{2}pE_s\varepsilon^2 \tag{3.4}$$

ここに，σ_{cp}：ケミカルプレストレス
　　　　ε：拘束鋼材の膨張ひずみ
　　　　E_s：拘束鋼材のヤング係数
　　　　p：拘束鋼材比 = A_s/A_c
　　　　A_s：拘束鋼材の断面積
　　　　A_c：コンクリートの断面積

この仕事量一定則の概念は，他の方法[47),50)]が膨張コンクリートの弾性係数やクリープなどを正確に見積もらなければならないのに対して，そのような物理量を必要としなく，簡便にケミカルプレストレス量を算出できる点が優れている。実際の膨張コンクリート部材の膨張分布については，部材軸方向に膨張ひずみが直線分布するとして，鉄筋の膨張力と膨張作用によるコンクリートの圧縮応力度についての釣合い条件式から，**図-3.6**，**図-3.7**のように求めることができる[49),51),52)]。また，外部拘束体や鋼桁の拘束を受けたコンクリート床版のような部材についても，膨張分布やケミカルプレストレスを推定する方法を報告している[52)]。

ケミカルプレストレスを導入した部材レベルの研究も，多数報告されている。岡村らは，ケミカルプレストレスを導入したコンクリート部材の曲げモーメントとせん断力に対する力学的特性を検討している[53)]。その結果，膨張コンクリートは，**図-3.8**のように見かけの伸び能力が大きく，曲げひび割れ耐力は普通コンクリートの曲げ強度にケミカルプレストレス分を加えたものとした。さらに，曲げひび割れ発生後のひび割れ幅は，ケミカルプレストレッシング時の

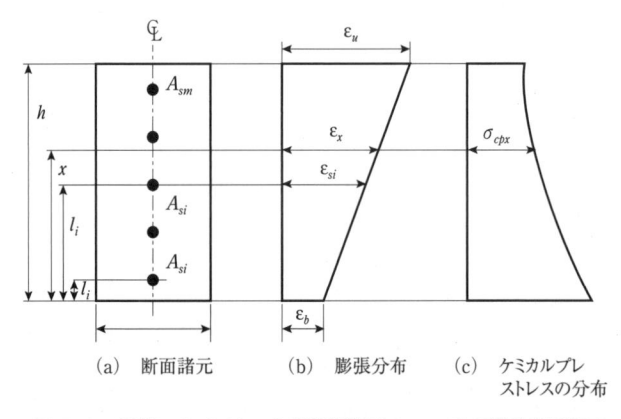

図-3.6　鉄筋コンクリート矩形断面についての推定説明図

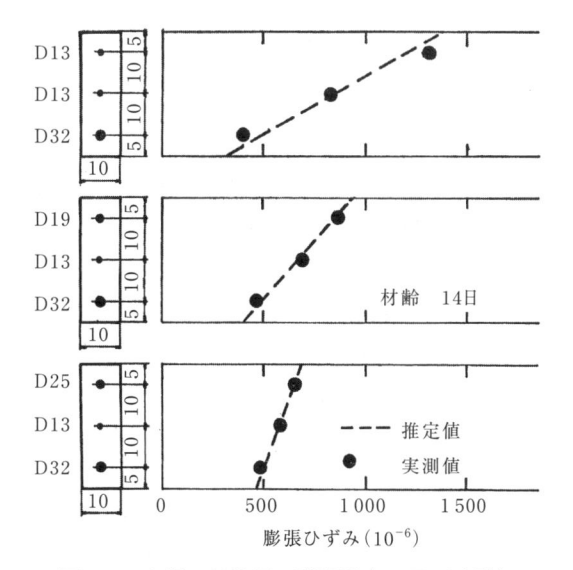

図-3.7　上段の鉄筋量が膨張分布に及ぼす影響

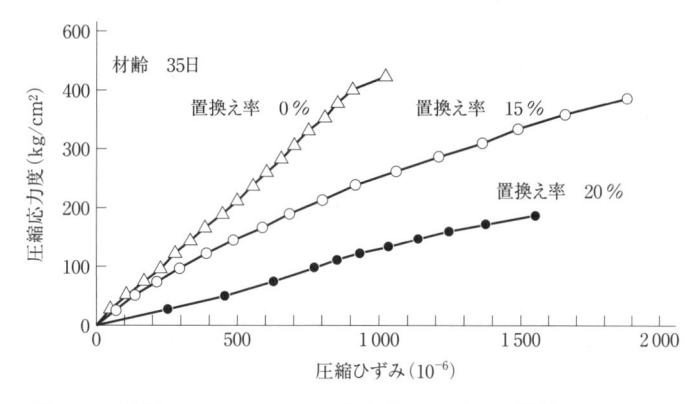

図-3.8　膨張コンクリートの圧縮応力－ひずみの関係を示す一例

ひずみ相当分（ケミカルプレストレイン）だけ小さくなることや，一軸拘束だけで20％以上の斜めひび割れ耐力が増加したことを報告している。

　岡田らは，膨張コンクリートを用いた梁，普通コンクリート梁，機械的にプレストレスを導入した梁について，その膨張ひずみの測定と静的曲げ載荷試験を行っている。膨張コンクリートを用いた梁では機械的プレストレスを与えた梁と同様な性状を示し，ひび割れ性状や変形性状が改善されたことを報告している[54]。

　これらのケミカルプレストレスについては，乾燥収縮を受けた場合，そのケミカルプレストレスが低下してしまうことも懸念される。このような背景から，乾燥収縮を受けた場合のケミカルプレストレスの特性についても研究されている。乾燥を受けると，ケミカルプレストレストコンクリート梁の曲げひび割れ発生モーメント，曲げひび割れ幅，たわみ特性は，普通の鉄

筋コンクリート梁と同様に低下する．しかし，同様に乾燥を受けた普通の鉄筋コンクリート梁よりは，導入されたケミカルプレストレス分の曲げ特性が向上していることが確認されている[55]．岡村らは，膨張コンクリートにはプレストレスが導入された時点でプレクリープの存在により，一部クリープが終了していることや，膨張エネルギーが長期間存在するので，ケミカルプレストレスが容易に減少しないとしている[56]．

ケミカルプレストレスを導入した部材の多軸拘束の効果については，辻らが行った床版を模擬した供試体ではスターラップによる軸方向の膨張に及ぼす影響はほとんどないという報告がある[48]．細田らは，断面寸法を変えた梁供試体を用いてスターラップの効果を確認している[57]．中・小型供試体では，ひび割れ発生荷重以降の剛性に差があり，大型供試体ではひび割れ発生荷重も増加し，膨張エネルギーがスターラップにより有効に発現しているとしている．

ケミカルプレストレストコンクリート製品への適用では，飯田らがケミカルプレストレスを導入した遠心力鉄筋コンクリート管において，外圧強度を大きくするために多軸拘束の効果を研究した[58]．この結果，管円周方向に高いケミカルプレストレスを導入するには，管軸方向の鉄筋比は円周方向の鉄筋比の0.3%より小さくする必要があるとしている．遠心力鉄筋コンクリート管は，このような多くの研究成果[59],[60]に基づき，JIS規格に膨張コンクリートが採り入れられて普及している．一方，近年のボックスカルバートの大型化や高性能化に伴い，ボックスカルバートの設計施工に関する指針には，製品規格2種に膨張コンクリートを用いることが規定されている[61]．

このような背景から，小田部らは，このようなボックスカルバートの製品規格2種として所要の性能を得るための配合設計法を提案している[62]．この一連の実験的検討の中で，単位膨張材量が一定でも，セメントの種類により膨張率が異なることが報告されている．また，膨張率と曲げ強度の増分は一つの直線式で表されるが，高流動コンクリートは，少ない膨張率で大きい曲げ強度の増分値になることを明らかにしている．また，菊らは，基礎構造部材の鋼管コンクリート杭（SC杭）に用いられる設計基準強度が80 N/mm^{2}の2種類の配合で，成形方法，養生方法，単位膨張材量，拘束鉄筋比の違いによる膨張率を検討している[63]．その結果，遠心成形した膨張コンクリートの膨張率は，振動成形に比べ，単位膨張材量が36 kg/m^{3}で5～6倍，52 kg/m^{3}で3倍程度大きくなった．この理由としては，スラッジにより単位水量が減少したことや細孔容積が減少したためであると考察している．また，遠心成形時の外側と内側の膨張率の違いはほとんどなく，また遠心成形による膨張材の偏在化は認められないことをそれぞれ確認している．

このようにケミカルプレストレスを導入した膨張コンクリートは，機械的プレストレスを導入したコンクリートと同様な力学的性状を示すことが明らかになり，その膨張率やケミカルプレストレスの推定式も確立されている．しかし，ケミカルプレストレスの導入には，場所打ち膨張コンクリートの事例はほとんどなく，コンクリート製品の力学的性状を向上させるための

ケミカルプレストレスの導入に，膨張材の使用が限定されているのが現状である。なお，遠心力鉄筋コンクリート管，ボックスカルバート，コンクリート杭等のコンクリート製品では，膨張材が必須のコンクリートの構成材料となっている。

3.7 今後の研究課題

膨張コンクリートの研究開発の背景として，膨張材を使用した場合のコスト面，費用対効果の定量評価，そしてコンクリート技術の進歩があったことを述べた。また，コンクリート製品用の膨張材に関しては，大型コンクリート製品のひび割れ抑制や早期脱型による生産効率の上昇，蒸気養生エネルギーの低減が，膨張材の開発の背景にある。すなわち，膨張コンクリートに求められる要求性能は，次のように整理される。

場所打ち膨張コンクリートの要求性能
① 膨張コンクリートの低コスト化
② 膨張コンクリートとしての効果の定量評価技術

コンクリート製品用膨張コンクリートの要求性能
① 硬化促進（コンクリートへの早強性の付与）
② 膨張性能の保有による乾燥収縮，温度応力等に起因するひび割れの低減
③ 膨張性能の向上よるケミカルプレストレスの付与
④ ケミカルプレスの導入効果によるコンクリート表面の性状改善

これらの要求性能を満足するために，従来の膨張材の約2/3の使用量でほぼ同等の膨張性能を発揮する「低添加型膨張材」，および早期に膨張力を発揮することができる「早強型膨張材」の高性能膨張材が，研究開発されて実用されるようになった。そして，これらの高性能膨張材を用いた膨張コンクリートに関する研究成果も報告されている。

今後は，従来の膨張材で得られるこれらの効果が，高性能膨張材を用いたコンクリートでも同等にあるいはそれ以上に得られることを実証した実験的，解析的研究が進められることが望まれる。その研究過程において，本文で紹介した以外の膨張材の使用効果も明らかにされると考えられる。

●参考文献
1) 2007年制定コンクリート標準示方書[設計編]，土木学会，2008.3
2) JIS A 6202（コンクリート用膨張材），日本規格協会，1997.8
3) 膨張コンクリート設計施工指針（案），土木学会，1979.12
4) 膨張材を使用するコンクリートの調合設計・施工指針案・同解説，日本建築学会，1978.2
5) 膨張コンクリート設計施工指針，土木学会，1993.7
6) 長滝重義，米倉亜州夫：コンクリートの乾燥収縮およびクリープの機構に関する考察，コンクリート工

学, Vol.20, No.12, pp.85-95, Dec.1982
7) 岸谷孝一，馬場明生：建築材料の乾燥収縮機構，セメント・コンクリート，No.364，pp.30-40，Dec.1975
8) 牧角龍憲，徳光善治：コンクリートの乾燥収縮拘束とひび割れ発生に関する研究，セメント技術年報34，pp.222-225，1980
9) 牧角龍憲，徳光善治：コンクリートの乾燥収縮ひびわれ発生条件に関する研究，第5回コンクリート工学年次講演会講演論文集，Vol.5，No.1，pp.185-188，1983
10) 下村匠，陳丙学，小沢一雅：真空乾燥法によるコンクリートの乾燥収縮試験とその予測モデル，コンクリート工学年次論文報告集，Vol.13，No.1，pp.391-396，1991
11) 秋田宏，藤原忠司，尾坂芳夫：含水率分布に基づいた乾燥収縮応力の評価，コンクリート工学年次論文報告集，Vol.13，No.1，pp.403-408，1991
12) 小柳光生，増田安彦，中根淳：乾燥収縮による外壁のひび割れ予測に関する研究，コンクリート工学論文報告集，Vol.2，No.2，pp.59-68，1991
13) 阪田憲次：コンクリートの乾燥収縮およびクリープの予測，コンクリート工学，Vol.31，No.2，pp.5-14，1993
14) 綾野克紀，阪田憲次：実環境下におけるコンクリートの乾燥収縮ひずみの予測，コンクリート工学年次論文報告集，Vol.19，No.1，pp.709-714，1997
15) 下村匠，前川宏一：微視的機構に基づくコンクリートの乾燥収縮モデル，土木学会論文集，No.520／V-28，pp.35-45，1995.8
16) 上田賢司，佐藤嘉昭，清原千鶴，永松静也：コンクリート部材の乾燥収縮ひび割れ実験における拘束鋼材ひずみ分布，コンクリート工学年次論文報告集，Vol.19，No.1，pp.703-708，1997
17) 上田賢司，佐藤嘉昭，清原千鶴，永松静也：コンクリートに生じる乾燥収縮応力の解析，コンクリート工学年次論文報告集，Vol.20，No.2，pp.637-642，1998
18) 大野俊夫，魚本健人：乾燥収縮ひび割れ発生に及ぼす拘束の形態，乾燥面数の影響，コンクリート年次論文報告集，Vol.20，No.2，pp.649-654，1998
19) 大野俊夫，魚本健人：コンクリートの乾燥収縮ひび割れ発生予測に関する基礎的研究，土木学会論文集，No.662／V-49，pp.29-44，2000.11
20) 一家惟俊：膨張コンクリートの乾燥収縮ひび割れ防止機構に関する考察，小野田研究報告，第25巻，第3冊，第90号，pp.57-62，1973
21) 磯貝純，中村与一，高橋光男，高田誠，佐藤哲男：CSA系膨張材混和によるコンクリートの乾燥収縮ひび割れ防止効果，セメント技術年報32，pp.180-183，1973
22) 吉田浩，川村祐三，安部公一：鋼橋床版のひび割れ対策（関越自動車道栗の木川橋における膨張コンクリート・流動化コンクリート床版の施工），セメント工業192号，pp.1-11
23) 今井宏典，岡田清，児島孝之，水元義久：鉄筋コンクリート床版の乾燥収縮ひび割れに関する研究，土木学会論文報告集 第340号，pp.175-184，1983.12
24) 庄谷征美，杉田修一，児玉勝彦，安斎康雄：鋼橋床版への膨張コンクリートの適用に関する調査研究，コンクリート工学年次論文報告集，Vo.11，No.1，pp.517-522，1989
25) 山根昭，石橋畝，早坂博，押田文雄，河野俊夫，一家惟俊，中野昌之：石灰系膨張材を混和したコンクリートの実際構造物におけるひび割れ防止効果に関する研究，セメント技術年報28，pp.345-351，1974
26) 掛貝安雄，照沼弘，野家牧雄：大規模なコンクリート工事－約18万m^3の計画と施工 中央大学多摩校地施設の建設，建築の技術 施工，pp.39-53，1978.4
27) 日本コンクリート工学協会：マスコンクリートのひび割れ制御指針，1986
28) 辻幸和，横田紀男，渡辺夏也，坂田憲逸，鈴木康範：膨張コンクリートのマスコンクリートへの適用に関する実物大実験，セメント技術年報34，pp.184-188，1980
29) 玉野富雄，福井聡，青景平昌，広野三夫：膨張コンクリートを用いたマスコンクリートの施工，コンクリート工学年次論文報告集，Vol13，No.1，pp.911-916，1991
30) 安藤哲也，五味秀明，宇田川秀行，玉木俊之：水和熱抑制型膨張材のマッシブなコンクリートへの適用，第3回コンクリート工学年次講演会講演論文集，Vol.3，pp.1-4，1981
31) 辻幸和，玉木俊之，五味秀明：膨張材を使用したマスコンクリートの温度応力とケミカルプレストレス，セメント技術年報36，pp.159-162，1982
32) 竹中宣典，松永篤，近松竜一，十河茂幸：低熱ポルトランドセメントと膨張材を用いた低収縮コンクリートに関する研究，コンクリート工学年次論文報告集，Vol.20，No.2，pp.997-1002，1998
33) 保利彰宏，玉木俊之，萩原宏俊：一軸引張応力下における膨張コンクリートのひび割れ抵抗性，コンクリート工学年次論文集，Vol.22，No.2，pp.511-516，2000
34) 溝渕利明，横関康祐，信田佳延：一軸拘束試験装置を用いた膨張材の温度応力抑制効果に関する実験的検討，コンクリート工学年次論文報告集，Vol.20，No.2，pp.1051-1056，1998
35) 小田部裕一，鈴木康範，稲葉洋平，溝渕利明：温度応力の抑制対策に対する材料評価方法に関する一考

察,コンクリート工学年次論文集,Vol.24, No.1, pp.1113-1118, 2002
36) 東邦和,中村敏晴,増井仁,梅原秀哲:膨張材を用いたマスコンクリートの収縮低減効果の研究,コンクリート工学年次論文集,Vol.25, No.1, pp.1037-1042, 2003
37) 東邦和,中村敏晴,増井仁,梅原秀哲:膨張材を用いたマスコンクリートの収縮低減効果の研究,コンクリート工学年次論文集,Vol.26, No.1, pp.1329-1334, 2004
38) 田澤栄一,宮澤伸吾,重川幸司:水和反応による硬化セメントペーストのマクロな体積減少,セメント・コンクリート論文集,No.45, pp.122-127, 1991
39) 田澤栄一,宮澤伸吾:セメント系材料の自己収縮に及ぼす結合材および配合の影響,土木学会論文集,No502/V-25, pp.43-52, 1994
40) 楊楊,佐藤良一,今本啓一,許明:高強度コンクリートの自己収縮応力の予測,コンクリート工学年次論文報告集,Vol.19, No.1, pp.757-761, 1997
41) 楊楊,佐藤良一,久我英之:高強度コンクリートの収縮に及ぼす乾燥の影響の定量評価について,コンクリート工学年次論文報告集,Vol.21, No.2, pp.685-690, 1999
42) 保利彰宏,盛岡実,坂井悦郎,大門正機:膨張材を混和した各種高流動モルタルの自己収縮,コンクリート工学年次論文報告集,Vol.20, No.2, pp.163-168, 1998
43) 寺野宜成,小田部裕一,安本礼持,鈴木康範:収縮低減剤の使用および石膏量が自己収縮ひずみに及ぼす影響について,コンクリート工学年次論文報告集,Vol.21, No.2, pp.727-732, 1999
44) 谷村充,兵頭彦次,佐藤達三,佐藤良一:高強度コンクリートの収縮低減化に関する一検討,コンクリート工学年次論文集,Vol.22, No.2, pp.991-996, 2000
45) 谷村充,兵頭彦次,大森啓至,佐藤良一:高強度コンクリートの収縮応力の低減化に関する実験的検討,コンクリート工学年次論文集,Vol.23, No.2, pp.1075-1080, 2001
46) 谷村充,兵頭彦次,佐藤良一:膨張材を用いた高強度コンクリートの自己膨張・収縮特性,コンクリート工学年次論文集,Vol.24, No.1, pp.951-956, 2002
47) 戸川一夫,荒木謙一:膨張セメントコンクリートのケミカルプレストレスに関する研究,プレストレストコンクリート,Vol.14, No.2, pp.8-16, 1972
48) 辻幸和:ケミカルプレストレスの推定方法について,セメント技術年報27, pp.340-344, 1973
49) 辻幸和:コンクリートにおけるケミカルプレストレスの利用に関する基礎研究,土木学会論文報告集,第235号,pp.111-124, 1975.3
50) 岡村甫,国島正彦:膨張コンクリートの複合モデル化について,セメント技術年報,XXⅦ, pp.303-305, 1973
51) 辻幸和,前山光宏:膨張コンクリートを用いた部材における膨張分布の推定方法,セメント技術年報31, pp.231-233, 1977
52) 辻幸和:ケミカルプレストレスおよび膨張分布の推定方法,コンクリート工学,Vol.19. No.6, pp.99-105, 1981.6
53) 岡村甫,辻幸和:ケミカルプレストレスを導入したコンクリート部材の力学的特性,土木学会論文報告集,第225号,pp.101-108, 1974.5
54) 岡田清,玉井撮郎,矢田篤,太田誠:膨張セメントコンクリートはりのケミカルプレストレスについて,第3回コンクリート工学年次講演会講演論文集,Vol.3, pp.9-12, 1981
55) 辻幸和,丸山久一:乾燥収縮を受けたケミカルプレストレストコンクリート梁の曲げ特性,第7回コンクリート工学年次講演会論文集,Vol.7, pp.3-36, 1985
56) 岡村甫,池内武文:膨張コンクリートを用いた曲げ部材におけるクリープの影響,セメント技術年報31, pp.25-227, 1977
57) 細田暁,岸利治:ケミカルプレストレス部材の曲げ性状と多軸拘束の効果,土木学会論文集,No.739/V-60, pp.15-29, 2003.8
58) 飯田秀雄,門司唱:ケミカルプレストレスを導入する鉄筋コンクリート管の拘束条件に関する研究,土木学会論文報告集,No.225, pp.85-91, 1974.5
59) 小笠原一男,飯田秀雄,内田貞夫:CPCパイプ,セメント・コンクリート,No.264, pp.22-29, 1968
60) 川上洵,高橋功,大森淑孝,福田一見:膨張コンクリート管のケミカルプレストレスに関する研究,セメント技術年報41, pp.507-510, 1987
61) 国土開発技術研究センター,全国ボックスカルバート協会:鉄筋コンクリート製ボックスカルバート道路埋設指針,1991
62) 小田部裕一,寺野宜成,鈴木康範:膨張コンクリートの蒸気養生製品への適用性,コンクリート工学年次論文報告集,Vol.20. No.2, pp.145-150, 1998
63) 菊広樹,土田伸治:遠心成形を施した膨張コンクリートの膨張率に関する研究,コンクリート工学年次論文報告集,Vol.20. No.2, pp.151-156, 1998

4章 自己収縮ひずみの低減効果

4.1 はじめに

　ポルトランドセメントの JIS 規格の JIS R 5210 には，普通ポルトランドセメント，早強ポルトランドセメント，超早強ポルトランドセメント，中庸熱ポルトランドセメント，低熱ポルトランドセメント，および耐硫酸塩ポルトランドセメントが規定されている。この中の低熱ポルトランドセメントは，1997年に規定されたばかりでまだ新しいため，その適用実績がまだ少ない。一方，石灰石微粉末や JIS R 5211 にて規定される高炉セメントは，産業廃棄物の有効利用，セメントの水和熱の低減，アルカリシリカ反応の抑制にも効果があることなどから，近年注目されている材料である。そして高炉セメントに関しては，セメント全出荷量の約20％を占めるに至っている。

　これらの材料は，セメント全出荷量の70％を占める普通ポルトランドセメントに比較するといまだ使用量は少ないものの，その品質に関しては注目される点が多い。その一つが高流動コンクリートへの適用である。高流動コンクリートとは，高性能 AE 減水剤や分離低減剤（増粘剤）あるいは多量の粉体を使用することにより，材料分離を生じることなく非常に高い流動性を持つため，施工性を大きく改善することができるコンクリートである。上記3種類の材料が高流動コンクリートの製造に適している理由としては，低熱ポルトランドセメントに関しては混和剤が効果的に働く点[1]，高炉セメントや石灰石微粉末に関しては流動性が得やすい点などが挙げられる。しかし，このようなコンクリートは一般に水結合材比が小さく粉体量が多いために，自己収縮が大きくなる傾向がある[2]。

　自己収縮を低減する方法としては，膨張材の置換による収縮補償があり，低減方法としては効果が最も明確に現れる。これは，膨張材が水和の初期に膨張性水和物を生成して自己膨張を生ずるために，結果として自己収縮を大きく低減することができることによる[3]。

　本章では，低熱ポルトランドセメント，高炉セメント，および石灰石微粉末を用いた結合材に膨張材を置換して高流動モルタルを作製し，自己長さ変化率を測定することにより，膨張材によるモルタルの自己収縮の補償効果を評価する。

4.2 実験の概要

4.2.1 使用材料

セメントには普通ポルトランドセメント（以下，普通セメントと称する）および低熱ポルトランドセメント（以下，低熱セメントと称する）を用い，混和材として高炉スラグ微粉末および石灰石微粉末を使用した。また細骨材には，ISO 5202に準拠するセメント圧縮強さ試験用標準砂を，混和剤には，ポリカルボン酸系の高性能AE減水剤をそれぞれ使用した。

本実験において使用した膨張材は2種類であり，それぞれを膨張材Aおよび膨張材Bとした。膨張材Aは工業原料を用いてロータリーキルンによって製造した遊離石灰を多く含有した遊離石灰―アウイン―無水石こう系膨張材[4]であり，膨張材Bは従来型膨張材である。

なお表-4.1には，本実験において使用した各材料の物理的性質および化学組成を示す。

モルタルの配合は，水結合材比を35％，砂結合材比を2とし，結合材あるいは混和材の異なるモルタルを，表-4.2に示すとおり，3種類作製した。また，高性能AE減水剤の添加率は，フロー値が280～300 mmとなるように調節した。これら3種類のモルタルに，膨張材の一般的な置換率（膨張材Aは3～7％の範囲，膨張材Bは7～11％の範囲）の範囲で，置換率を変えて実験に供した。膨張材は，結合材に対して質量で内割り置換とした。また比較のため，各種モルタルについて膨張材を置換しない配合（以下，プレーンモルタルと称する）についても，実験を行った。

表-4.1 膨張材の物理的性質および化学組成

膨張材の種類	密度 (g/cm^3)	ブレーン値 (cm^2/g)	強熱減量 (％)	化学組成 （％）					f-CaO(％)
				SiO_2	Fe_2O_3	Al_2O_3	CaO	SO_3	
膨張材A	3.04	2 970	0.9	1.4	0.5	8.4	68.8	17.7	48.6
膨張材B	2.98	2 900	1.3	1.5	0.5	16.1	52.8	27.5	19.0

表-4.2 モルタルの種類

略称	使用セメント	混和材（混和率）
BS	普通ポルトランドセメント	高炉スラグ微粉末(40％) ＊
HB	低熱ポルトランドセメント	―
LS	普通ポルトランドセメント	石灰石微粉末(13％) ＊＊

＊：セメントに対して質量置換，＊＊：細骨材に対して質量置換

4.2.2 練混ぜ方法

モルタルの練混ぜはホバート型ミキサを用いて行い，練混ぜ方法はISOに準拠した。また，試料の練上り温度が20℃になるように，材料を少なくとも1日前に恒温室に移して保管した。

4.2.3 自己長さ変化率の測定方法

自己長さ変化率の測定は，JIS A 6202に準拠して行った。供試体は乾燥を防ぐため，打込み直後から材齢24時間までは打込み面をビニールシートおよび濡れむしろで覆い，材齢1日にて脱型した後は，アルミニウム箔粘着テープで全面シールした。なお，測定期間中の供試体は常に20±1℃，80±5％R.H.の恒温恒湿室内において養生を行った。

4.2.4 圧縮強度の試験方法

圧縮強度の測定は，JIS R 5201に準拠して行った。養生条件は20℃一定の水中で，測定材齢は28および91日とした。

4.2.5 水和発熱の測定方法

膨張材による水和発熱への影響を調べるため，各種モルタルに膨張材Aを3％置換した配合およびプレーンモルタルについて水和発熱の測定を行った。モルタル試料を，練上り直後に約2Lの容量を持つ市販の真空断熱容器(デュワー瓶)に詰め，中心部付近に熱電対温度計を差し込んで，モルタル試料の水和発熱を測定した。測定期間は96時間(4日)とし，測定期間中の真空断熱容器は常に20℃一定の環境試験室に静置した。

4.3 自己長さ変化率

4.3.1 高炉スラグ微粉末含有(BS)モルタルを用いた自己長さ変化率

BS(高炉スラグ微粉末含有)モルタルに膨張材を置換した場合の自己長さ変化率の測定結果を，図-4.1および図-4.2に示す。図-4.1が膨張材Aを置換した結果，図-4.2が膨張材Bを置換した結果であり，いずれも横軸が材齢，縦軸が自己長さ変化率である。また，破線が膨張材を置換しない配合，実線が膨張材を置換した配合を示す。

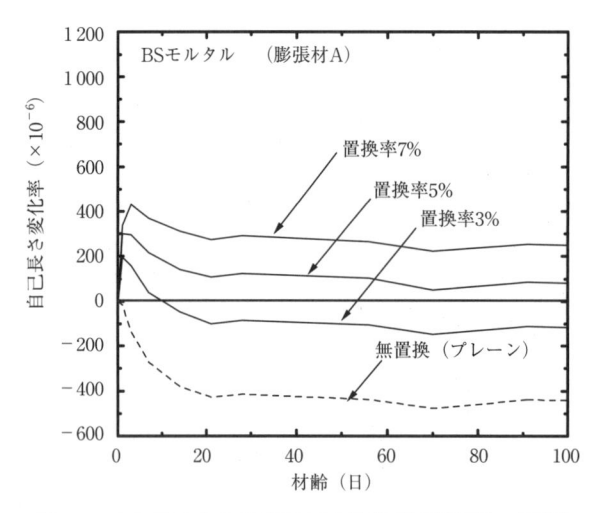

図-4.1 BSモルタルの自己長さ変化率（膨張材A置換）

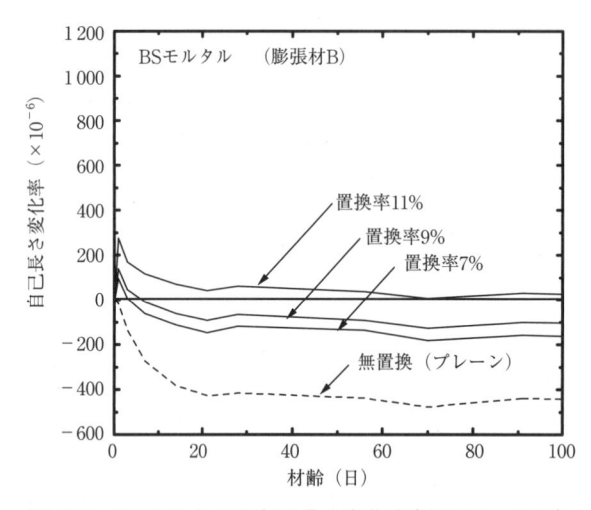

図-4.2 BSモルタルの自己長さ変化率（膨張材B置換）

　膨張材を置換しないプレーンモルタルは，材齢91日における自己収縮が500×10^{-6}と非常に大きくなっている。これは，高流動モルタルの調整に用いた高炉スラグ微粉末の粉末度が6 000 cm^2/gと大きかったため，セメント硬化体組織が緻密になったことが原因と考えられる。

　膨張材を置換した場合は，材齢3日付近まで膨張ひずみの増加が生じ，その後は徐々に自己収縮によって膨張ひずみは減少してゆくものの，プレーンモルタルと比較して自己収縮の補償効果は明瞭である。また，膨張材Aを置換した配合は膨張材Bを置換した配合に比較して，低い置換率で同等の自己膨張ひずみが得られることは明らかである。これは既往の報告[4]と同様の結果となっている。

　高流動コンクリートは一般に単位結合材量が多いため，所定の効果を得るために必要な膨張

材の置換率も増加する。しかし，膨張材 A のように低置換率で効果を得ることができる膨張材を使用することにより，一般的なコンクリートと同程度の置換率で高流動コンクリートの自己収縮の補償を行うことができると考えられる。

4.3.2 低熱セメント(HB)モルタルを用いた自己長さ変化率

HB(低熱セメント)モルタルに膨張材を置換した場合の自己長さ変化率の測定結果を，**図-4.3** および**図-4.4**に示す。**図-4.3**が膨張材 A を置換した結果，**図-4.4**が膨張材 B を置換した結果である。

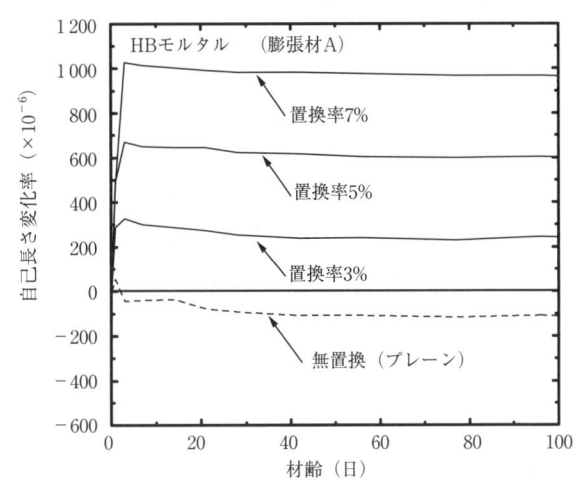

図-4.3 HB モルタルの自己長さ変化率（膨張材 A 置換）

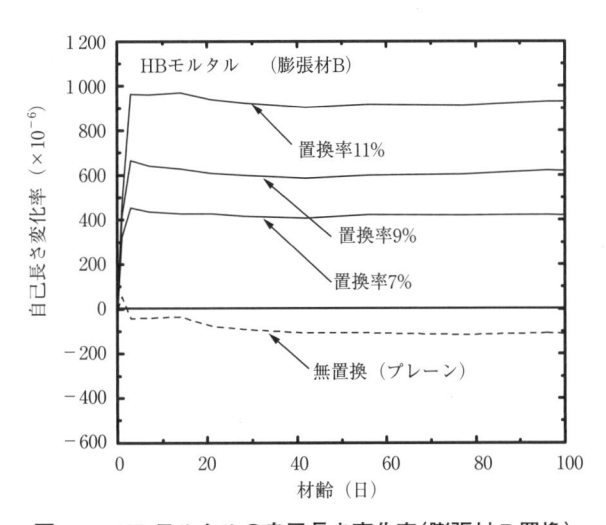

図-4.4 HB モルタルの自己長さ変化率（膨張材 B 置換）

プレーンモルタルについて，BSモルタルと比較してHBモルタルの自己収縮が非常に小さいことは明らかであり，材齢91日において200×10^{-6}程度に留まっている。

膨張材を置換した配合については，BSモルタルと同様に，初期材齢において膨張ひずみを生じるが，BSモルタルとの違いは長期にわたる自己膨張ひずみの損失がほとんど無い点にある。例えばBSモルタルに膨張材Aを5％置換した配合において，材齢3日と材齢91日における自己収縮ひずみの差は約200×10^{-6}であるのに対し，HBモルタルに膨張材Aを5％置換した配合において同様の自己収縮ひずみの差はわずかに65×10^{-6}程度である。また，同量の膨張材を置換した配合では，BSモルタルに比較してHBモルタルの自己膨張が格段に大きくなっていることが明らかである。

このように，低熱セメントを用いた高流動モルタルは，膨張材の置換による自己膨張ひずみが大きく，さらにその損失が少ないことが確認された。一般に低熱セメントは，混和材料が効果的に働くとされており[1]，膨張材に関しても同様の現象が生じたため，今回のような結果が得られたと推察される。

4.3.3　石灰石微粉末含有(LS)モルタルを用いた自己長さ変化率

LS(石灰石微粉末含有)モルタルに膨張材を置換した場合の自己長さ変化率の測定結果を，図-4.5および図-4.6に示す。図-4.5が膨張材Aを置換した結果，図-4.6が膨張材Bを置換した結果である。

プレーンモルタルについて，自己収縮ひずみはBSモルタルとHBモルタルとの中間であり，材齢91日において350×10^{-6}程度となった。

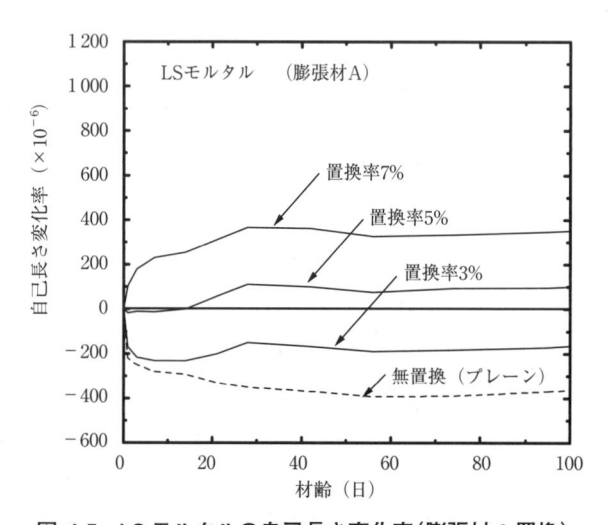

図-4.5　LSモルタルの自己長さ変化率(膨張材A置換)

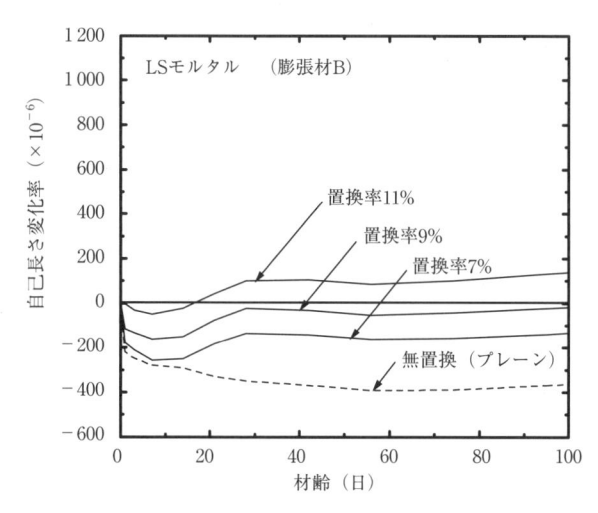

図-4.6　LSモルタルの自己長さ変化率（膨張材B置換）

　膨張材を置換した配合における自己長さ変化率は，材齢7日程度までいったん収縮した後に，膨張ひずみ側に転じていることが認められる。その後は材齢28日頃まで膨張が持続した後に，ほぼ横這いになっている。この傾向は，BSモルタルやHBモルタルには認められない，LSモルタル特有の性質である。とくに，膨張材Bを置換した配合に関しては顕著である。

　膨張ひずみの損失は，HBモルタル以上に小さく，材齢28日と材齢91日において比較した場合，その差はほぼ0である。このように石灰石微粉末を置換した高流動モルタルは，初期材齢における自己膨張ひずみは小さいものの，長期的に膨張が持続するとともに，その後の損失がほとんど生じないことが確認された。

　以上の実験結果より，膨張材の種類や結合材の種類によって，自己長さ変化率の挙動は大きく異なることが確認された。そのため，使用する目的に合わせた結合材や膨張材の選定が重要である。

4.4　圧縮強度

4.4.1　材齢28日における圧縮強度

　図-4.7には，材齢28日における圧縮強度と自己長さ変化率を比較した結果を示す。横軸が材齢28日における自己長さ変化率を，縦軸は圧縮強度を示す。

　BSモルタルおよびHBモルタルについては，自己膨張ひずみの増加に伴い圧縮強度が低下している。しかし，同等の自己膨張ひずみについて比較した場合，HBモルタルに比較してBSモ

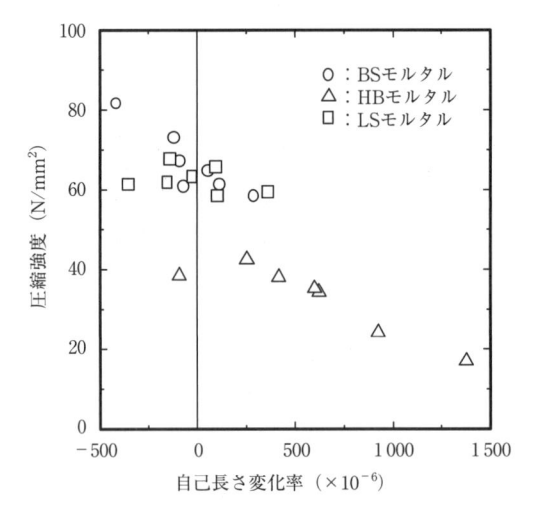

図-4.7　圧縮強度と自己長さ変化率との関係（材齢28日）

ルタルは高強度を示す。すなわち，高炉スラグ微粉末を含有したコンクリートは低熱セメントを用いたコンクリートに比較して，高強度を求められる用途に適していると考えられる。

　LSモルタルの結果を見ると，自己長さ変化率がBSモルタルとほぼ同等で，HBモルタルよりも小さいこともあるものの，自己長さ変化率にかかわらず圧縮強度がほとんど一定である。この結果から，石灰石微粉末を用いることによって，膨張材の置換による圧縮強度への影響がきわめて小さいコンクリートが得られると考えられる。

4.4.2　材齢91日における圧縮強度

　図-4.8には，材齢91日における圧縮強度と自己長さ変化率を比較した結果を示す。BSモルタルおよびHBモルタルについては，図-4.7に示した材齢28日における結果と同様に，自己膨張ひずみの増加に伴い圧縮強度が低下している。しかし，材齢28日に比べるとBSモルタルとHBモルタルとの圧縮強度の差が小さくなっており，同一の膨張ひずみにおいて比較すると，ほぼ同等の圧縮強度が得られている。

　LSモルタルについても，材齢28日における結果と同様に，自己長さ変化率にかかわらず圧縮強度がほとんど一定である。また，同一の膨張ひずみにおいて比較した場合，LSモルタルの強度発現性が最も優れる結果となった。

　以上の実験結果より，膨張材の種類や結合材の種類によって自己長さ変化率と圧縮強度との関係は大きく異なることが明らかとなった。よって，必要とされる膨張ひずみや圧縮強度の大きさ，また，その条件を満足すべき材齢などによって，使用する結合材を選定することが重要である。

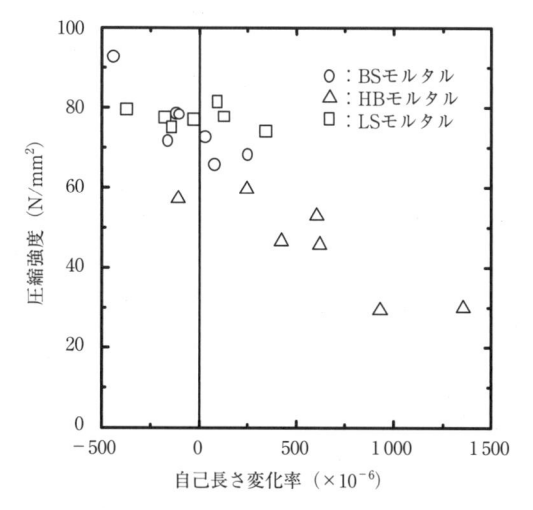

図-4.8 圧縮強度と自己長さ変化率との関係（材齢91日）

4.5 水和発熱

真空断熱容器を用いたモルタル試料の水和発熱の測定結果を，図-4.9，図-4.10，および図-4.11に示す。また，各配合の最高温度および最高温度に到達した材齢を，表-4.3に記す。

最高温度を比較すると，LSモルタルが最も高く，以降はBSモルタル，HBモルタルの順に小さくなった。また，最高温度に到達した材齢を比較すると，LSモルタルが最も早く，BSモルタルとHBモルタルが同程度であった。高炉スラグ微粉末，低熱セメント，および石灰石微粉末は，いずれも水和熱の低減に効果があると言われているが，今回用いた配合においては，低熱セメントの水和熱の抑制効果がとくに高い結果となった。

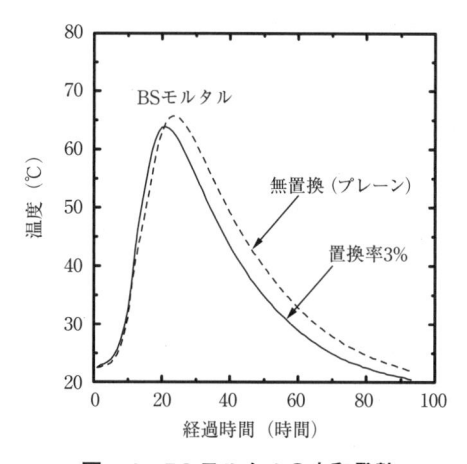

図-4.9 BSモルタルの水和発熱

4章　自己収縮ひずみの低減効果

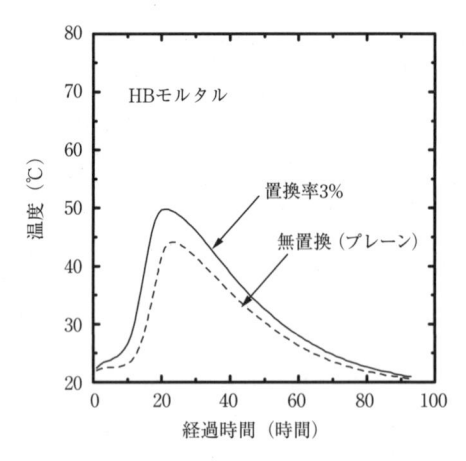

図-4.10　HBモルタルの水和発熱

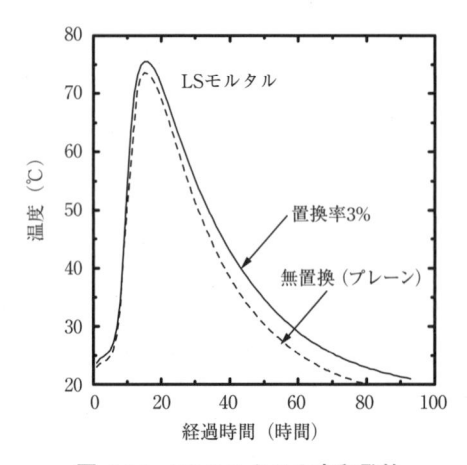

図-4.11　LSモルタルの水和発熱

表-4.3　各種モルタルの水和発熱

	BSモルタル		HBモルタル		LSモルタル	
	Plain	3％置換	Plain	3％置換	Plain	3％置換
最高温度（℃）	65.7	63.9	44.1	49.7	73.6	75.5
到達材齢（時間）	23	21	23	21	15	15

　BSモルタルは膨張材Aを3％置換することで最高温度が2℃程低下しているのに対し，HBモルタルおよびLSモルタルについては，逆に上昇している。とくにHBモルタルにその傾向が著しく，膨張材を置換することで，5℃以上最高温度が高くなる結果が得られた。

4.6 まとめ

本章では，膨張材として遊離石灰を多く含有したカルシウムサルホアルミネート系膨張材および従来型の膨張材とを用い，結合材として普通ポルトランドセメントに高炉スラグ微粉末を置換したセメント，低熱セメント，および石灰石微粉末を用いた。これらの材料を使用して各種高流動モルタルを調整し，自己長さ変化率，圧縮強度，および水和発熱を検討した。

本実験にて得られた結論を，以下に示す。

1. 膨張材の置換は，結合材の種類によらず，高流動モルタルの自己収縮の補償に効果がある。また，遊離石灰を多く含有したカルシウムサルホアルミネート系低添加型膨張材は，従来型のカルシウムサルホアルミネート系膨張材と比較して，低い置換率でも自己収縮の補償に同等の効果を持つ。

2. 結合材の種類が異なると，膨張材による自己収縮の補償効果は大きく異なり，高炉スラグ微粉末を含有する結合材を用いた場合，自己収縮の補償効果は小さく，低熱セメントでは自己収縮の補償効果がきわめて大きいことが明らかとなった。また，石灰石微粉末を用いたモルタルは，初期材齢における自己収縮の補償効果は小さいものの，長期にわたって自己膨張が持続するとともに，その後の膨張の損失がほとんど生じないことが確認された。

3. 高炉スラグ微粉末含有セメントを用いたモルタルおよび低熱セメントを用いたモルタルの圧縮強度は，膨張ひずみの増加とともに低下する傾向が認められた。しかしながら，石灰石微粉末を用いたモルタルの圧縮強度は，自己長さ変化率によらずほぼ一定であった。

4. 材齢28日において，圧縮強度が最も高かった配合は高炉スラグ微粉末含有セメントを用いたモルタルであり，次に，石灰石微粉末を用いたモルタル，低熱セメントを用いたモルタルの順に小さくなった。しかし材齢91日においては，高炉スラグ微粉末含有セメントを用いたモルタルと石灰石微粉末を用いたモルタルとが，同程度の値を示し，低熱セメントを用いたモルタルの圧縮強度との差も小さくなった。

5. 各種モルタルの水和発熱を測定したところ，膨張材の有無によらず，石灰石微粉末を用いたモルタルの発熱が最も大きくなり，低熱セメントを用いたモルタルの水和発熱が最も小さくなった。また，高炉スラグ微粉末を含有したセメントは，遊離石灰を多く含有したカルシウムサルホアルミネート系低添加型膨張材の置換によって水和発熱が小さくなることが確認された。

●参考文献

1) MATSUNAGA A., OHNISHI T., and KUROKAWA I.: Study on Properties of High Flowing Concrete Used Limestone Powder, Extended Abstracts: The 48th Annual Meeting of JCA, pp.218-223, 1994
2) 田澤栄一，宮沢伸吾，佐藤剛，小西謙二郎：コンクリートの自己収縮，コンクリート工学年次論文報告集，Vol.14, No.1, pp.561-566, 1992

3) Tazawa,E., Miyazawa,S.: Autogenous Shrinkage Caused by Self Desiccation in Cementitious Material, 9th International Congress on the Chemistry of Cement, Ⅳ, pp.712-718, 1992
4) 盛岡実，串橋和人，坂井悦郎，大門正機：遊離石灰－アウイン－無水セッコウ系膨張材の膨張特性，コンクリート工学年次論文報告集，Vol.19，No.1，pp.271-276，1997

5章 マスコンクリートの温度応力の低減効果

5.1 はじめに

　マスコンクリートにおけるセメントの水和熱によるひび割れに関しては，これまでに多くの研究成果が報告されており[1]，その対策についても種々の検討が行われてきた[2]。その有効な対策の一つに，コンクリートの混和材料として膨張材を用いる方法が挙げられ[3]，実際の施工現場等においても実績を積んでいる[4]。しかしながら，膨張材による温度ひび割れの低減効果を定量的に評価した研究[5]は少なく，とくにコンクリートの練上り温度が及ぼす影響を考慮した報告は皆無である。

　本章では，セメントの種類および練上り温度を変化させ，膨張材をセメントと置換して製造した膨張コンクリート供試体を用い，温度応力試験装置によって実構造物を想定して行ったモデル実験の結果とともに，膨張材の温度ひび割れの抑制効果を検討した結果について報告する。そして，膨張材による温度ひび割れの低減メカニズムについても考察する。

5.2 実験の概要

5.2.1 実験要因

　実験は，膨張材による温度ひび割れの低減効果を示すシリーズⅠ，および温度ひび割れの低減のメカニズムを考察するシリーズⅡに分けて行った。実験要因は，セメントの種類，練上り温度，および膨張材の有無とした。

　セメントの種類は，普通ポルトランドセメントおよびそれに高炉スラグ微粉末の置換率を質量で40％とした高炉セメントB種の2通りとし，それぞれのセメントを膨張材と一部置換した。これらをシリーズⅠでは20℃および35℃において，シリーズⅡでは20℃においてそれぞれ練り上げて，膨張コンクリート供試体を作製し，実験に供した。なお比較のために，同一の配合，同一の練上り温度のコンクリートで，膨張材を置換しない供試体も作製した。

5.2.2 使用材料および配合

セメントは普通ポルトランドセメント(密度は3.15 g/cm^3, 比表面積は2 980 cm^2/g)を, 細骨材は新潟県姫川水系産細砂(表乾密度は2.56 g/cm^3, 吸水率は2.0％, F.M.は2.81)を, 粗骨材は新潟県姫川水系産砕石(最大寸法は25 mm, 表乾密度は2.67 g/cm^3, 吸水率は0.9％, F.M.は6.80)を, AE減水剤はリグニンスルホン酸化合物ポリオール複合体を, AE助剤としては陰イオン界面活性剤をそれぞれ用いた。また膨張材は, カルシウムサルフォアルミネート系の水和熱抑制型膨張材(密度は2.71 g/cm^3, 比表面積は2 900 cm^2/g)を用いた。

コンクリートの配合を**表-5.1**に示す。コンクリート供試体はいずれも, 呼び強度が24 N/mm^2, 目標スランプが12 ± 2.5 cm, 空気量が4.5 ± 1.5％の配合である。

表-5.1 コンクリートの配合

配合名	W/B (%)	s/a (%)	単位量 (kg/m^3)						AE減水剤 (kg/m^3)	AE助剤 (kg/m^3)
			水	セメント	高炉スラグ	膨張材	細骨材	粗骨材		
NP	50.0	48.0	172	313	—	—	861	951	0.470	1.25
NE				283	—	30				1.88
BP				188	125	—				1.25
BE				170	113	30				1.88

5.2.3 実験方法

(1) 試験装置

水和発熱に起因する温度応力を測定するため, **図-5.1**に示す温度応力試験装置を用いた。この装置は, JIS原案(コンクリートの水和熱による温度ひび割れ試験方法(案))[6]に準拠するもの

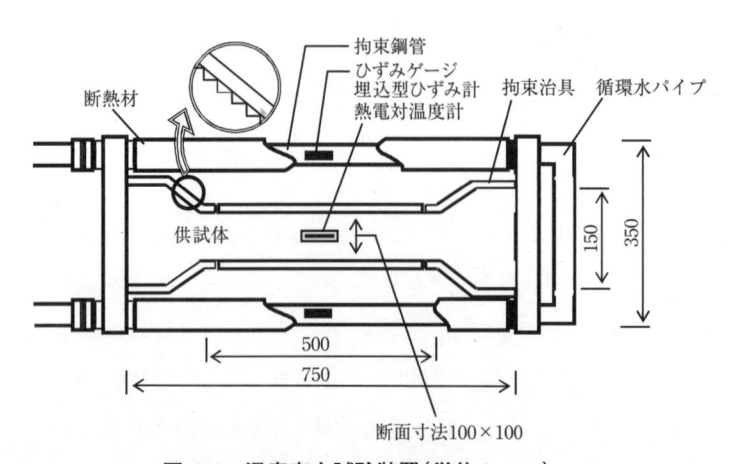

図-5.1 温度応力試験装置(単位：mm)

である。応力はコンクリートの長さ変化を拘束する拘束鋼管の実測ひずみから算出するため，コンクリートのクリープ等を考慮した応力，すなわち実際にコンクリートに作用する応力を測定することができる。

拘束鋼管内には一定温度の水が常時循環しているため，拘束鋼管には温度変化に起因するひずみは発生しない。そのため，コンクリートの長さ変化を拘束することによって生じるひずみのみを知ることができる。

図-5.1においてコンクリート供試体に応力を発生させる方法としては，周囲に配置した拘束鋼管に一定温度の循環水を流し，鋼管に温度変化によるひずみが発生しない状態においてコンクリートのひずみを拘束して応力を発生させる方法と，循環水の温度を変化させることで鋼管に強制的なひずみを与えて応力を発生させる方法とがある。

シリーズⅠでは，コンクリートの水和に伴う長さ変化を拘束することで応力を発生させる方法を採用した。またシリーズⅡでは，材齢7日以前は鋼管に20℃一定の水を循環し，その後は3℃/日の速度で循環水を昇温した。すなわち，材齢7日以前はコンクリートの水和に伴う長さ変化を拘束することで応力を発生させ，材齢7日以降は強制的に一軸引張応力を与えることで応力を発生させた。

なお，拘束治具以外の部分には拘束が発生しないように，型枠底面にはテフロンシートを敷き，さらに内側面およびコンクリートの打込み面には乾燥を防ぐために，ビニールシートを敷き詰めた。

(2) 実験方法

シリーズⅠではコンクリート供試体に実構造物を想定した温度履歴を与えたが，これはあらかじめ行った断熱温度上昇試験結果(**表-5.2**参照)より，FEM2次元温度解析によって算出した。**表-5.3**に示す計算条件は，2種類(AおよびB)を設定したが，両者の違いは練上り温度と環境温度のみである。詳細を**表-5.3**に示す。なお，シリーズⅡでは環境温度を20℃一定とした。

測定項目は，拘束鋼管のひずみ，コンクリート供試体のひずみ，および温度である。そして，

表-5.2 断熱温度上昇量

配合名	初期温度(℃)			
	20		35	
	K	α	K	α
NP	43.3	1.21	41.2	1.42
NE	44.3	1.20	39.5	1.05
BP	42.2	0.887	41.7	1.28
BE	42.9	0.694	42.8	1.12

注) 「K」と「α」は，次式で与えられる[$Q(t)=K(1-\exp(-\alpha t))$]

表-5.3 温度解析の計算条件

条件	A	B
解析対象	厚さ1.2 mの壁体の中心部	
練上り温度	20℃	35℃
環境温度	15℃	30℃
熱伝導率	2.91×10^{-3}(W/mm・℃)	
熱伝達率	9.30×10^{-6}(W/mm^2・℃)	

同一の条件下において養生したコンクリート円柱供試体(ϕ15×20 cmおよびシリーズⅡのみϕ10×20 cm)も作製し，それぞれ割裂引張強度および弾性係数の測定に供した。

拘束鋼管のひずみについてはひずみゲージを，コンクリート供試体のひずみについては埋込型ひずみ計を，温度については熱電対温度計を，それぞれ用いて測定を行った。また，引張強度の測定はJIS A 1113(コンクリートの割裂引張強度試験方法)に従って行った。弾性係数の測定は，ASTM C469-65「圧縮におけるコンクリートの静弾性係数およびポアソン比の試験方法」に準拠した。

5.3 温度応力の測定結果

コンクリート供試体に生じる温度応力は，拘束鋼管に生じたひずみの測定値から，式(5.1)を用いて算出した。

$$\sigma_c = \varepsilon_s \times E_s \times \frac{A_s}{A_c} \tag{5.1}$$

ここに，σ_c：コンクリートの応力(N/mm^2)
　　　　ε_s：拘束鋼管のひずみ($\times 10^{-6}$)
　　　　E_s：拘束鋼管の弾性係数(N/mm^2)
　　　　A_s：拘束鋼管の総断面積(mm^2)
　　　　A_c：供試体の断面積(mm^2)

図-5.2には環境温度が15℃における，図-5.3には環境温度が30℃における結果をそれぞれ示す。図中において，実線が膨張材を置換した配合，破線が膨張材を用いない配合を示している。また，コンクリート供試体に与えた温度履歴も併記している。

表-5.4には，それぞれの配合および環境条件における，最高温度および材齢10日においてコンクリート供試体に生じた引張応力を示す。ただし，環境温度が30℃におけるBPおよびBE

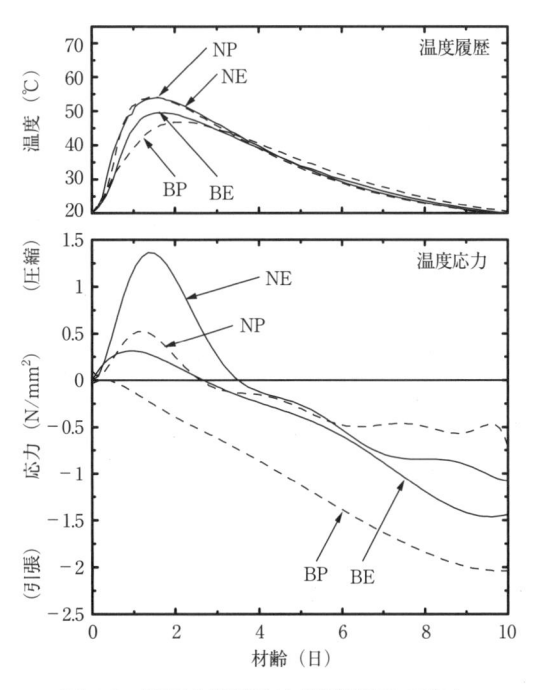

図-5.2 温度と温度応力(環境温度15℃)

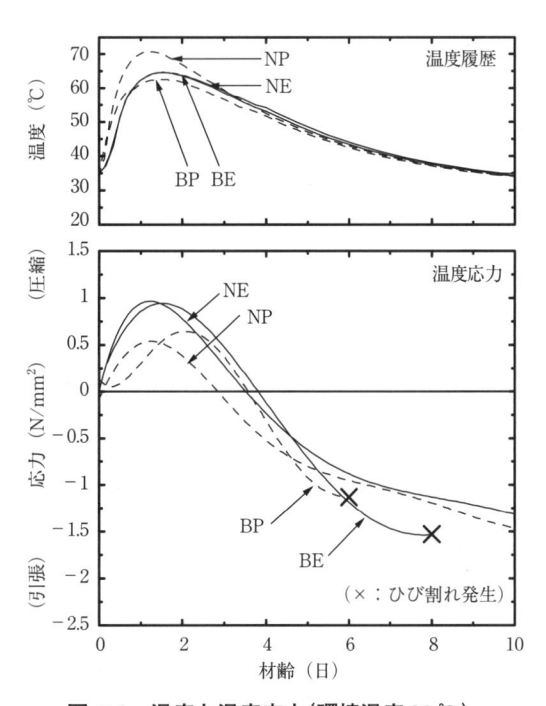

図-5.3 温度と温度応力(環境温度30℃)

5章　マスコンクリートの温度応力の低減効果

は，それぞれ材齢6日および8日においてひび割れを生じたため，その時点における引張応力を記載している。

表-5.4　最高温度および材齢10日における引張応力

環境温度(℃)	膨張材	配合名	最高温度(℃)	引張応力(N/mm²)
15	無	NP	54.1	0.631
	有	NE	53.9	1.16
	無	BP	46.8	2.11
	有	BE	49.5	1.45
30	無	NP	70.7	1.46
	有	NE	64.7	1.29
	無	BP	62.6	1.13*
	有	BE	64.7	1.77**

＊：材齢6日における値，＊＊：材齢8日における値

5.3.1　環境温度が15℃の場合

(1)　温度履歴

　各供試体には，算出した解析結果に準じて温度履歴を与えており，設定通りに制御できたことを確認している。普通ポルトランドセメントを用いたNPとNEにはほぼ同一の温度履歴を与え，高炉セメントB種を用いた配合については，BPに比較してBEに3℃程度発熱が大きい履歴を与えた。また，セメントの種類については，NPに比較してBPに，NEに比較してBEに，最高温度がそれぞれ低い履歴を与えている。

(2)　温度応力

　温度応力については，打込み直後からNP，NEおよびBEには圧縮応力が生じている。その後徐々に圧縮応力は減少し，引張応力に転じた後は，材齢とともに引張応力が増加している。またBPについては，打込み直後より引張応力が生じ，材齢とともに増加していることが，図-5.2より認められる。

　膨張材を置換したBEは，BPに比較して大きな圧縮応力が導入され，引張応力は小さくなっている。図-5.2からも，BEはBPに比較して材齢10日における引張応力が0.66 N/mm²低減されている。NEはNPに比較して大きな圧縮応力が導入されているが，引張応力は材齢10日において逆に0.53 N/mm²大きくなった。

　セメントの種類について比較すると，NPはBPに比較して大きな圧縮応力が導入され，引張応力も材齢10日において1.48 N/mm²小さくなっている。同様にNEは，BEに比較して材齢10日における引張応力は0.29 N/mm²小さくなった。

5.3.2 環境温度が30℃の場合

(1) 温度履歴

各供試体には，解析結果に準じて温度履歴を与えており，設定通りに制御できたことを確認している。普通ポルトランドセメントを用いた配合については，NPに比較してNEに最高温度が約6℃低い履歴を与え，BEはBPに比較して2℃程度最高温度が高い履歴を与えた。また高炉セメントB種を用いた配合には，普通ポルトランドセメントを用いた配合に比較して，最高温度が低くなる履歴をそれぞれ与えている。

(2) 温度応力

いずれの配合においても，打込み直後から圧縮応力が導入されている。その後は材齢とともに圧縮応力は減少し，引張応力に転じた後の引張応力は材齢とともに増加し，BPおよびBEについては測定期間中にひび割れを生じた。BPは材齢6日に，BEは材齢8日に，それぞれひび割れが確認された。ひび割れ発生時の引張応力は，**表-5.4**に示したように，BPが1.13 N/mm^2，BEが1.77 N/mm^{2}であった。

引張応力は測定期間を通して常に，NPに比較して膨張材を用いたNEが小さくなっており，材齢10日において0.17 N/mm^{2}低減されている。BEおよびBPについては，ひび割れが生じたため応力による比較はできないが，BPに比較してBEはひび割れの発生材齢が2日程度遅れていることが，**図-5.3**より認められる。

セメントの種類について比較すると，NPはBPに比較してほぼ同等の圧縮応力が導入されている。また，応力が圧縮から引張に転じる材齢はNPがBPに比較して早期であるにもかかわらず，BPの引張応力の増加が速く，材齢4.5日付近で両者が逆転している。膨張材を用いたNEとBEを比較した場合も，これとまったく同様の現象が確認された。

5.4 温度応力の考察

5.4.1 実験要因が及ぼす温度ひび割れへの影響

温度応力によるひび割れの発生確率を検討する際には，コンクリートに生じる引張応力とコンクリートの引張強度の双方を考慮する必要がある。そこで，**図-5.4**および**図-5.5**に，コンクリート供試体の引張強度とコンクリートに生じた引張応力との関係を示す。横軸の引張強度は，温度応力試験に用いたコンクリート供試体と同一の温度履歴を与えたコンクリート供試体による引張強度試験の結果から，任意材齢における引張強度を近似して求めたものである。

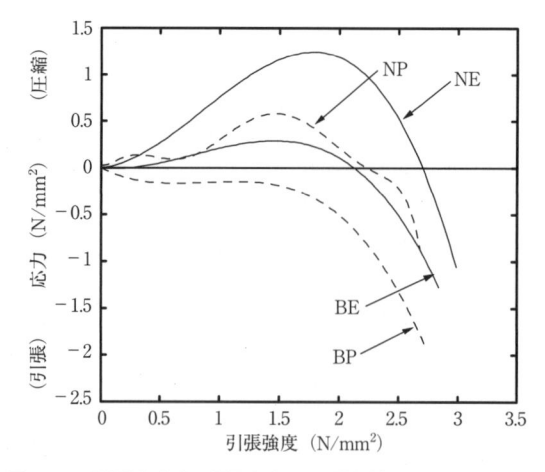

図-5.4 引張強度と引張応力との関係（環境温度15℃）

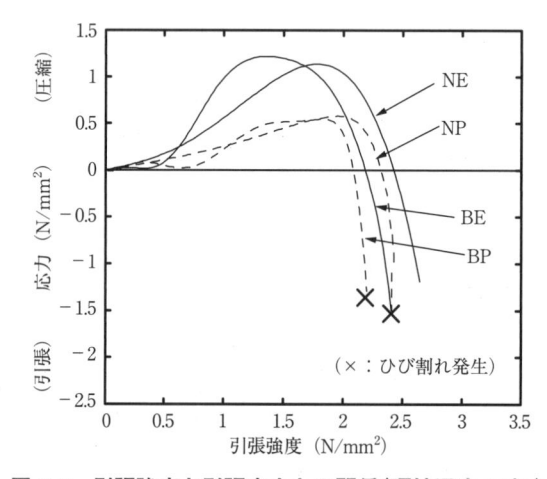

図-5.5 引張強度と引張応力との関係（環境温度30℃）

（1） 環境温度が15℃の場合

　いずれの配合についても，引張強度の増加とともに圧縮応力が増加するが，その後徐々に圧縮応力が減少し，引張応力に転じている。

　膨張材の有無について検討する場合，同一の引張応力において引張強度を比較すると，NEはNPに比較して，BEはBPに比較してそれぞれ引張強度が大きくなっており，膨張材を置換することによってひび割れの抵抗性が高まっていることが確認される。そして，同一の引張応力における引張強度が，BP，BE，NP，NEの順に大きくなることから，セメントに普通ポルトランドセメントを用いた配合が，高炉セメントB種を用いた配合に比較して，温度ひび割れの抵抗力が高いと推察される。

（2） 環境温度が30℃の場合

　環境温度が30℃の場合も，全体的な傾向は環境温度が15℃の場合と同様である。しかし環境温度が15℃の場合と比較して，引張強度が増加する速度よりも引張応力の増加が著しく速いことは明らかである。

　膨張材の有無について検討する場合，同一の引張応力において引張強度を比較すると，環境温度が15℃の場合と同様に，NPに比較してNEが，BPに比較してBEが，それぞれ引張強度が大きくなっている。しかしその増加割合は，環境温度が15℃の場合に比較して小さく，温度ひび割れを防止するためにも，環境温度が15℃程度の常温において打ち込むことが望ましいと考えられる。

　環境温度が15℃の場合と同様に，同一の引張応力における引張強度は，BP，BE，NP，NEの順に大きくなっている。このことから，普通ポルトランドセメントを使用するほうが，温度ひび割れの防止に好ましいと考えられる。

5.4.2　実験要因が及ぼす長さ変化率への影響

　膨張材による温度ひび割れの抵抗性の増加は，膨張材の特性によるものと考えられる。したがって，膨張材で置換することは，コンクリート供試体のひずみにも影響が現れていると考えられるため，**図-5.6**および**図-5.7**に，それぞれ環境温度が15℃および30℃におけるコンクリート供試体の温度と長さ変化率との関係を示す。縦軸には，埋込型ひずみ計により測定した長さ変化率をとっている。また図中に記した数値は，温度降下過程における曲線の傾きを最小二乗近似した値，すなわち「見かけの熱膨張係数」であり，**表-5.5**にも示している。なお，見かけの熱膨張係数は温度上昇過程および降下過程においてそれぞれ求めることができるが，温度応力に起因する引張応力は，自己収縮を考慮する必要があるような高強度コンクリートあるいは高流動コンクリート[7]を除いて，主に温度降下過程において生じるため，ここでは温度降下過程

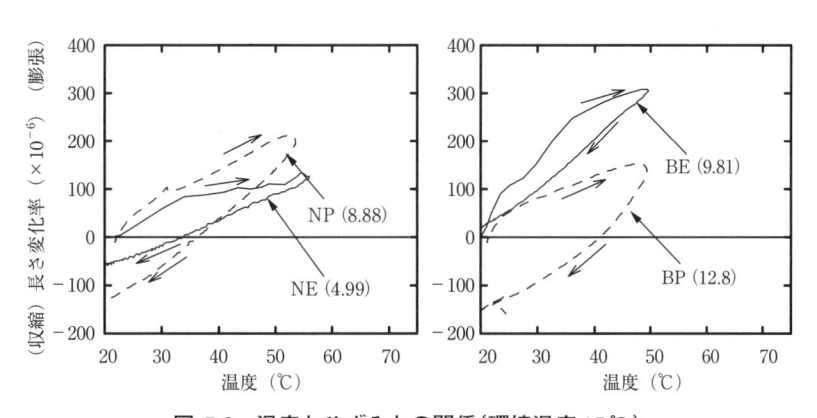

図-5.6　温度とひずみとの関係（環境温度15℃）

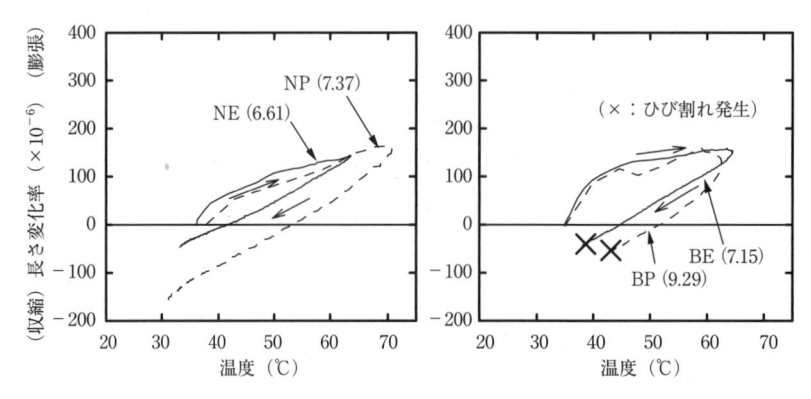

図-5.7 温度とひずみとの関係（環境温度30℃）

表-5.5 見かけの熱膨張係数

環境温度(℃)	膨張材	配合名	熱膨張係数(10^{-6}/℃)
15	無	NP	8.88
	有	NE	4.99
	無	BP	12.8
	有	BE	9.81
30	無	NP	7.37
	有	NE	6.61
	無	BP	9.29
	有	BE	7.15

における値のみを示す。

いずれの環境温度下においても，NEはNPより，BEはBPより，熱膨張係数が小さくなっており，膨張材によって温度降下に伴う収縮が緩和されている。またその傾向は，環境温度が30℃の場合に比較して，環境温度が15℃の場合が顕著である。

5.4.3 温度履歴と温度ひび割れの低減効果

図-5.2および**図-5.3**の温度履歴に示したように，膨張材を置換することによって最高温度が上昇する配合があった。しかしいずれの配合においても，膨張材を置換することによって温度ひび割れが低減する効果は確認されており，最高温度が上昇するような配合でも，温度ひび割れの低減効果は得られることが明らかとなった。

5.5 温度応力の低減機構

5.5.1 温度応力

シリーズⅡにおける温度応力の測定結果を，**図-5.8** に示す。コンクリート供試体に生じた温度応力は，拘束鋼管に生じたひずみの測定値から式(5.1)を用いて算出した。材齢2日以前については，膨張コンクリートは材齢とともに圧縮応力が増加している。ただし材齢2日以降は，約 $0.25\,\mathrm{N/mm^2}$ において横這いである。一方のプレーンコンクリートは，材齢とともに引張応力が増加し続け，材齢7日において約 $0.4\,\mathrm{N/mm^2}$ となった。

コンクリートに一軸引張応力を与えた材齢7日以降については，いずれのコンクリートも直線的に引張応力が増加している。応力の増加速度はほぼ同等であり，プレーンコンクリートについては材齢14日頃に，膨張コンクリートについては材齢17日頃に，それぞれひび割れが発生した。ひび割れ発生応力は，プレーンコンクリートが $1.83\,\mathrm{N/mm^2}$，膨張コンクリートが $1.86\,\mathrm{N/mm^2}$ と，ほぼ同等であった。

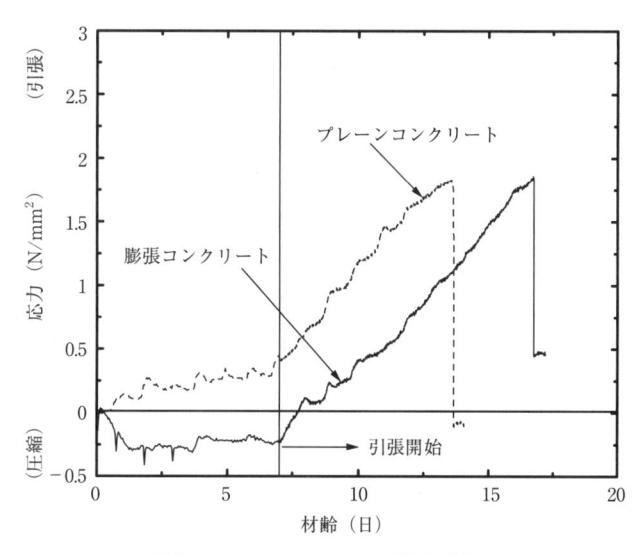

図-5.8 コンクリートの温度応力

5.5.2 コンクリートのひずみ

埋込型ひずみ計により測定したコンクリートのひずみを，**図-5.9** に示す。材齢7日以前については，膨張コンクリートは材齢2日頃までに 150×10^{-6} の膨張ひずみを生じ，その後はほぼ横這いになっている。一方のプレーンコンクリートは，材齢1日頃に約 85×10^{-6} の膨張ひずみを生じた後は徐々に減少し，材齢7日においては約 40×10^{-6} となった。

5章 マスコンクリートの温度応力の低減効果

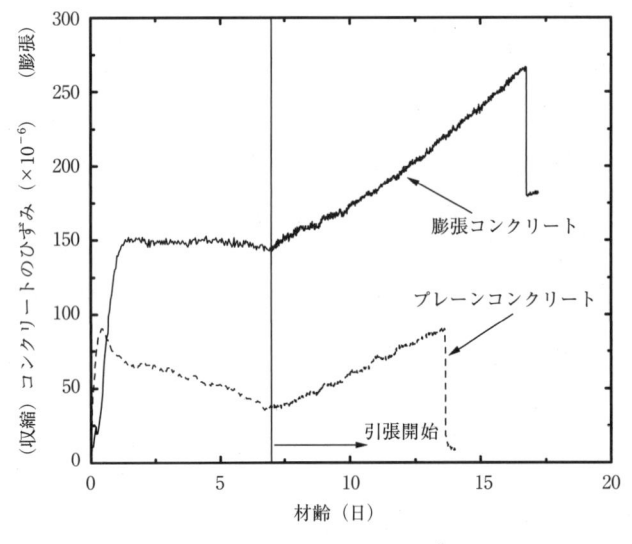

図-5.9 コンクリートのひずみ

　コンクリートに一軸引張応力を与えた材齢7日以降については，プレーンコンクリートは直線的にひずみが増加しているのに対し，膨張コンクリートのひずみは指数的に増加している。

5.5.3 コンクリートの引張強度とヤング係数

　コンクリートの割裂引張強度およびヤング係数(弾性係数)の測定結果を，**図-5.10**に示す。なお，図中の曲線は，実測値より求めた近似値である。割裂引張強度については，プレーンコンクリートに比較して膨張コンクリートは初期強度の発現が遅いが，材齢15日頃を境に両者は逆転している。しかし，その差はわずかである。

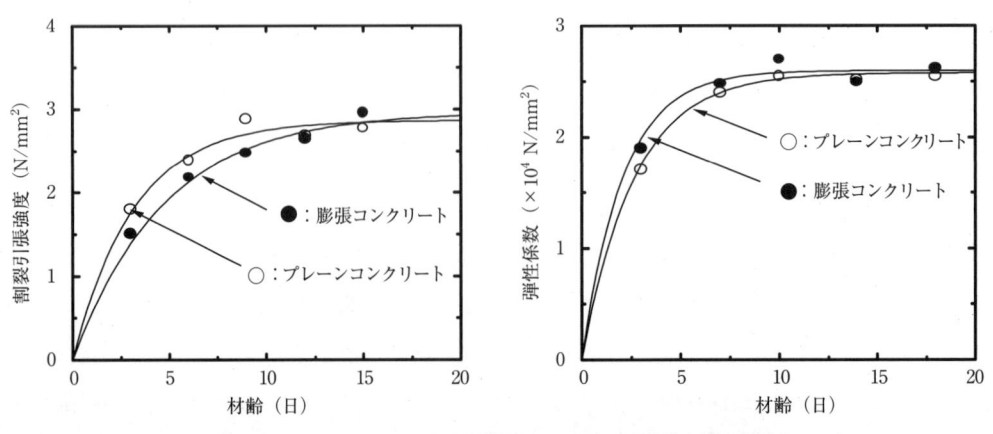

図-5.10 コンクリートの引張強度とヤング係数(弾性係数)

ヤング係数については，プレーンコンクリートに比較して膨張コンクリートが各材齢において大きい。しかしながら，こちらも両者の差はわずかである。

5.6 膨張コンクリートのクリープ係数

図-5.8 および**図-5.10**から，割裂引張強度，弾性係数，および一軸引張応力下での破壊強度については，プレーンコンクリートと膨張コンクリートとの間にはほとんど差がないことが確認された。しかしながら**図-5.9**を詳細に見ると，一軸引張応力を与えた材齢7日以降のひずみには大きな違いが認められる。

膨張コンクリートのクリープひずみは，プレーンコンクリートのクリープひずみに比較して同程度あるいは若干大きくなるとの報告があり[8]，本実験においても同様の現象が生じていると考えられる。そこで，一軸引張応力を与えた材齢7日以降において，クリープに関する検討を行った。

検討に当たっては，岩城らの提案式[9]を用いた。この方法は，材齢をいくつかの区間(step)に区分し，各stepではコンクリートの弾性係数が一定であると仮定した上で，ひずみと弾性係数より算出した弾性解$\Delta\sigma_i$を，これに対応するクリープ係数Φに基づいて低減させ，式(5.2)を用いて重ね合わせる方法である。なお，式(5.2)における$1/(1+\Phi)$が，引張応力の低減率と称されており[9]，この値が小さいほど引張応力の低減割合が大きいことを示す。

$$\sigma_n = \sum_{i=1}^{n} \frac{\Delta\sigma_i}{(1+\Phi_{i,n})} \tag{5.2}$$

$$\Phi_{t_0,t_1} = \frac{E_{t_0}}{E_{28}}\varphi_{t_1} - \varphi_{t_0} \tag{5.3}$$

ここに，$\Delta\sigma_i$：i stepでの応力増分(弾性解)

$\Phi_{i,n}$：i stepでの応力増分に対するn stepでのクリープ係数

E_{t_0}：有効材齢t_0での弾性係数

E_{28}：有効材齢28日での弾性係数

φ_t：有効材齢tでのクリープ係数

計算に用いた数値は，**図-5.8**～**図-5.10**から得られた近似式より求めた。ただし，応力とひずみに関しては，材齢7日を基点とする近似曲線より求めた。また計算期間は，引張応力を載荷し始めた材齢7日以降からひび割れを発生する材齢までとした。

岩城らの報告において，φ_{t_e}には実験結果より求めた式(5.4)を適用している。本文ではφ_{t_e}が未知であるため，式(5.2)によって得られた値が**図-5.8**に示した応力と等しくなるように，最小

二乗法による回帰を行い，それぞれ式(5.5)および式(5.6)を得た。

$$\varphi_{t_e} = 3.9(1 - e^{-0.17 t_e}) \quad (岩城ら)^{9)} \tag{5.4}$$

$$\varphi_{t_e} = 3.9(1 - e^{-0.47 t_e}) \quad (プレーンコンクリート) \tag{5.5}$$

$$\varphi_{t_e} = 6.3(1 - e^{-0.028 t_e}) \quad (膨張コンクリート) \tag{5.6}$$

計算条件を**表-5.6**に，計算結果を**図-5.11**にそれぞれ示す。計算結果が実測結果にほぼ適合することから，φ_{t_e}の設定に式(5.5)および式(5.6)を採用したことは適当であると言える。

また，応力の低減率$1/(1+\Phi)$を**表-5.7**に，材齢7〜7.5日（step1）および材齢9〜10日（step5）において発生した引張応力（$\Delta\sigma_1$, $\Delta\sigma_5$）の低減率$1/(1+\Phi)$を**図-5.12**にそれぞれ示す。**図-5.12**より，例えば材齢7日に発生した引張応力（$\Delta\sigma_1$）の低減率を比較すると，プレーンコンクリート

表-5.6 計算条件

	step	1	2	3	4	5	6	7	8	9	10	11	12
プレーンコンクリート	t	7〜7.5	7.5〜8	8〜8.5	8.5〜9	9〜10	10〜11	11〜12	12〜13	13〜13.6	—	—	—
	E_t	2.41	2.44	2.47	2.48	2.51	2.53	2.54	2.55	2.56			
	ε_t	2.9	4.3	4.3	4.3	6.4	8.5	8.5	8.5	7.0			
	P_t	0.051	0.105	0.105	0.105	0.158	0.210	0.210	0.210	0.174			
膨張コンクリート	t	7〜7.5	7.5〜8	8〜8.5	8.5〜9	9〜10	10〜11	11〜12	12〜13	13〜14	14〜15	15〜16	16〜16.7
	E_t	2.52	2.54	2.55	2.56	2.57	2.58	2.59	2.59	2.59	2.59	2.59	2.60
	ε_t	2.9	4.6	4.8	4.9	7.7	10.8	11.5	12.3	13.1	13.9	14.8	13.8
	P_t	0.051	0.105	0.105	0.105	0.158	0.210	0.210	0.210	0.210	0.210	0.210	0.185

t：材齢（日）
E_t：材齢に対応する弾性係数の平均値（$\times 10^4$ N/mm^2）
ε_t：各stepにおいて生じたひずみ（$\times 10^{-6}$）
P_t：材齢に対応する引張応力増分（実測値）の平均値（N/mm^2）

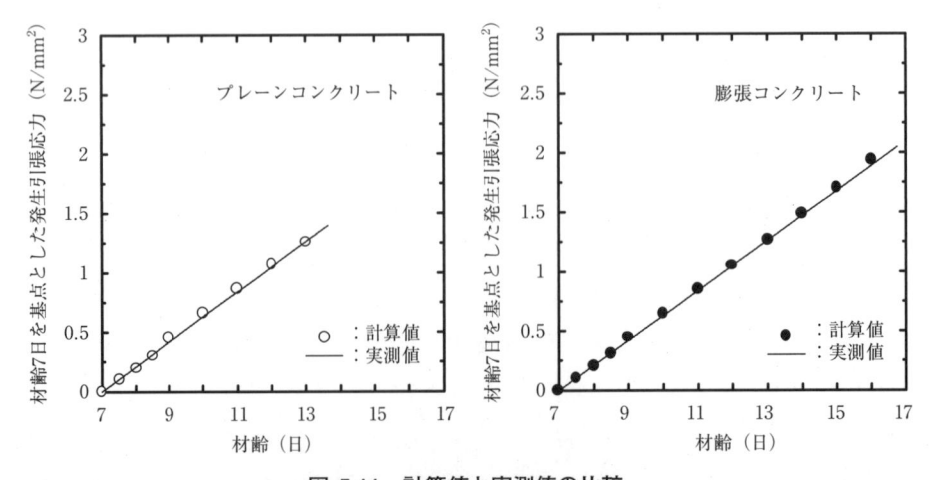

図-5.11 計算値と実測値の比較

5.6 膨張コンクリートのクリープ係数

表-5.7 応力の低減率 $\left(\dfrac{1}{1+\phi}\right)$ (%)

	step	1	2	3	4	5	6	7	8	9	10	11	12
プレーンコンクリート	$\Delta\sigma_1$	97	95	94	92	91	90	89	89	89			
	$\Delta\sigma_2$		98	96	95	93	92	91	91	91			
	$\Delta\sigma_3$			98	97	95	94	93	93	93			
	$\Delta\sigma_4$				99	97	95	95	94	94		—	
	$\Delta\sigma_5$					98	97	96	96	95			
	$\Delta\sigma_6$						99	98	97	97			
	$\Delta\sigma_7$							99	99	98			
	$\Delta\sigma_8$								99	99			
	$\Delta\sigma_9$									100			
膨張コンクリート	$\Delta\sigma_1$	93	88	83	79	71	65	60	56	53	50	47	45
	$\Delta\sigma_2$		94	88	83	75	68	63	58	55	51	49	47
	$\Delta\sigma_3$			94	83	79	72	66	61	57	53	50	48
	$\Delta\sigma_4$				94	83	75	69	63	59	55	52	50
	$\Delta\sigma_5$					88	79	72	66	61	57	54	51
	$\Delta\sigma_6$						88	80	72	67	62	58	55
	$\Delta\sigma_7$							89	80	73	67	62	59
	$\Delta\sigma_8$								89	80	73	68	64
	$\Delta\sigma_9$									89	81	74	70
	$\Delta\sigma_{10}$										89	81	76
	$\Delta\sigma_{11}$											90	83
	$\Delta\sigma_{12}$												92

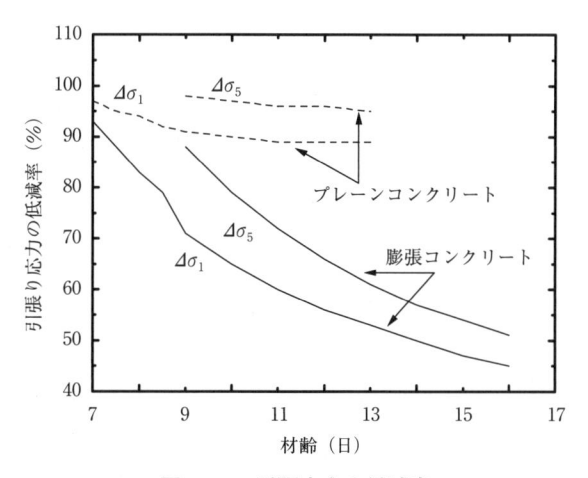

図-5.12 引張応力の低減率

は材齢12日において約90％の引張応力が残存しているのに対し，同材齢における膨張コンクリートについては約55％まで引張応力が低減されていることが認められる。

材齢9日に発生した引張応力($\Delta\sigma_5$) も同様の傾向を示すことから，プレーンコンクリートに比較して膨張コンクリートは，一軸引張応力の低減率が大きいことは明らかである。このような膨張コンクリートの性質が，ひび割れ抑制に効果を発揮していると推察される。

ただし今回の計算は，材齢7日における応力とひずみを基点として行っているため，膨張コンクリートに生じる応力が圧縮から引張に転じる点などは考慮していない。また同様の現象が，セメントの種類，配合，一軸引張応力を与える材齢，一軸引張応力の増加速度などを変化させた場合についても認められるか否かについても，確認する必要がある。これらは，今後の検討課題としたい。

5.7 まとめ

本章では，膨張材を混和した普通ポルトランドセメントおよび高炉セメントB種を用いてコンクリート供試体を作製し，練上り温度を変化させて水和発熱に起因する温度応力の測定を行った。そしてその結果を用いて，膨張材を置換することによる温度ひび割れの低減効果について実験的検討を行った。また，膨張材を混和したコンクリートと膨張材を混和しないコンクリートとを作製し，直接に一軸引張応力を加えることで，膨張材の有無によるひび割れの発生への影響を検討するとともに，力学的に両者がどのように異なっているかについての検討も行った。
本実験の範囲内にて得られた結論をまとめると，以下の通りである。

1. 膨張材は本試験のいずれの条件においても，温度応力の低減効果を持つことが確認された。

2. 膨張材によるひび割れの低減効果は，高炉セメントB種を用いた配合に比較して，普通ポルトランドセメントを用いた配合がより効果的であった。また，環境温度が30℃の場合に比較して15℃の場合が，より効果的であることも明らかとなった。

3. 膨張材の使用により，一軸引張応力下におけるひび割れの発生材齢が遅れることが確認された。

4. 一軸引張応力下において，膨張材の有無がひび割れの発生応力度へ及ぼす影響は認められなかった。しかし，コンクリートに生じるひずみは，膨張材を混和することにより著しく大きくなった。

5. 膨張材を混和することで，クリープひずみが大きくなって，一軸引張応力の低減効果が大きくなり，この応力低減が温度ひび割れの発生を抑制する。

● **参考文献**

1) 長滝重義,佐藤良一:マスコンクリートとひびわれ,セメント・コンクリート,No.451,pp.76-87,1984
2) 芳賀孝成,中根淳,原田暁,佐藤哲司:最近のコンクリート技術,土木技術——液体窒素によるコンクリートのプレーリング,Vol.44,No.10,pp.100-108,1989
3) 辻幸和,玉木俊之,五味秀明:膨張材を使用したマスコンクリートの温度応力とケミカルプレストレス,セメント技術大会講演集,Vol.36,pp.102-103,1982
4) 藤田正樹,宇山征夫,櫛下町浩二,諸角誠,新開千弘,近松竜一:大規模高度浄水施設における総量20万m^3の低発熱型高流動コンクリートの適用,土木学会論文集,Vol.39,No.592,pp.147-154,1998.5
5) 竹田宜典,松永篤,近松竜一,十河茂幸:低熱ポルトランドセメントと膨張材を用いた低収縮コンクリートに関する研究,コンクリート工学年次論文報告集,Vol.20,No.2,pp.997-1002,1998
6) JIS原案(コンクリートの水和熱による温度ひび割れ試験方法(案)),コンクリート工学,Vol.23,No.3,pp.52-54,1985
7) 中村博之,竹田宜典,十河茂幸,川口徹:自己収縮を考慮したコンクリートの温度応力の試算,土木学会第53回年次学術講演会講演梗概集,No.5,pp.710-711,1998
8) 大沼博志,栗山武雄,河角誠:膨張コンクリートの圧縮および引張クリープ特性,セメント技術年報,No.39,pp.368-371,1985
9) 岩城良,夏目忠彦,村山八州雄,村田俊産,大貫博司:セメントの水和熱に起因する温度応力の解析手法に関する研究,鹿島建設技術研究所年報,No.28,pp.45-52,1980

6章 高強度・高流動・高膨張コンクリートへの適用

6.1 高強度・高流動コンクリートへの適用

6.1.1 まえがき

近年その利用が増加している高流動コンクリートは，材料分離を生じることなく大きな流動性が得られるために，施工時の締固めが不要となり，施工の簡略化や締固めに伴う騒音の低減などに大きな効果を挙げている[1]。加えて，構造物の高層化・長スパン化やスリム化を主目的として，高い圧縮強度が要求される場合も多く，高強度および高流動性を併せ持ったコンクリートの需要が増大している。

一方で高強度・高流動コンクリートは，要求される性能を満足するために水結合材比を小さくすること，単位結合材量を多くすること，あるいは増粘剤を添加することなどの方法を採る必要がある。その結果，コンクリートの水和発熱や自己収縮が大きくなり，ひび割れが発生しやすくなることが報告されている[2),3)]。このような問題を材料面で解決する有力な方法としては，低発熱形のセメント，膨張材，収縮低減剤，高炉スラグ微粉末や石灰石微粉末などの混和材を採用することなどが挙げられるが，それらの効果を定量的に評価した例は少ない。

本章では，低熱ポルトランドセメント，膨張材および収縮低減剤を併用した高強度・高流動コンクリートを提案することで，これらの問題の解決を図るとともに，当該コンクリートの物性を提示する。そして，水和発熱や自己収縮に起因するひび割れへの抵抗性を評価した結果を報告する。

6.1.2 実験の概要

(1) 使用材料および配合

セメントには，普通ポルトランドセメント(密度は $3.16\,\text{g/cm}^3$，比表面積は $3\,290\,\text{cm}^2/\text{g}$，以後は，普通セメントと称する)および低熱ポルトランドセメント(密度は $3.24\,\text{g/cm}^3$，比表面積は $3\,650\,\text{cm}^2/\text{g}$，以後は，低熱セメントと称する)を用いた。細骨材としては，鬼怒川産川砂(表乾密度は $2.57\,\text{g/cm}^3$，吸水率は $2.22\,\%$，F.M.は 3.14)および利根川産砕砂(表乾密度は $2.55\,\text{g/cm}^3$，

吸水率は 1.99％，F.M.は 1.55）を，粗骨材としては，岩瀬産砕石（表乾密度は 2.66 g/cm^3，吸水率は 0.60％，F.M.は 6.76）をそれぞれ用いた。

カルシウムサルフォアルミネート系膨張材としては，普通型の膨張材（密度は 2.98 g/cm^3）および水和熱抑制型膨張材（密度は 2.73 g/cm^3）の 2 種類の膨張材を，収縮低減剤としては，アルキレンオキシド系（密度は 1.04 g/cm^3）を，混和剤としてはポリカルボン酸系高性能 AE 減水剤を，AE 助剤としてはスルホン酸炭化水素系をそれぞれ用いた。なお，膨張材として 2 種類を用いているが，これは本節において提案するコンクリートの配合において，より効果的な膨張材を選定することを目的としているためである。

実験に使用したコンクリートの配合を表-6.1 に，フレッシュ性状を表-6.2 にそれぞれ示す。表-6.1 に示した配合において，配合 No.1 および配合 No.2 が本節において提案するコンクリートであり，低熱セメントに膨張材と収縮低減剤とを併用している。一方の配合 No.3 および配合 No.4 には収縮低減剤が添加されておらず，配合 No.5 に関しては膨張材と収縮低減剤のいずれもが使用されていない。また配合 No.6 は，セメントに普通セメントを用いた配合であり，配合 No.1～No.5 の比較対象である。

コンクリートはいずれも，材齢 56 日における圧縮強度が 60 N/mm^2 以上，目標スランプフローが 65 ± 5 cm，空気量が 4.5 ± 1.5％を満足する配合である。

表-6.1 コンクリートの配合

配合No.	水結合材比(％)	細骨材率(％)	セメントの種類	単位量(kg/m^3)							混和剤(kg/m^3)	AE助剤(kg/m^3)
				水	セメント	普通型膨張材	水和熱抑制型膨張材	細骨材		粗骨材	収縮低減剤	
								川砂	砕砂			
1	34.6	53.6	低熱	184	506	25	—	580	248	747	16.0	4.8	0.02
2	34.8		低熱	184	504	—	25				16.0	4.8	0.02
3	34.6		低熱	184	502	30	—				—	4.8	0.03
4	34.8		低熱	184	499	—	30				—	4.8	0.03
5	34.3		低熱	184	535	—	—				—	4.8	0.03
6	36.0		普通	185	515	—	—				—	6.7	0.04

表-6.2 フレッシュ性状

配合No.	スランプフロー(cm)	空気量(％)	温度(℃)
1	60 × 62	4.3	22.8
2	63 × 60	4.6	23.0
3	68 × 63	4.9	20.6
4	64 × 63	4.8	18.6
5	67 × 68	4.9	21.9
6	63 × 60	4.7	23.6

（2） 実験項目および実験方法

自己収縮ひずみの測定には，JCI超流動研究委員会報告書[4]に準じて，埋込型ひずみ計を用いた。また乾燥収縮ひずみの測定は，JIS A 1129に従った。

中性化試験は，炭酸ガス濃度が10.0 ± 1.0％，相対湿度が60 ± 5％，環境温度が30 ± 2℃の養生環境下における促進中性化試験を適用した。供試体は，20 ± 1℃一定の水中養生を材齢28日まで行い，中性化の測定[5]は材齢7，28，56および91日において行った。

断熱温度上昇試験は，「品質評価試験方法研究委員会報告書[6]」に記されているコンクリートの断熱温度上昇試験方法（案）に準じて行った。

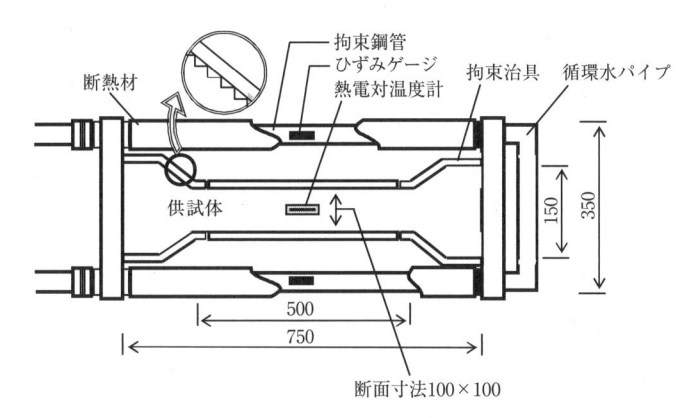

図-6.1 温度応力試験装置

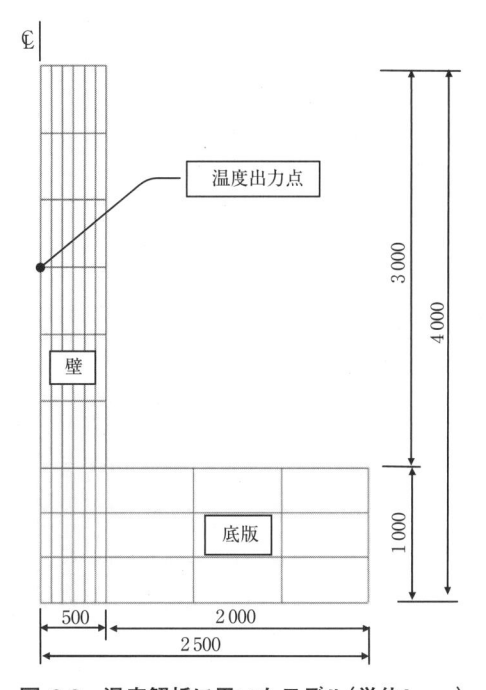

図-6.2 温度解析に用いたモデル（単位：mm）

コンクリートのひび割れ抵抗性の評価は，JIS原案(コンクリートの水和熱による温度ひび割れ試験方法(案)[7])に規定されている，図-6.1に示す温度応力試験装置を用いて行った。各コンクリート配合の断熱温度上昇特性から，図-6.2に示される解析モデルおよび表-6.3に記される解析条件によりFEM2次元温度解析を行い，その温度履歴下においてコンクリート供試体に発生する温度応力を測定した。なお，材齢10日以前においては，拘束鋼管に20℃一定の循環水を流すことで，雰囲気温度によって拘束率が変化することを防いだ。その後は3℃/日の速度で循環水を昇温させることで，コンクリート供試体には強制的な引張応力度を与えた。

表-6.3 温度解析条件

項目	条件および数値
解析対象	厚さ1mの壁構造物
解析方法	2次元FEM解析
解析範囲	底版下面まで
境界条件	壁上面：熱伝達境界　$\eta = 14W/m^2℃$ 壁中央面：断熱温度境界 底板上側面：熱伝達境界　$\eta = 14W/m^2℃$（打継面を除く） 底板下面：固定温度境界　20℃一定 ＊型枠存置期間および脱型後も$\eta = 14W/m^2℃$一定
熱特性値	コンクリートの熱伝導率：$\lambda = 2.71W/m℃$ コンクリートの熱拡散係数：$h_c^2 = 3.34 \times 10^7 \lambda$ コンクリートの比熱：$C_c = 3.03 \times 10^3/\rho$
初期値	コンクリート温度：20℃ 外気温：20℃
解析時間	1ヶ月

6.1.3 自己収縮ひずみ

自己収縮ひずみの測定結果を，図-6.3に示す。普通セメントを使用した配合No.6の自己収縮ひずみは明らかに大きく，材齢180日において300×10^{-6}を超える自己収縮ひずみを生じている。一方，セメントに低熱セメントを使用した配合No.5の自己収縮ひずみは，材齢180日において約180×10^{-6}であり，ほぼ半減している。

低熱セメントに膨張材を加えた配合No.3および配合No.4は，材齢初期に導入された膨張ひずみが収縮補償の効果を発揮しており，配合No.3は材齢160日頃，配合No.4は材齢120日頃まで膨張ひずみを保っている。低熱セメントに膨張材および収縮低減剤を併用した配合No.1および配合No.2は，材齢初期に膨張ひずみが導入され，かつ膨張ひずみがほとんど減少しないため，測定を終了した材齢180日においても約100×10^{-6}の膨張ひずみを保つ結果となった。さらに，初期材齢において導入された膨張ひずみは，配合No.1および配合No.2のほうが配合No.3および配合No.4に比較して大きい。

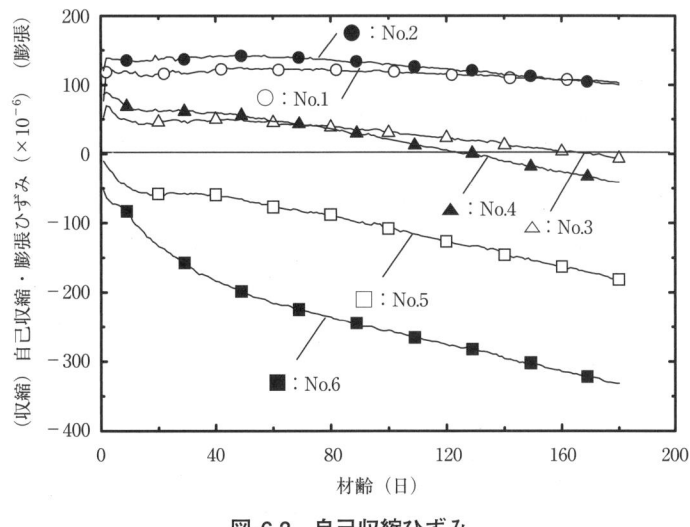

図-6.3 自己収縮ひずみ

　表-6.1に示したように，膨張材の使用量は配合No.3および配合No.4に比較して配合No.1および配合No.2が少ない。そのため本現象は，膨張材と収縮低減剤とを併用したことによるものと推察される。すなわち，収縮低減剤は膨張材による膨張ひずみを増大させる効果を併せ持つことが示唆された。

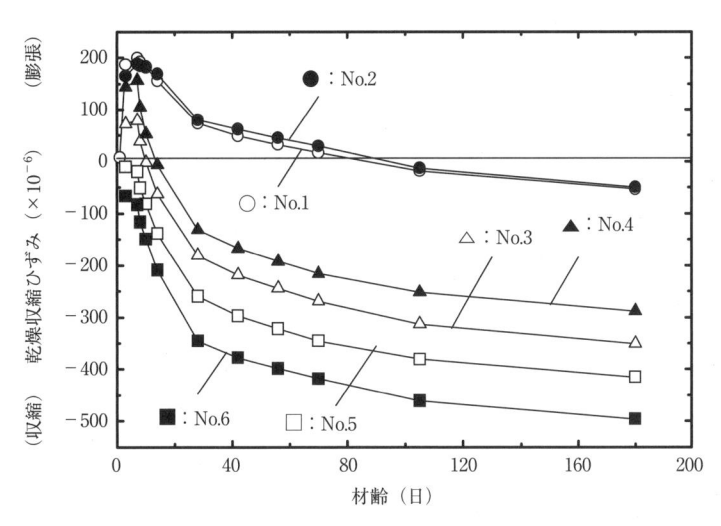

6.1.4 乾燥収縮ひずみ

　乾燥収縮ひずみの測定結果を，**図-6.4**に示す。通常は乾燥収縮ひずみの基点は材齢7日とす

図-6.4 乾燥収縮ひずみ

るが，本試験では膨張材による膨張ひずみも評価する必要があるため，材齢1日を基点として示している。

　乾燥収縮ひずみに関しても，自己収縮ひずみと同様の傾向を示しており，普通セメントを用いた配合No.6の乾燥収縮が最も大きく，低熱セメントに膨張材と収縮低減剤とを用いた配合No.1および配合No.2の乾燥収縮が最も小さい。膨張材と収縮低減剤とを併用することで，材齢初期に導入される膨張ひずみが増加することも，自己収縮ひずみの測定結果と同様である。

6.1.5　促進中性化深さ

　促進中性化試験の測定結果を，**図-6.5**に示す。材齢91日における測定値を用いると，いずれの配合も，呼び強度が24 N/mm^{2}程度の汎用的なコンクリートに比較して，中性化深さはきわめて小さく，中性化に対して高い抵抗性を持つことが認められる。なお，配合No.5および配合No.3の中性化深さは他の配合に比較して2 mmほど大きいが，これは実験誤差と考えられる。

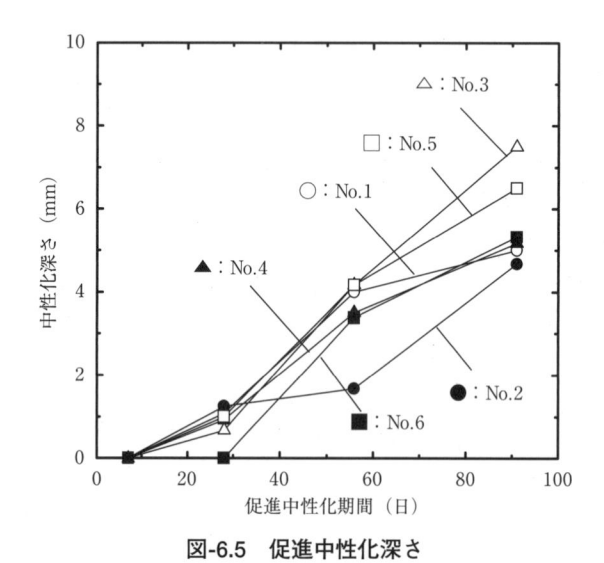

図-6.5　促進中性化深さ

6.1.6　断熱温度上昇量

　断熱温度上昇試験の結果を，**図-6.6**に示す。また，式(6.1)により示される断熱温度上昇特性を，**表-6.4**に示す。

$$Q = K\left\{1 - \exp(-\alpha t^\beta)\right\} \tag{6.1}$$

ここに，Q：断熱温度上昇値(℃)

K：最高温度上昇量(℃)

α, β：発熱速度

図-6.6 および**表-6.4**より，普通セメントを使用した配合No.6については，発熱速度(**表-6.4**中のα)，最高温度上昇量(**表-6.4**中のK)のいずれも，低熱セメントを使用した配合No.1～No.5に比較して大きい結果となった。一方，配合No.1～No.5のそれぞれの最高温度上昇量(K)には大きな差は見られなかったが，発熱速度(α)については，配合No.3～No.5に比較して，配合No.1および配合No.2が小さい。

これらのことから，膨張材をセメントに置換しても，断熱温度上昇特性値に大きな変化は見られないが，収縮低減剤を併用することで発熱速度が若干遅くなる傾向が認められた。

図-6.6 断熱温度上昇量

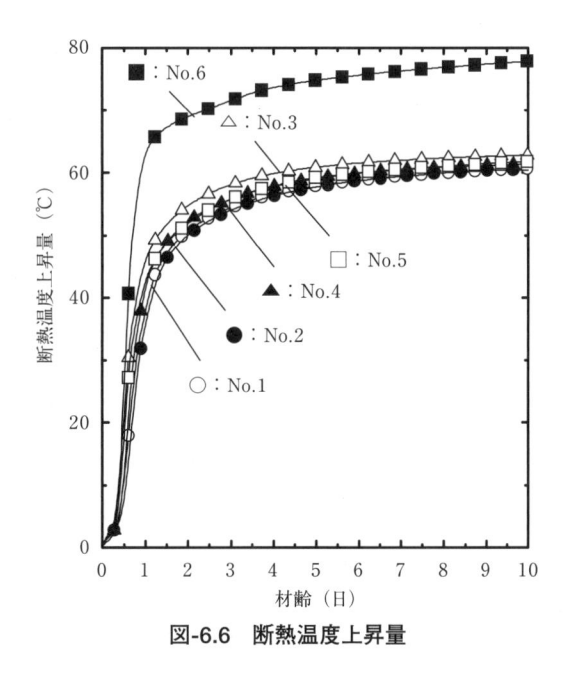

表-6.4 断熱温度上昇特性

配合No.	K(℃)	α	β
1	58.7	0.856	1.344
2	58.6	0.772	1.407
3	61.1	1.149	1.270
4	59.5	0.947	1.391
5	59.9	0.997	1.189
6	74.5	1.818	2.021

6.1.7 ひび割れ抵抗性

　コンクリートのひび割れ抵抗性を評価するために測定した応力を，**図-6.7**に示す。図中には，測定に際してコンクリート供試体に与えた温度履歴を併記している。なお，応力度の測定結果の図中において凡例とともに記した数値は，各配合が引張破壊を生じた時点における応力度である。なお，本実験に用いた供試体は封緘養生を行っているため，測定値は自己収縮に起因する応力を含む温度応力度となる。

　圧縮応力度については，配合No.1が最も大きく，次いで配合No.2，配合No.6，配合No.3，配合No.4，配合No.5の順となった。配合No.1および配合No.2の圧縮応力度が最も大きくなった理由は，**図-6.3**や**図-6.4**に示した膨張ひずみの大きさが影響している。一方，膨張材を用いた配合No.3および配合No.4に比較して膨張材を用いない配合No.6の圧縮応力度が大きくなった

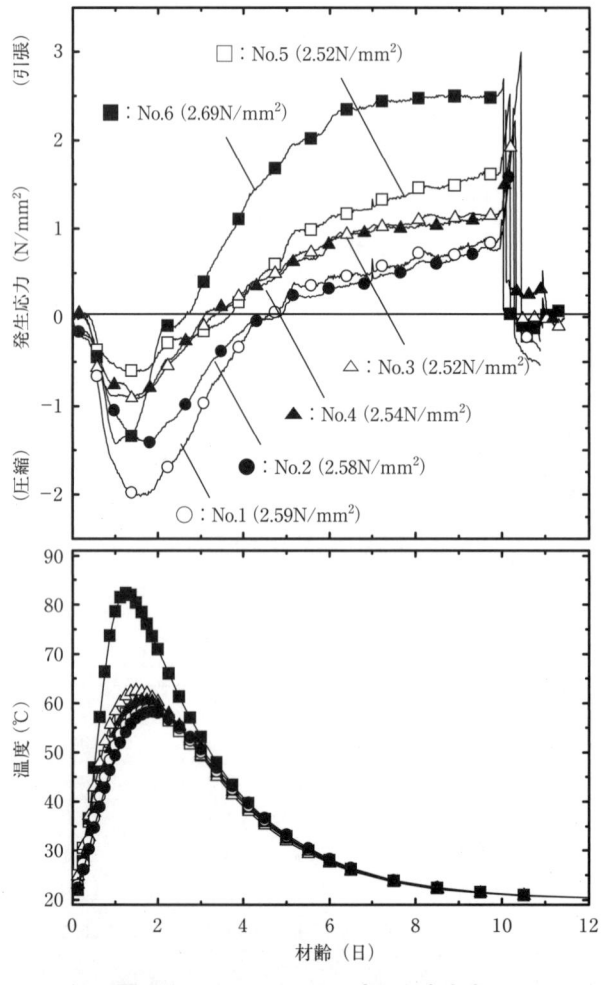

図-6.7 コンクリートに生じた応力度

理由は，図-6.6に示した断熱温度上昇量が大きかったことによるものと考えられる。

ところで配合No.1～No.5を比較する場合，膨張材と収縮低減剤とを併用した配合No.1および配合No.2は，膨張材のみを使用した配合No.3および配合No.4に比較して圧縮応力度が著しく大きく，自己収縮や乾燥収縮に関する試験結果と同様の傾向を示している。すなわち，低熱セメントに膨張材と収縮低減剤とを併用することで，膨張ひずみが増加するのみではなく，導入される圧縮応力度も増加することが認められた。

引張応力度について比較すると，材齢10日において発生した引張応力度は配合No.1および配合No.2が最も小さく，次いで配合No.3および配合No.4，配合No.5，配合No.6の順に大きくなっている。すなわち，普通セメントを用いた高強度・高流動コンクリートにおける水和発熱および自己収縮に伴って発生する応力度は，セメントを低熱セメントに変更することで緩和され，膨張材を用いることでその効果は増大した。また，膨張材と収縮低減剤とを併用することで，その効果は相乗的に高まることが認められた。

各配合の引張破壊の発生時点における応力を比較すると，配合No.1～No.5はほぼ同等であり，配合No.6が若干高い。このことから，引張破壊強度にはセメントの種類が大きく影響し，膨張材や収縮低減剤による影響は小さいものと推察される。

ひび割れに対する抵抗性を評価するため，材齢10日におけるひび割れ指数を算出し，図-6.8に示す。ひび割れ指数とは，コンクリートの引張強度をコンクリートに生じた引張応力度により除した値であり，これが大きいほどひび割れに対する抵抗性が高いと言われている。通常，ひび割れ指数の算出にはJIS A 1113に準拠する割裂引張強度を用いるが，コンクリートの引張強度は割裂引張強度と必ずしも一致しないとの報告[8]もあるため，本検討においては，引張強度として図-6.7中に示した引張破壊時の応力を用いた。なお，引張応力度としては図-6.7に示した材齢10日時点での応力を用いている。

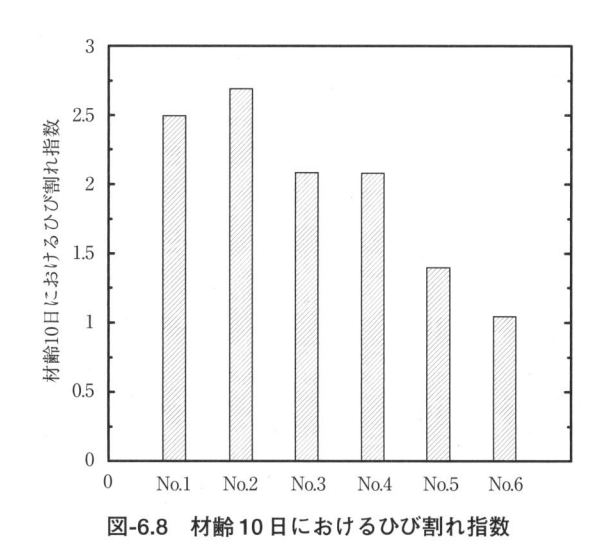

図-6.8　材齢10日におけるひび割れ指数

図-6.8 より，配合 No.1 および配合 No.2 が最もひび割れ指数が大きく，ひび割れに対する抵抗性が高いことが認められる。また，配合 No.1 と配合 No.2，あるいは配合 No.3 と配合 No.4 のひび割れ指数の値は同等であり，本実験においては膨張材の種類による明瞭な差は認められなかった。

6.1.8 まとめ

本節では，高流動で高強度であることを満足しつつ，水和発熱や自己収縮に伴うひび割れの発生に対して高い抵抗性を持つコンクリートの配合を提案するとともに，当該コンクリートの基礎的な物性を把握し，ひび割れ抵抗性を具体的な数値により評価した。

本実験の範囲内において得られた知見をまとめると，以下の通りである。

1. 高強度・高流動コンクリートの配合，すなわちセメントに低熱ポルトランドセメントを使用し，膨張材と収縮低減剤とを併用することによって，自己収縮や乾燥収縮が小さく，中性化やひび割れに対して高い抵抗性を持つコンクリートが得られる。

2. 膨張材と収縮低減剤とを併用することで，膨張材のみを使用した配合に比較して膨張材の使用効果を高め，すなわち膨張ひずみを高めてケミカルプレストレスを含む圧縮応力度を大きく導入し，温度応力によるひび割れの低減効果が高まる。

6.2 高膨張コンクリートに関する研究

6.2.1 はじめに

現場打ちコンクリートにケミカルプレストレスを導入させる高膨張コンクリートは，現在までほとんど使用されていないが，膨張材の用途を拡大させる意味で重要である。低添加型膨張材を使用すれば，単位量も少なくなるために，用途の可能性はさらに広がると思われる。本節では，従来型の膨張材を使用した高膨張コンクリートへの適用に関する研究について述べる。

6.2.2 実験対象の連続合成桁

近年，鋼コンクリート合成構造である鋼橋において，少数主桁の連続合成桁が注目されている。その理由は，少数桁が経済的であることや連続合成桁が耐震性，走行性，防振性に優れていること，および維持管理が容易であることなどが挙げられる。

この連続合成桁の床版コンクリートにプレストレスを合理的に導入する方法として，膨張コ

ンクリートを用いることが考えられる。従来は，拘束が不十分であると膨張が過大になり強度低下が生じる場合があるため，膨張が大きいコンクリートは型枠で拘束して，蒸気養生を実施するコンクリート製品に多く使用されている。このため，現場打ちの床版コンクリートで一軸拘束膨張率が250×10^{-6}を超える高い膨張性能を有するコンクリートについての研究は，これまでほとんどない。

少数主桁の連続合成桁に用いられるコンクリート床版の拘束鉄筋比は1.4～2.0％と大きいことに着目した。すなわち，現場打ちコンクリートに高い膨張性能を有するコンクリートを使用してケミカルプレストレスを導入し，設計上の数値として評価することの検討を行った。

また連続合成桁は，中間支点上の負曲げモーメントにより床版に引張応力が発生する。この部分にケミカルプレストレスコンクリートを使用することで，床版に生じる引張応力を減少させ，ひび割れを制御する。**図-6.9**に，膨張コンクリートの施工範囲を示す。膨張コンクリートは，荷重によりコンクリートに圧縮応力の生じる支間中央に用いると，圧縮力が増加するために不利となる。このため，連続合成桁に負の曲げモーメントが作用して，引張応力が生じる範囲に高膨張コンクリートを施工することを想定した。

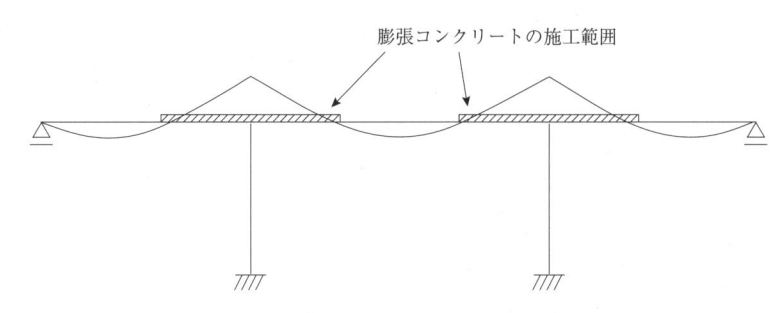

図-6.9 膨張コンクリートの施工範囲

6.2.3 実験項目と実験方法

実験桁は，最大支間が100 m，主桁間隔が10 mの連続合成桁モデル橋に合わせ，床版厚さが380 mm，鉄筋比が2％で床版幅は有効幅に収まるように設定した。桁断面は，床版と鋼桁の断面2次モーメント比がモデル橋と同じになるようにした。

図-6.10には，実験桁および載荷梁の一般図を示す。実験桁は，膨張材を用いないA桁，高膨張コンクリートを使用したB桁，ジャッキ操作による機械的なプレストレスの導入と高膨張コンクリートを使用したC桁の3水準である。なお，プレストレスの目標量は，モデル橋中間支点で合成後の死荷重ならびに活荷重による引張応力度を打ち消す値として，JIS A 6202のB法一軸拘束膨張率で600×10^{-6}とした。

実験桁は，材齢28日において，ジャッキにより負の曲げ載荷を繰り返し行った。そして，ひ

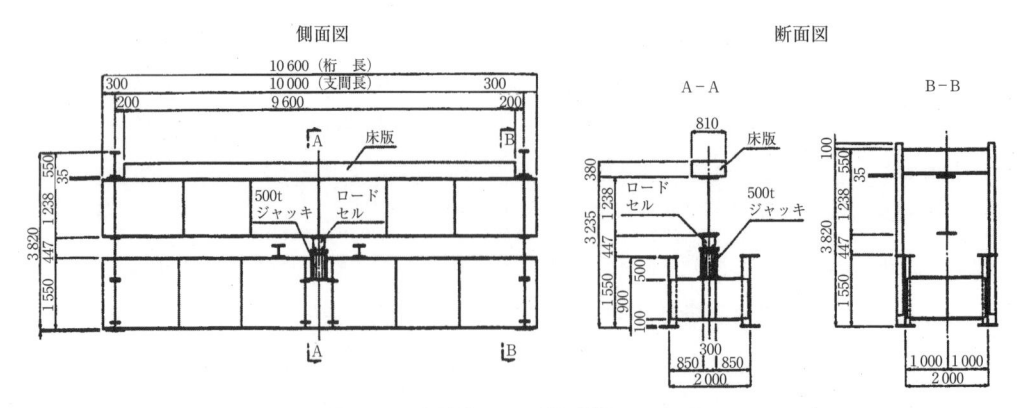

図-6.10 実験桁および載荷梁の一般図

び割れ発生荷重やひび割れの進展に関する評価を行った。

実験に先立ち，高膨張コンクリートについて，単位膨張材量の設定や温度依存性等を検討している。使用材料は，普通ポルトランドセメントで，細骨材には陸砂(F.M.は2.46，表乾密度は2.60 g/cm³)，粗骨材には砕石(F.M.は6.68，表乾密度は2.70 g/cm³)と山砂利(F.M.は6.91，表乾密度は2.63 g/cm³)を1:1で混合して用いた。膨張材は，従来型の石灰系膨張材(密度は3.16 g/cm³)とし，またリグニンスルフォン酸系のAE減水剤を用いた。

コンクリートの配合を**表-6.5**に示す。なお，試料は100Lパン型強制ミキサを用いて，120秒間練り混ぜた。

実験項目と実験方法を，**表-6.6**に示す。

表-6.5 コンクリートの配合

配合No.	種別	SL (cm)	Air (%)	W/B (%)	s/a (%)	単位量 (kg/m³)						AE助剤
						W	C	S	G	Ex	Ad	
1	Ex-0	8±2.5	4.5±1.5	36.5	35.0	170	466	580	1 106	0	1.49	3A
2	Ex-40			36.5	35.0		426			40		
3	Ex-50			36.5	35.0		416			50		
4	Ex-60			36.5	35.0		406			60		

表-6.6 実験項目と実験方法

実験項目	実験方法
圧縮強度試験	JIS A 1108 (コンクリートの圧縮強度試験方法) に従って，材齢3, 7, 28日の圧縮強度を測定した。
一軸拘束膨張試験	JIS A 6202 (コンクリート用膨張材) 参考1拘束膨張試験B法に準じて，材齢28日まで拘束膨張・収縮率を測定した。

6.2.4　一軸拘束膨張率，圧縮強度，ひび割れ発生荷重，およびひび割れ幅

単位膨張材量が $50\,\mathrm{kg/m^3}$ の一軸拘束膨張率の結果を，図-6.11に示す。既往の研究結果と同様に，温度条件が10℃,20℃の膨張率が大きくなり，高温や低温では膨張率が小さくなっている。

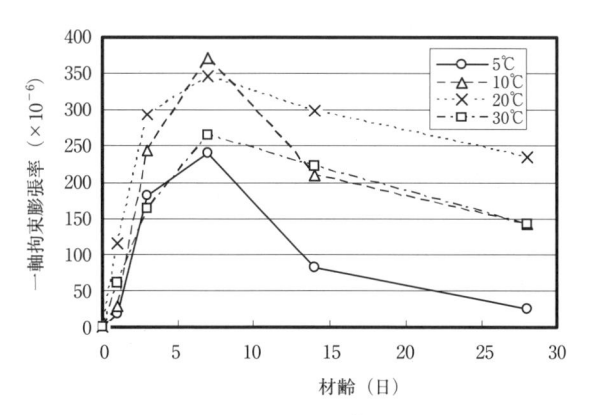

図-6.11　単位膨張材量 50kg/m³ の一軸拘束膨張率

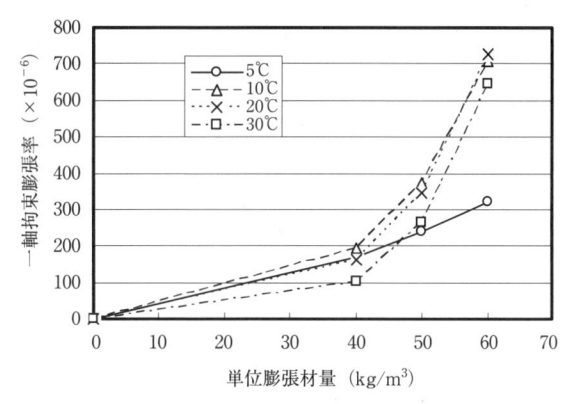

図-6.12　温度別の単位膨張材量と拘束膨張率の関係

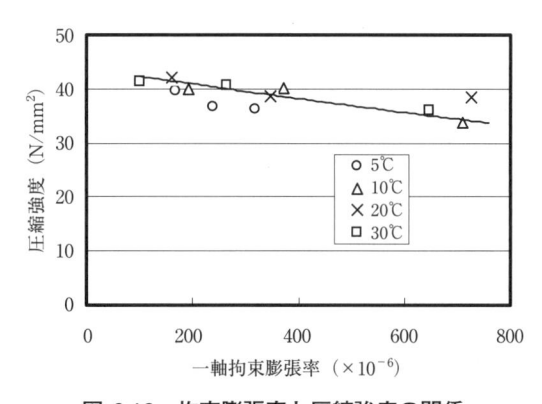

図-6.13　拘束膨張率と圧縮強度の関係

6章 高強度・高流動・高膨張コンクリートへの適用

図-6.12では，単位膨張材量と材齢7日の一軸拘束膨張率の関係を示す。10〜20℃では，単位膨張材量の増加とともに膨張率は上昇するが，30℃ではやや増加率が低下し，5℃では最も上昇率が小さくなった。すなわち，打込み現場での管理温度は，10〜20℃にすることが適当と思われる。

材齢7日の拘束膨張率と圧縮強度の関係を，**図-6.13**に示す。拘束膨張率が増加すると，圧縮強度は若干減少する傾向が認められた。しかし，配合設計時にこの減少を考慮すれば，問題がないと思われる。以上の結果を踏まえて，実験桁の配合は単位膨張材量を55 kg/m^{3}として，生

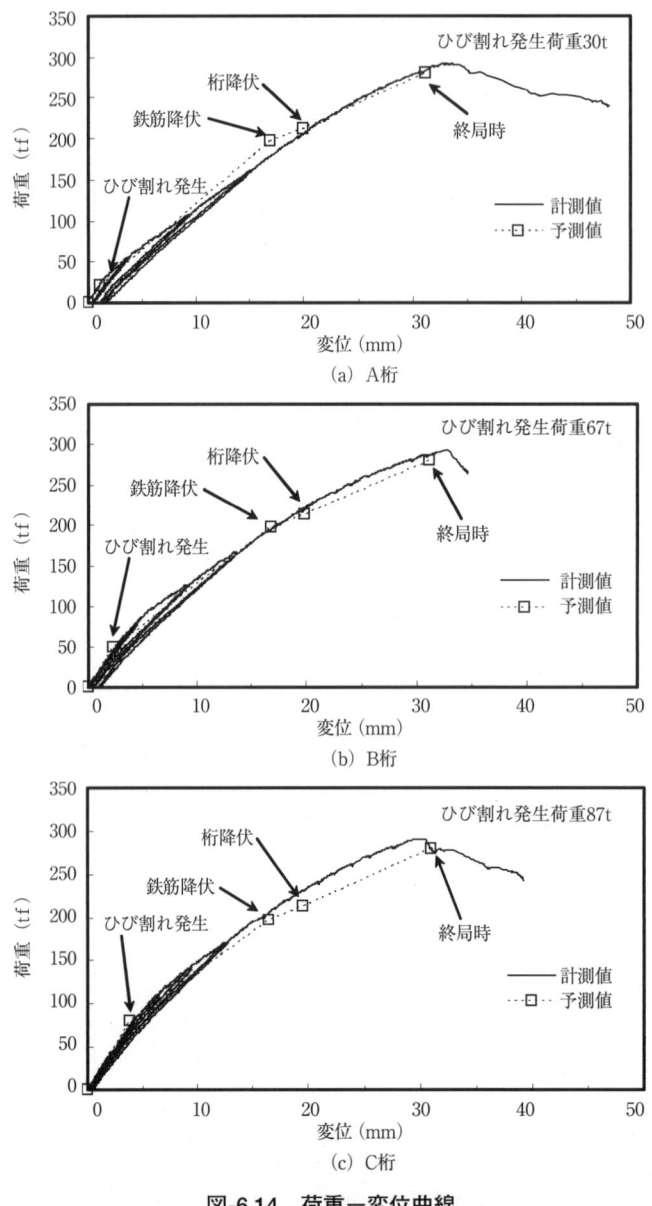

図-6.14 荷重－変位曲線

コンクリート工場で製造したものを使用した[9]。

実験桁は，屋外に実験場を設けて，橋梁の架設現場での施工に沿った手順で行った。とくにコンクリートの養生については，先に述べたように10～20℃で良好な膨張性能が得られることから，散水と加温養生を行った。なお，実験桁の床版コンクリートの打込みの際，一軸拘束膨張率供試体，圧縮強度供試体等を採取している。拘束膨張率の結果では，設計どおり拘束膨張率が得られていた。また，現場養生の圧縮強度についても，材齢7日では養生の関係で若干小さかったが，材齢28日では恒温室と同様な値であり，極端な強度低下は認められなかった。

実験桁の負の曲げ載荷実験結果について，普通コンクリートのA桁，高膨張コンクリートのB桁，ジャッキ操作による機械的なプレストレスの導入との組合わせのC桁を，図-6.14に示す。ひび割れ発生荷重は，ケミカルプレストレスの導入により増加していることがわかる。また，ケミカルプレストレスを導入したB，C桁は荷重を除荷する過程において，再度合成する傾向が認められ，ひび割れ発生後も，再度合成断面として働くことが期待できる[10]。

図-6.15には，ひび割れ幅の進展状況を示す。ケミカルプレストレスを導入したB，C桁は，ひび割れ幅を小さくする効果があった。これは，ケミカルプレストレインの存在により，ひび割れが発生した部分の鉄筋が戻ろうとするため，ひび割れ幅が減少する効果であると推察した。

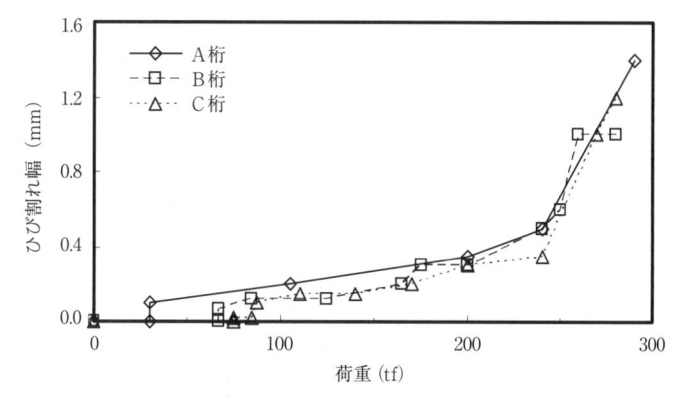

図-6.15　ひび割れ幅の進展状況

6.2.5　まとめ

高い膨張性を付与した高膨張コンクリート部材の性能については，細田・岸の研究により新たな知見が多く見い出されてきた。本節では，少数連続合成桁の中間支点部分の床版コンクリートに生じる負の曲げモーメントによるひび割れを制御する目的で行った実験結果を報告した。

事前実験として，各温度条件下における単位膨張材量と膨張ひずみの挙動や圧縮強度との変化を把握した。この結果，温度条件としては10～20℃の場合の膨張性能が良好で，単位膨張

材量としては55 kg/m³を用いると，一軸拘束膨張率は600×10^{-6}を達成できるとして，実験桁での実験を行っている。

実験桁の負の曲げ載荷結果では，ひび割れ発生荷重は，ケミカルプレストレスの導入により増加していた。また，ケミカルプレストレスを導入した桁は，荷重を除荷する過程で，再度合成する傾向が認められ，ひび割れ発生後も，再度合成断面として働くことが期待できた。ひび割れ幅の進展状況では，ケミカルプレストレスを導入した桁は，ひび割れ幅を小さくする効果があった。これは，ケミカルプレストレインの存在により，ひび割れが発生した部分の鉄筋が戻ろうとするため，ひび割れ幅が減少する効果であると推察した。

◉参考文献

1) 岡村甫，前川宏一，小澤一雅：ハイパフォーマンスコンクリート，技報堂出版，1993
2) 近藤吾郎，森田司郎：高強度コンクリート部材の水和熱による温度履歴と温度応力の解析，コンクリート工学年次論文報告集，Vol.19, No.1, pp.163-168, 1997
3) 日本コンクリート工学協会：自己収縮委員会報告書，pp.8-12, 1996
4) JCI超流動コンクリート研究委員会報告書(Ⅱ)付録1(仮称)高流動コンクリートの自己収縮試験方法，pp.209-210, 1994
5) 日本建築学会：高耐久性コンクリート造設計施工指針(案)同解説，pp.183, 1991
6) 日本コンクリート工学協会：品質評価試験方法研究員会報告書，pp.71-73, 1998.12
7) JIS原案(コンクリートの水和熱による温度ひび割れ試験方法(案))，コンクリート工学，Vol.23, No.3, pp.52-54, 1985
8) 秋田宏，小出英夫，外門正直：コンクリートの直接引張試験における実際的方法，コンクリート工学年次論文報告集，Vol.21, No.2, pp.643-648, 1999
9) 佐竹紳也，佐久間隆司，細見雅生，中本啓介：高膨張コンクリートの調合設計・基礎物性について，コンクリート工学年次論文集，Vol.25, No.1, pp.125-130, 2003.7
10) 岡田幸児，細見雅生，依田照彦，佐久間隆司：連続合成桁へのケミカルプレストレス適用，構造工学論文集，Vol.46A, pp.1675-1684, 2000.3

7章 高性能膨張材の基本設計

7.1 高性能膨張材の開発の背景

2章と3章でも述べたが,コンクリート用膨張材が開発・上市されてから,40年が経過するものの,膨張コンクリートが広く使用されているとは言いがたい状況にある。生コンクリート工場から出荷される現場工事向け需要は,全生コンクリートの0.5％程度で推移してきている。

この背景にあるのは,生コンクリート1 m^3 あたりの価格が,ここ数十年間にわたり同様か下落傾向にあるためである。2003年度の生コンクリートの生産量は123 735千 m^3 で,金額では約1兆4 166億円である[1]。1 m^3 あたりの生コンクリートの価格を計算すると平均11 448円であるが,これは全国平均であり,地域により大きな格差がある。生コンクリートの価格が安定しないのは,その地域における生コンクリート工場の協同組合組織の結束力による。協同組合組織に入らないいわゆるアウトサイダーの活動が,生コンクリート価格に影響していると考えられる。

そのような生コンクリートの価格に対して,収縮補償として使用される膨張コンクリートは,設計価格で3 000円/m^3 の上昇になり,地域によっては,生コンクリート価格が20～40％アップするところも出てくる。このため,設計に膨張材が入っていない場合,実際に施工するゼネラルコントラクター(総合建設会社)の段階で使用されることはないのが現状である。膨張材の普及を妨げているのは,生コンクリートの価格が低迷する中で,大きな価格上昇になるコストがひとつの要因となっている。

次に,膨張コンクリートの効果を定量的に示せないために,設計者の段階で仕様に入らないことである。例えば,鋼橋床版では乾燥収縮や施工後の温度変化よる拘束応力が主原因でひび割れの多いことが知られており,膨張材の効果を確認する事例や報告が多数ある。しかし,膨張材の効果を定量的に示せないために,設計段階で仕様に入っていることは多くない。

さらに,膨張コンクリートが普及していないために起きたのかは不明であるが,その使用方法を誤って施工してしまうことから起きる多様な失敗事例がある[2]。多くの使用者は,膨張材を使用したコンクリートには,ひび割れが発生しないと考えているようである。このため,膨張コンクリートの特性を把握していないために,コンクリートの製造上の不備や施工後の養生不足により,性能を発揮できず,評価されない場合があった。

失敗は隠れたがる性質[3]から,ひび割れが発生した場合の原因の検証や事例の継承ができな

い場合が多い。膨張コンクリートに対する不信感から，次の工事には膨張コンクリートを使用しないと考えるような悪循環となっている。このような場合，膨張コンクリートを使用していなければもっと著しくひび割れが発生したというような定性的な言い訳に終始してきたことも，普及を妨げた一因であったかもしれない。

　今後のコンクリートは，性能照査に則った設計手法が採られる方向にある[4]。このため，膨張コンクリートの効果を定性的にではなく，定量的に示さなければ使用されないことになる。すなわち，乾燥収縮ひび割れを抑制するために膨張材を使用するには，どのような乾燥収縮ひずみが発生し，乾燥収縮による引張応力が発生するが，膨張コンクリートとすることで，このくらいの引張応力が低減され，ひび割れの発生確率は5％以下になるというような予測や解析が必要になるであろう。この点では，マスコンクリートに対する温度応力解析は，プログラムが普及していることからも，比較的容易にこのような定量的評価を示すことができる状況にある。

　さらに重要なことは，膨張材が開発され上市されてから，コンクリートの技術が大幅に進歩していることを見逃してはならない。セメントも普通ポルトランドセメント，早強ポルトランドセメント，高炉セメントであったものが，低熱ポルトランドセメントが開発され，最近ではセメント工場が廃棄物を多量に受け入れているために，強度特性は大きく変えていないが，当時と大きく変遷している。とくに最近では，グリーン調達法の関係から高炉セメントが多く使用されるが，従来の高炉セメントに比較して，強度発現性が早く，自己収縮ひび割れが発生しやすい等の性質がある[5],[6]。

　高性能減水剤から始まった混和剤の進歩により，流動化コンクリート，高流動コンクリート，高強度コンクリートと，コンクリート技術が大きな進化を遂げている。これに対応するような膨張材の技術革新が必要になると考える。例えば，高炉セメントを使用したコンクリートに対するカルシウムサルフォアルミネート系膨張材では，膨張に寄与する生石灰が高炉スラグと反応して膨張が低位であったが，石灰－カルシウムサルフォアルミネート複合系へと膨張材は進化していっている[7],[8]。また，低熱ポルトランドセメント，膨張材，収縮低減剤の組み合わせによる高性能コンクリートが提案されているのが一例である[9]。

　いずれにしても，今後の生コンクリート工場から出荷される膨張コンクリートは，費用対効果が明確になるような定量評価の技術が必要になる。このため，低価格化が方向性になり，コンクリート技術の進歩に伴い，膨張材の技術も進展することが重要と考える。

　コンクリート製品向けへの膨張材は，いち早く膨張材の大きな膨張力を生かした使い方により，ケミカルプレストレスの導入の用途として大きな需要をもたらした。とくに，遠心力鉄筋コンクリート管（ヒューム管）2種，ボックスカルバート製品2種，パイル（PHC杭，SC杭）には，欠かせない構成材料となっている。また，コンクリート製品を長期間ストックした場合には，乾燥収縮によるひび割れ防止のために使用する場合もある。

　ここ10年間で，公共工事は縮小方向にあり，コンクリート製品の需要も伸び悩むとともに，

膨張材の需要も減少傾向にある。このような背景から、コンクリート製品工場では、生産コストを削減することが大命題となっている。

コンクリート製品のコスト削減には、型枠の回転効率を上げるために、通常1日1回転であった生産効率を2回転や3回転にする必要がある。このためには、蒸気養生を施す時間を短縮した場合でも、脱型強度が得られるような硬化促進性能を有する混和材料が必要となる。もう一つのコスト削減には、蒸気養生温度を下げたり、蒸気養生時間を短くして、蒸気養生エネルギーを低減したり、究極的には蒸気養生を施さない硬化促進性能をもつ混和材料が要望されている。

コンクリート製品に発生するひび割れは、長期間のストックによる乾燥収縮ひび割れや、大型コンクリート製品を高い蒸気養生の温度で養生し、早期に脱型したときに発生する温度ひび割れが代表的である。近年、コンクリート製品工場の周辺地域への騒音防止のために、高流動コンクリートが採用されることが多い。高流動コンクリートは、配合設計にトータルとしての粉体量が多くなる。そのため、細骨材率も大きくなり、ひび割れが発生しやすい配合になりやすい。このようなひび割れは、耐久性を向上させるために好ましくないばかりでなく、外観上から製品自体の価値を損ないかねない。そのため、コンクリート製品工場には、ひび割れをできる限り防止したいという要求が根強く存在しているという背景がある。

7.2 高性能膨張材の要求性能

7.2.1 低添加型膨張材の要求性能

工事用の現場打ち用として使用される膨張コンクリートでは、前節で述べたような、次の2つの要求性能が必要とされる。

　　① 膨張コンクリートの低コスト化
　　② 膨張コンクリートとしての効果の定量評価技術

低コスト化については、膨張材の配合率を下げても膨張性能を確保できることを目指した。これは、単に膨張材量が減るというメリットだけではなく、運賃コストも低減されるので、使用者側にも大きなコストの低減をもたらすことになる。このためには、従来の膨張材と同様な性能を確保しながら、低添加量にしてもその膨張性能を保持できるような膨張クリンカーのフォーメーションが必要となる。

また、これまでの膨張材と大きな基材の変更を行うことは、膨張コンクリートとしての性質を変えてしまう恐れがあり、膨大な過去の研究成果が使用できないことになりかねない。したがって、これまで培っていたエトリンガイト系や石灰系の膨張材の基材を大きく変えずに、膨張性能を達成することを目標に置いた。

7.2.2 早強型膨張材の要求性能

コンクリート製品用の膨張材に求められているものは，蒸気養生の時間や温度を低減できる，または蒸気養生を不要にする硬化促進型の膨張材につきる。通常では，硬化促進材料と膨張材を配合している場合があるが，コストが高く，投入手間も多くなり，生産効率が必ずしも上がらず，コスト低減になっていないようである。したがって，以下の要求事項を満たす必要がある。

① 硬化促進(コンクリートへの早強性の付与)
② 膨張性能の保有による乾燥収縮，温度応力等のひび割れの低減
③ 膨張性能の向上によるケミカルプレストレスの導入
④ ケミカルプレスの導入効果によるコンクリート表面の性状改善

以上の事項を満たしながら，膨張材を配合しないものと比較して，例えばスランプロスが大きくなる，ブリーディングが大きくなるなどの，コンクリートのフレッシュ性状について大きな悪影響を及ぼさない膨張材を提供できることを目標とした。

以上の高性能膨張材に必要な高性能膨張クリンカーついては，高い膨張性能とともに，自己発熱や硬化促進も兼ね備えるものを志向することとした。

●参考文献

1) 全国生コンクリート工業組合連合会：ホームページ生コンクリート産業の現状より
2) 日本コンクリート工学協会：膨張コンクリートによる構造物の高機能化/高耐久化に関するシンポジウム委員会報告書・論文集, pp.244-259, 2003.9
3) 畑村洋太郎：失敗学のすすめ, 講談社, 2000.11
4) 土木学会：コンクリート標準示方書［設計編］, 2008.3
5) 名和豊春, 出雲健司, 堀田智明, 矢野めぐみ：セメント・コンクリートの自己収縮と内部湿度, セメント・コンクリート, No.672, pp.48-56, Feb.2003
6) 原田克己, 松下博通, 後藤貴弘：水和熱を考慮した高炉セメントコンクリートの自己収縮ひずみの特性, コンクリート工学論文集, 第14巻1号, pp.23-33, 2003.1
7) 保利彰宏, 高橋光男, 辻幸和, 原田真剛：低添加型膨張材を用いたコンクリートの基礎物性, コンクリート工学年次論文集, Vol.24, No.1, pp.261-266, 2002.6
8) 盛岡実, 坂井悦郎, 大門正機：遊離石灰－アウイン－無水セッコウ系膨張材の性能におよぼす調製方法の影響, コンクリート工学論文集, Vol.14, No.2, pp.43-50, 2003
9) 小田部裕一, 鈴木康範, 保利彰宏, 安藤哲也：初期欠陥のない高性能コンクリートの開発, セメント・コンクリート, No.658, pp.36-44, 2001

8章 高性能膨張材の製造

8.1 高性能膨張クリンカーの焼成に関する緒言

　エトリンガイト系と石灰系の膨張材は，30年以上前に開発されたものである。その間，膨張材に使用する原料や焼成方法が変遷しており，コンクリートの製造技術も向上してきている。

　また，コンクリート用材料であるセメントは，当時使用されていたセメントに比較すると，強度発現が早くなってきている。そして，使用する骨材は，良質な骨材が枯渇し，砕石や砕砂が多く使われてきている。とくに骨材事情の悪い西日本では，高性能AE減水剤を使用しないと，規定の単位水量が満足できない場合もある。

　膨張コンクリートのコストを下げる方策としては，低添加型の膨張材を志向することで達成できる。しかし，従来の膨張材に使用していたクリンカーは，以上のような背景の中で，従来以上の膨張性能を得るには限界がある。

　一家によると，石灰石だけで生石灰を焼成すると，最大10μm程度の酸化カルシウムの結晶径であり，ケイ石を原料に混和するとフラックス効果により，酸化カルシウムの結晶発達が促進され，結晶径は最大21μmまで成長する。しかし，エーライトの結晶径は60～75μmに留まり，酸化カルシウムの結晶を被覆できない。

　そこで無水石こうを加えて，石灰石－ケイ石－無水石こうを原料として調合した系では，石こうのフラックス効果により，さらに酸化カルシウムの結晶が粗大化し，結晶径は25～30μmに成長する。さらに重要なことは，エーライトがその酸化カルシウムの結晶を被覆するような500～800μmに結晶成長するとされている。

　このため，石灰系膨張材を開発した当時の膨張クリンカーに用いる原料である生石灰，無水石こう，珪石の調合の最適モル比は，無水石こう/二酸化ケイ素 = 0.12～1.40，酸化カルシウム/二酸化ケイ素 = 4.2～9.2とされている[1]。このような従来型の石灰系膨張材に用いている最適な原料調合と石灰含有量や石こう量を変化させた調合により焼成したクリンカーを用いて，膨張クリンカーの高性能化に関する実験を，以下に行った。

8.2 高性能膨張クリンカーに関する基礎実験

8.2.1 実験の目的

従来の膨張クリンカーと比較して膨張量が大きいクリンカーを製造するために，原料の調合が膨張性能に及ぼす影響について，無水石こう/二酸化ケイ素の比，および酸化カルシウム/二酸化ケイ素の比を変化させた電気炉による実験焼成を行い，その膨張クリンカーの特性を検討した。

8.2.2 試料と水準

電気炉による焼成実験に用いた原料の化学組成を，**表-8.1**に示す。焼成に用いた原料の調合は，従来型膨張材の開発当初の原料調合から，石灰量を増加させた水準と石灰量は変化しないで石こう量を変化させた水準として，その目標値を**表-8.2**に示す。なお，水準1が，従来型膨張材の開発当初の原料調合である。

図-8.1には，従来型膨張材の開発当初の膨張クリンカーの原料調合と今回の実験水準を示す。**図-8.1**の中で開発当時に高膨張性としたものは，最適な原料調合のモル比であり，低膨張性と

表-8.1 使用原料

使用原料	化学組成（%）					
	Ig.loss	CaO	Al_2O_3	SiO_2	Fe_2O_3	SO_3
生石灰	6.0	90.8	0.3	1.2	0.1	—
ケイ石粉	0.0	—	—	98.5	—	—
アルミナ	0.0	—	99.0	—	—	—
ヘマタイト	1.0	—	—	—	97.0	—
無水石こう	0.3	41.2	—	—	0.1	56.8

表-8.2 調合原料の目標値

水準	化学組成（%）					遊離石灰（%）	CaO/SiO_2 モル比	$CaSO_4/SiO_2$ モル比
	CaO	Al_2O_3	SiO_2	Fe_2O_3	SO_3			
1	82.0	1.5	9.5	0.8	4.5	49.5	9.2	0.36
2	87.5	1.5	7.0	1.0	1以下	64.7	13.4	0.05
3	86.5	1.5	5.5	1.0	3.5	65.8	16.9	0.48
4	84.5	1.5	4.2	1.0	7.0	65.0	21.6	1.25
5	84.0	1.5	8.5	1.0	3.5	54.9	10.6	0.31
6	85.0	1.5	7.0	1.0	3.5	60.1	13.0	0.38
7	88.0	1.5	4.3	1.0	3.5	70.7	21.9	0.61

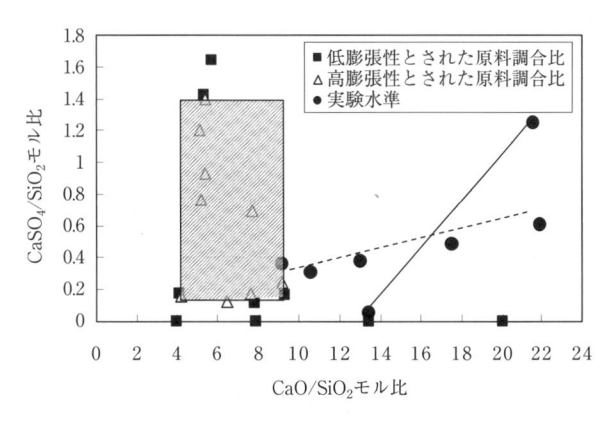

図-8.1 原料調合の各モル比の関係

したものはその範囲から外れるものである。また，**図-8.1**には，開発当初の膨張クリンカーの最適な原料調合モル比の範囲を，斜め線のエリアで示した。開発当初の研究では，石灰石－ケイ石の系では検討されていたが，石灰石－ケイ石－無水石こうを原料として調合した系では，酸化カルシウム/二酸化ケイ素のモル比は10以下でしか検討されていなかった。

このため本節では，結晶径が成長条件であれば，遊離石灰量が増加することにより，膨張性能が向上するとの予測のもとに，酸化カルシウム/二酸化ケイ素のモル比を22程度まで大きくして実験を行った。また，その範囲における無水石こう量の影響についても検討することとした。

本実験の水準は，実験水準として図中にプロットしている。破線で示したものが，無水石こう量がほぼ一定で，生石灰量を変化させている。また実線で示したプロットは，生石灰量を一定として，無水石こう量を変化させたものである。

8.2.3 実験項目と実験方法

(1) 電気炉による焼成実験

本実験における焼成は，各水準の原料調合の違いが，化学組成や膨張性能に及ぼす影響を検討することを目的としている。このため，従来の膨張材に用いている実機ロータリーキルンの焼成条件を忠実に再現することをせず，その条件に近い設定によりクリンカーを電気炉で焼成した。電気炉における焼成条件を，**表-8.3**に示す。

表-8.3 電気炉焼成条件

電気炉	試料送入量 (g)	昇温速度 (℃/分)	焼点温度 (℃)	焼成時間 (分)
ボックス電気炉	180	—	1 450 (一定)	70

各原料は，従来の膨張材に使用しているクリンカーと同じ原料粉末（粉末粒度の90 μm残分は5～17％）を用いて，**表-8.2**に示した調合で，各水準総量の180gを計量し，十分に混合した。そして，調合原料の焼結度を上げるために，蛍光X線分析用のリンクを用いてφ50 mmに圧密成形した。成形した各試料を白金の大型ルツボに入れ，電気炉（光洋リンドバーグ社製の1700℃ボックス炉形式KBF624N）を用いて焼成を行った。

(2) 粉砕と化学組成の同定

電気炉により焼成された各水準のクリンカーは，ベッセル粉砕機で粉砕を行って，粉末度が3 000 cm²/g程度に調整した。調整した粉末は，蛍光X線分析により，化学組成を分析した。化学成分の同定用の検量線は，従来の膨張クリンカーの値を用いた。なお，鉱物組成は，ビーライト（C_2S）は生成しないという仮定のもとに，Bouge式より算出した。試料の一部は走査型電子顕微鏡によって，クリンカーの組成や焼成状況を把握している。

(3) 膨張性能

JIS A 6202（コンクリート用膨張材）附属書1（規定）の膨張材のモルタルによる膨張性試験方法に従って，各試料のモルタルによる一軸拘束膨張試験により，膨張性能を確認した。試験に用いたモルタルの配合を，**表-8.4**に示す。試料粉末（E）は，従来のモルタル拘束膨張試験では45 gであるが，ここでは膨張性の高い膨張クリンカーを得ることを目的にしており，従来の2/3のすなわち30 gの配合量とした。

表-8.4 モルタルの配合

$W/C+E$ (％)	$E/C+E$ (％)	S/C	計量値（g/バッチ）			
			W	C	試料粉末（E）	S
50	6.7	3.0	225	420	30	1 350

注）W：水道水，C：普通ポルトランドセメント，S：ISO標準砂

8.2.4 実験結果

(1) 化学組成と鉱物組成

本実験では，酸化カルシウムの結晶径を20～40 μmとするために，電気炉で同一の焼成条件を設定した。そのため，SO_3揮散量が0.8～1.5％の範囲で変動した。これは，各水準の調合における化学組成の違いにより，焼結性が異なったためと推察される。

表-8.5には，焼成したクリンカーの化学組成を示す。水準4および水準5のSO_3成分が，目標に対して1～2％高めの組成となった他は，ほぼ目標とした化学組成のクリンカーを焼成することができている。

表-8.5 焼成クリンカーの化学組成

水準	化学組成（%）				
	CaO	Al_2O_3	SiO_2	Fe_2O_3	SO_3
1	81.42	1.50	9.69	1.00	4.90
2	88.50	1.44	6.98	0.93	0.65
3	87.08	1.48	5.58	0.92	3.44
4	83.64	1.58	4.13	0.98	8.17
5	83.47	1.47	8.94	0.99	3.63
6	84.81	1.51	7.39	1.00	3.79
7	87.96	1.48	4.38	0.94	3.75

表-8.6には，焼成クリンカーの推定された鉱物組成を示す。水準1は，開発当初の膨張クリンカーであるが，エーライトが37％近くあるものの，遊離石灰が50％を下回る量となった。遊離石灰量は，水準1の48％から水準7の70％まで変化させることができている。その中で無水石こうがほぼ同一であるものは，水準3，5，6，7であることから，無水石こう量が一定の中で，遊離石灰量の違いによる影響を検討できる。また，遊離石灰量が63〜66％とほぼ同様な値の中で，無水石こう量が1.1％から13.9％まで変化しており，無水石こう量の違いによる影響も検討ができる。

代表例として，水準1，3の走査型電子顕微鏡(SEM)による画像を，**図-8.2**に示す。この写真から，生石灰の結晶が20〜30μmに成長しているのが認められる。水準1では，エーライトが多く，遊離石灰も内包されているが，遊離石灰量も少ないことから，ビーライトも認められた。水準3では，遊離石灰の周りをエーライトが被覆している状態(内包された状態)になっており，ビーライトは認められず，石こうやフェライト相も遊離石灰を取り囲むように存在していることが認められる。

表-8.6 焼成クリンカーの鉱物組成

水準	鉱物組成（%）				
	C_3S	C_4AF	$CaSO_4$	C_3A	遊離石灰
1	36.8	3.0	8.3	2.3	48.0
2	26.5	2.8	1.1	2.2	65.8
3	21.2	2.8	5.8	2.4	66.2
4	15.7	3.0	13.9	2.5	63.4
5	34.0	3.0	6.2	2.2	53.1
6	28.1	3.0	6.4	2.3	58.6
7	16.6	2.9	6.4	2.3	70.3

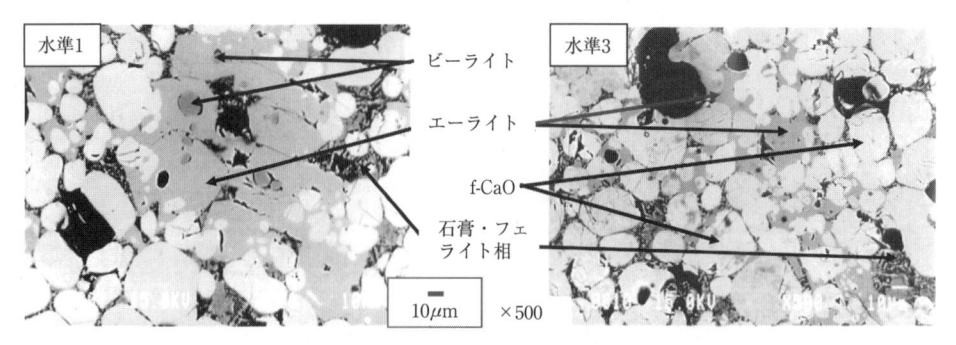

図-8.2 クリンカーのSEM像

(2) 膨張性能

モルタルによる一軸拘束膨張試験の結果を，**表-8.7**に示す。従来の膨張クリンカー（水準1）は，この配合量では小さな値であったが，他の水準では大きな膨張量となっている。無水石こう成分を一定として，遊離石灰量を変動させた水準のモルタルの拘束膨張率を，**図-8.3**に示す。膨張量は遊離石灰量の増加に伴い大きくなり，遊離石灰量が70.3％の水準7では材齢7日の拘

表-8.7 モルタルの一軸拘束膨張率

水準	拘束膨張率 ($\times 10^{-6}$)		
	材齢3日	材齢5日	材齢7日
1	222	348	400
2	507	993	1 070
3	504	1 200	1 252
4	478	933	963
5	304	389	437
6	381	415	489
7	648	1 381	1 437

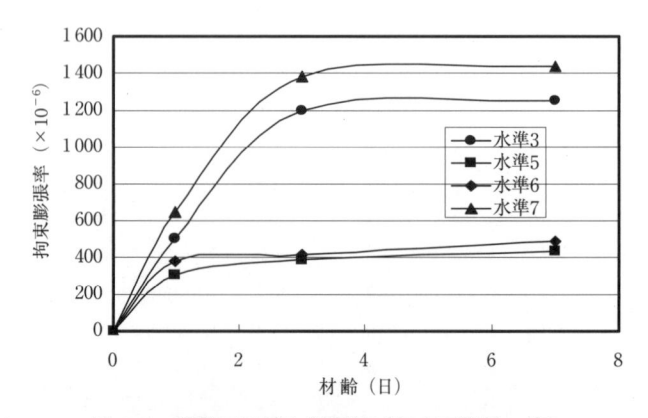

図-8.3 遊離石灰量と膨張量（無水石膏量一定）

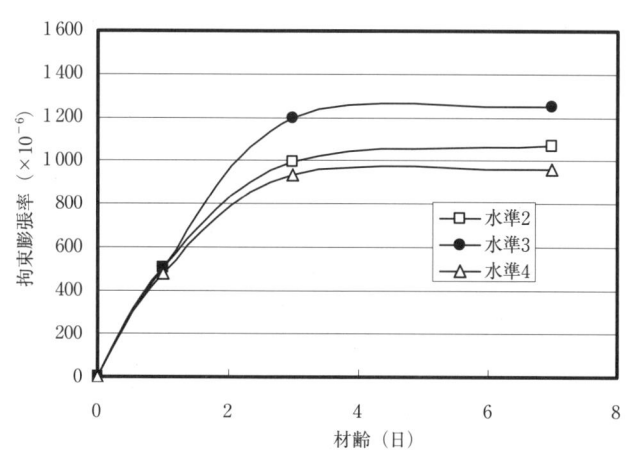

図-8.4 無水石こう量と膨張量(遊離石灰量一定)

束膨張率で$1\,400 \times 10^{-6}$の大きいな膨張量が得られた。

　遊離石灰量を約65％に一定とし，無水石こう成分を変動させた水準のモルタルの一軸拘束膨張率を，**図-8.4**に示す。遊離石灰量を一定とした場合，無水石こう成分を0～8％に変化させても膨張量にはほとんど影響がなく，同様な膨張性能であることが確認された。材齢7日における拘束膨張率は$1\,000 \sim 1\,200 \times 10^{-6}$でややバラツキがあるが，各水準間の遊離石灰量には2.8％(63.4～66.2％)の違いがあったことから，遊離石灰量の違いが膨張量に影響を及ぼしたものと思われる。

　今回の実験に用いた水準について，遊離石灰量とモルタルの拘束膨張率の関係をプロットしたものが，**図-8.5**である。この図から，遊離石灰量と膨張量はかなり高い関連性を持っており，遊離石灰量が多いほど膨張性能が大きいことが認められる。ただし，この傾向は今回の焼成条件で遊離石灰の結晶が20～30μmに成長する条件下で，酸化カルシウム/二酸化ケイ素のモル

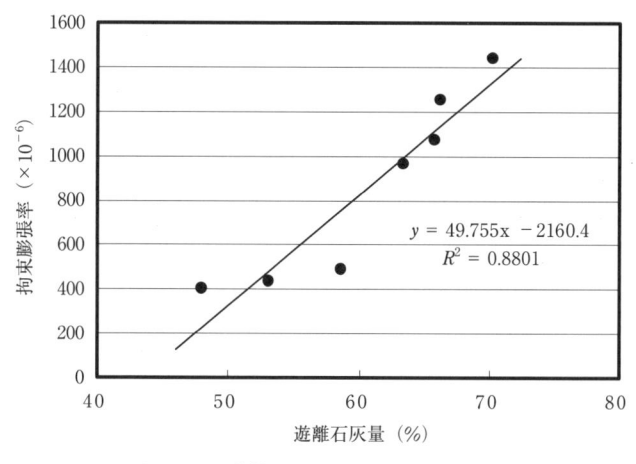

図-8.5 遊離石灰量と膨張量の関係

比が22程度までの結果である。

　膨張材の膨張機構については，粉化説，結晶成長説，膨潤説などがあり，いまだ確定的なものはない。石灰系膨張材とエトリンガイト系膨張材はともに，化学量論的には容積変化率がマイナスとなり，収縮する水和反応である。膨張材が水和反応して生成する水酸化カルシウムやエトリンガイトは，セメントが水和反応しても生成されるものである。しかし，セメントが水和して膨張しないのは，水和反応が溶液中で起こり，水和物が析出してくるためである。

　膨張材の場合は，膨張材粒子の表面から水和反応が生じて，空隙をつくりながら結晶成長していくためであるというメカニズムが提案されている[2]。膨張材の膨張性能を発揮させるには，膨張圧を有効に伝達するための場の生成が必要とされている。コンクリートの強度発現が不十分なところで膨張しても，その圧力は内部で吸収されてしまう。コンクリートが硬化してから膨張すれば，硬化体組織を破壊して強度低下をもたらすことになる。場の生成と膨張発生機構については，副田らが臨界水和率という概念で，静的破砕剤の膨張圧の発生機構を説明している[3]。盛岡らもエトリンガイトの生成について，液相反応ではなくトポケミカル反応が起こるため，大きな膨張性能が得られるとしている[4]。

　本実験の結果，従来までの膨張クリンカーでは，少ない添加量では膨張性能が不十分であることが確認された。既往の研究を考慮すると，この焼成条件における各種の原料調合では，遊離石灰量を増加させることが，セメントモルタル，コンクリートの場の生成と合致した膨張反応の生成速度となり，大きな膨張性能が得られるものと考えた。したがって，今後の石灰系膨張材をベースにした高性能膨張材は，経済性を加味して水準3の膨張クリンカーを基本として，高性能膨張材を検討することとした。

8.3　低添加型膨張材に関する基礎実験

8.3.1　実験の目的

　前節で研究した高性能膨張クリンカーを用いれば，少ない量で大きな膨張性能を得られることが判明した。これは，従来の膨張クリンカーと同様な粒度での結果であり，粒度分布等については検討されていない。本節では，主に高性能膨張クリンカーの粒度分布が膨張性能に及ぼす影響について報告する。

8.3.2　試料と水準

　本実験には，前節の**8.2**で研究した水準3の膨張クリンカーを実機ロータリンキルンで製造

した。製造された高性能膨張クリンカーの鉱物組成を，**表-8.8**に示す。このクリンカーを振動式ボールミルにより粉砕し，**表-8.9**に示すような粉末度（ブレーン比表面積値で2 000～3 000 cm^2/g）程度となるように調製し，無水石こうを添加したものを，高性能膨張材の配合水準とした。

表-8.8 焼成クリンカーの鉱物組成

鉱物組成（%）				
C_3S	C_4AF	$CaSO_4$	C_3A	遊離石灰
20.9	2.7	9.4	3.5	62.0

表-8.9 高性能膨張材の粉末度と無水石こうの配合率

膨張クリンカー：無水石こう	膨張材クリンカーの粉末度（cm^2/g）			
	2 100	2 310	2 510	2 900
10：0	○	○	○	○
9：1	○	○	○	○
8：2	○	○	○	○

8.3.3 実験方法

実験方法は，**8.2**に示したモルタルの一軸拘束膨張試験を行い，その膨張性能を20℃水中で養生した材齢28日までの拘束膨張率で判定した。

8.3.4 粉末度と拘束膨張率

実験結果を**表-8.10**，**図-8.6～8.8**に示す。実験結果から，膨張クリンカーの配合率が小さくなると膨張は短期間で終了する傾向にあることや，膨張クリンカーの配合率が膨張性能を支配する要因であることが明かである。このことは，遊離石灰量が大きいと膨張性能が大きいという相関性と同様な現象であり，膨張に対する場の形成も，膨張クリンカーの膨張性能により場の強度範囲が異なることを示していると考えられる。また，粉末度が小さい領域では，膨張性能が大きくなる傾向にあり，実験の範囲では2 100 cm^2/gの場合の膨張性能が最大となった。

図-8.9には，粉末度と膨張性能の関係を，クリンカーと石こうの配合率別に示している。クリンカー配合率が大きくなるに従って，粉末度による傾きが大きくなっており，粉末度が高い領域では，クリンカーと無水石こうの配合率が変化しても膨張性能に大きな影響を及ぼさない傾向にある。すなわち，新しい膨張クリンカーを使用した高性能膨張材は，なるべく小さな粉末度のところで使用すれば，少ないクリンカー量でも高い膨張性能が得られることが明らかに

表-8.10 粉末度と無水石こうの配合率を変化させた場合の一軸拘束膨張率

水準	粉末度 (cm²/g)	クリンカー: 石こう	拘束膨張率 (×10⁻⁶)						7日/28日 比 (%)
			1日	3日	7日	14日	21日	28日	
1	2 100	10:0	202	1 200	1 785	1 864	1 879	1891	94
2		9:1	200	398	842	956	1 054	1072	79
3		8:2	180	375	481	541	573	595	81
4	2 310	10:0	232	1 032	1 459	1 556	1 605	1620	90
5		9:1	190	385	637	775	854	867	74
6		8:2	188	380	479	536	570	583	82
7	2 510	10:0	242	1 017	1 449	1 509	1 543	1 558	93
8		9:1	202	407	659	768	837	859	77
9		8:2	163	356	452	501	536	553	82
10	2 900	10:0	195	570	593	662	689	696	85
11		9:1	180	407	449	504	551	541	83
12		8:2	153	393	405	442	467	467	87

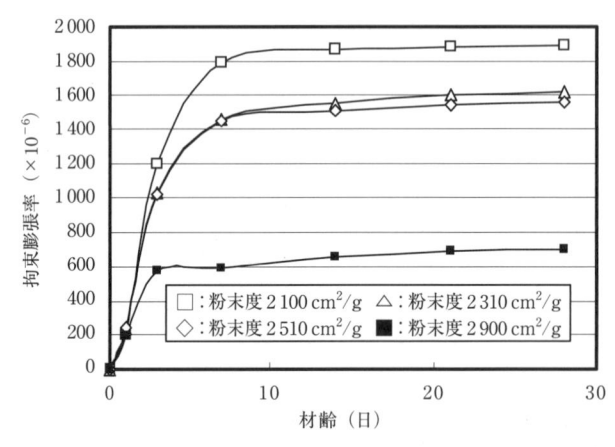

図-8.6 膨張クリンカー:無水石こう=10:0の膨張性能

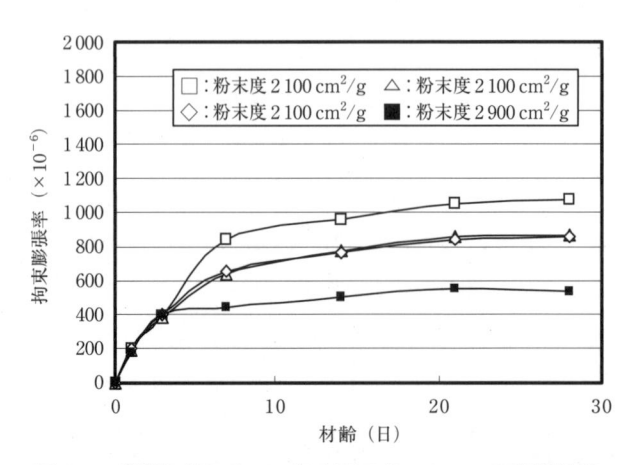

図-8.7 膨張クリンカー:無水石こう=9:1の膨張性能

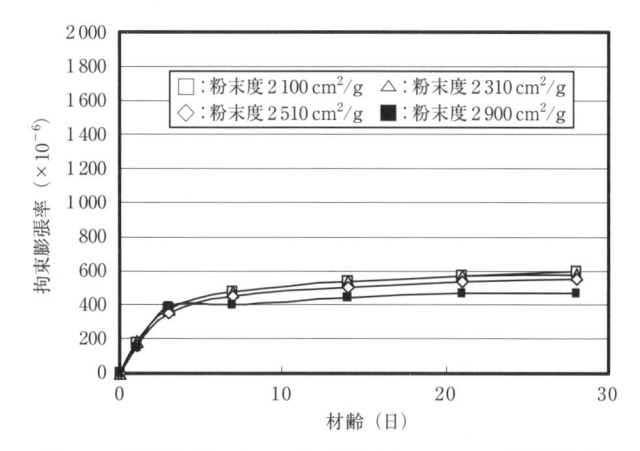

図-8.8　膨張クリンカー：無水石こう＝8：2の膨張性能

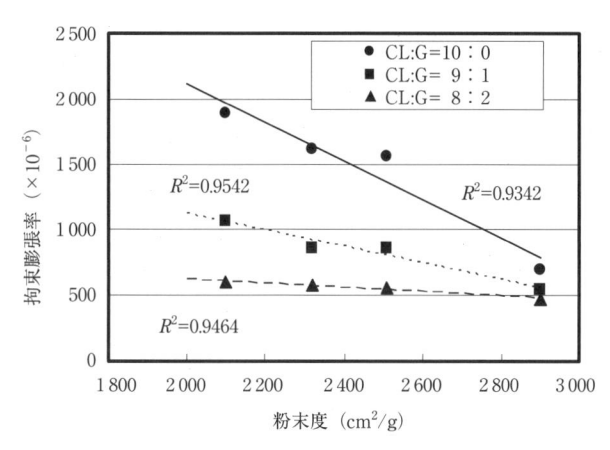

図-8.9　粉末度と膨張性能の関係

なった。一方，高い粉末度でクリンカーを使用する場合は，無水石こうの使用量による膨張性能のバラツキが小さくなるものと思われる。

8.4　早強型膨張材に関する基礎実験

8.4.1　はじめに

　通常のコンクリート製品では，長期間にわたりヤードでストックされる場合の乾燥収縮ひび割れや，高炉スラグ微粉末を多量に使用して低水結合材比としたことによる自己収縮によるひび割れなどを抑制する必要がある。また，コンクリート製品の製造には，早期に脱型をして型枠の回転数を上げることで生産の効率化を図ることや，蒸気養生エネルギーを低減させること，

および部材硬化体表面の美観を向上させることなどの要請がある。このような背景を踏まえて，早強性を付与したコンクリート用膨張材が開発された[5), 6), 7)]。

本節では，早強性を付与した膨張材である早強型膨張材について，使用するクリンカーを中心とした製品設計と早強性を付与するためのメカニズムを検討した結果を報告する。

8.4.2 早強型膨張材の調整と開発

(1) 早強型膨張材の調整

ここでは，8.2で行った実験結果をもとに，従来型の石灰系膨張材に使用しているクリンカーに比較して，早強性能を付与したクリンカーについて実験を行った。従来型の石灰系膨張材は遊離石灰，無水石こう，ケイ酸三カルシウムを主成分とし，遊離石灰(f-CaO)は55％程度のクリンカーを使用している[1)]。早強型膨張材クリンカーは，遊離石灰を60〜62％，ケイ酸三カルシウム(C_3S：以下，エーライトと称する)を18〜24％，無水石こうを7〜8％有するものである。すなわち，遊離石灰量を増加させ，他の成分は減少させるクリンカー組成としている。

これらのクリンカーは，実際の製造に合わせるために試薬ではなく，**表-8.1**に示した原料を使用して実験を行った。これらの原料を使用して，**表-8.11**のような調合割合として，各原料粉末を計量し混合した。混合した粉末試料は，焼結度を上げるため，蛍光X線専用リンク($\phi 50$ mm)で圧密成型した。そして，白金ルツボに成形した試料ペレットを180g入れて，電気炉(1 700 ℃ボックス炉形式KBF624N：光洋リンドバーグ社製)で，1 400 ℃にて70分間焼成した。

焼成されたクリンカーは，ベッセルディスクミルを用いて，粉末度がブレーン比表面積値で4 000 cm^2/gになるように粉砕した。そして，成分を蛍光X線分析，X線回折分析，電子顕微鏡により観察した。その結果，X線回折分析と電子顕微鏡の観察から，ケイ酸二カルシウム(C_2S：以下，ビーライトと称する)がないことを確認した。このため，ケイ酸原料はすべてエーライトになったものとして求めた，焼成したクリンカー鉱物の組成を，**表-8.12**に示す。すなわち，生成したクリンカー組成は，無水石こう量をほぼ一定として，遊離石灰とエーライト量が約5％程度異なる組成となっている。これらのクリンカーは，反応性試験および蒸気養生を施したモルタルの一軸拘束膨張試験と圧縮強度試験に用いた。

表-8.11 原料の調合割合

水準	調合割合 (%)				
	酸化カルシウム	ケイ石粉	アルミナ	ヘマタイト	無水石こう
1	81.6	7.0	1.1	1.0	9.4
2	82.9	5.5	1.1	1.0	9.5
3	84.1	4.2	1.2	1.0	9.5

表-8.12 焼成した主なクリンカーの鉱物組成

水準	鉱物組成（％）				
	C_3S	C_4AF	$CaSO_4$	C_3A	遊離石灰
1	29.5	3.0	8.1	2.3	55.6
2	22.4	3.0	8.3	2.3	62.6
3	16.9	3.0	8.6	2.5	67.7

また，これらのクリンカーのモルタル実験を経て，選定した配合のクリンカーを実機ロータリーキルンにて焼成した。このクリンカーの成分を，表-8.13 に示す。遊離石灰量は62.0％，エーライト量は20.9％と電気炉焼成よりやや小さいが，無水石こう量を含めて，設計どおりのクリンカーが焼成できていることが確認された。このクリンカーを振動式ボールミルにより粉砕し，ブレーン比表面積値が3 000～6 000 cm^2/gとなるように調製した。調製した試料は，粉末度が膨張性状や早強性能に及ぼす影響について検討する際の反応性試験，モルタルおよびコンクリートの試験に用いた。

表-8.13 実機焼成クリンカーの主な成分（％）

C_3S	C_4AF	$CaSO_4$	C_3A	遊離石灰
20.9	2.7	9.4	3.5	62.0

さらにブレーン比表面積が4 000，4500 cm^2/gについては，Ⅱ型無水石こうを混和した場合の影響を検討した。すなわち，クリンカーと無水石こうの配合比率が100％のクリンカーから，15％ずつ減じて無水石こうに代替したときに及ぼす影響についても，検討を加えた。

(2) クリンカーの反応性

各試料クリンカーの反応性は，微少熱量計(MG-503：レスカ社製)を用いて，その水和発熱速度から検討を行った。試料は，普通ポルトランドセメントが80％と，焼成したクリンカー粉砕試料が20％とを合わせた8.3gの試料について，水粉体比を100％に混合したものを用いた。表-8.14には，使用した普通ポルトランドセメントと早強ポルトランドセメントの主な化学成分を示す。

表-8.14 使用セメントの化学成分

種類	化学成分（％）				
	CaO	SiO_2	Al_2O_3	Fe_2O_3	SO_3
普通ポルトランドセメント	62.9	27.7	5.1	2.8	2.6
早強ポルトランドセメント	64.9	16.2	4.7	2.6	3.8

(3) モルタル試験

一軸拘束膨張試験には，JIS A 6202の附属書1に規定するモルタルの一軸拘束膨張率試験の供試体を用いた。モルタルの配合を**表-8.15**に示す。調整された早強型膨張材をセメントに対して内割りで10％混合して，さらにナフタリン系高性能減水剤を粉体に対して0.44％外割りで添加した。水結合材比を40％とし，モルタルミキサを用いてJIS A 6202に従って練り混ぜて，成型した。

表-8.15 モルタルの配合

$W/C+E$ (%)	$E/C+E$ (%)	S/C	計量値 (g/バッチ)			
			W	C	試料粉末 (E)	S
50	10	3.0	225	405	45	1 350

注) W：水道水，C：普通ポルトランドセメント(東ソー社製)，S：ISO標準砂

一軸拘束膨張用供試体は，温度が20℃で，湿度が80％R.H.の恒温恒湿室において養生し，測長して，一軸拘束膨張率を求めた。圧縮強度供試体については，同様に4×4×16 cmの鋼製型枠により成形した。成形した供試体については，前置きを30分として，65℃に設定した蒸気養生槽に入れて，4時間30分間の蒸気養生を施した。蒸気養生槽から取り出した供試体は，成形から5時間後にただちに脱型して，供試体が高温のままで，圧縮強度を測定した。

(4) コンクリート試験

セメントは普通ポルトランドセメント(以下，普通セメントと称する)または早強ポルトランドセメント(以下，早強セメントと称する)を用い，細骨材には小笠産陸砂(表乾密度は2.59 g/cm^3，粗粒率は2.78)を，粗骨材には岩瀬産砕石(表乾密度は2.64 g/cm^3，粗粒率は6.45)をそれぞれ用いた。高性能減水剤には，ナフタリンスルフォン酸塩系を用いた。コンクリートの配合を**表-8.16**に示す。

表-8.16 コンクリートの配合

SL (cm)	W/C (%)	s/a (%)	単位量 (kg/m^3)				
			W	C	Ex	S	G
12	40	45	160	400	35	786	1 011

コンクリートはパン型強制ミキサを用いて練り混ぜた後，φ10×20 cmの鋼製型枠を用いて圧縮強度供試体を成形し，また10×10×40 cmの鋼製型枠を用いて，JIS A 6202附属書2に従ってB法による一軸拘束膨張供試体を成形した。成形後は，30分間前置きした後，温度が60℃一定の蒸気養生槽に存置して養生した。一定時間蒸気養生槽に存置した供試体を取り出し，初期圧縮強度試験は高温のままで行い，一軸拘束膨張供試体は徐冷して20℃で測長した。

8.4.3 クリンカー組成と粒度組成

表-8.12に示した遊離石灰量が約5％ずつ変化している組成になっているクリンカーについて，水和発熱速度を求めたものが図-8.10である。この図では，遊離石灰量が増加するにつれて，わずかに発熱速度が大きくなることが認められる。また，図-8.11に示すように，一軸拘束膨張率がやや大きくなり，膨張性が高いクリンカーとして有用なことが認められる。一方，モルタルによる圧縮強度では，遊離石灰量が増加しても，必ずしも初期強度が大きくならない結果であった。

これらのクリンカーについてのSEM（電子顕微鏡）による画像は，図-8.2と同様なもので，焼成過程において，遊離石灰を核として周囲にエーライトやビーライトが生成する。このため，遊離石灰が30～40μmの大きさで結晶成長している中でエーライト結晶や無水石こうが生成し，遊離石灰をすべて被覆することはないが，遊離石灰の水和を妨げることになる。このよう

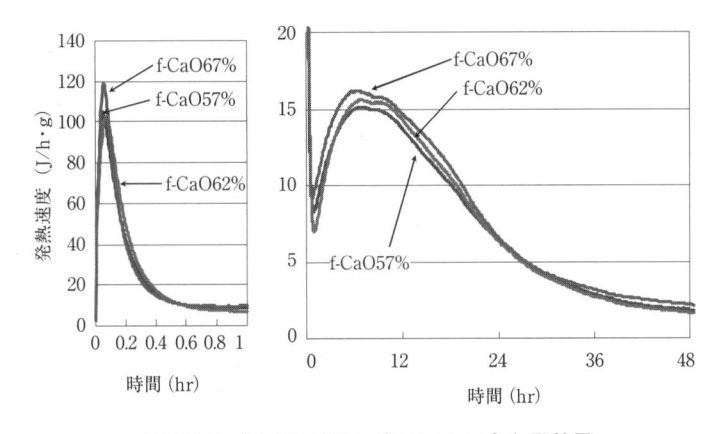

図-8.10 遊離石灰量の違いによる水和発熱量

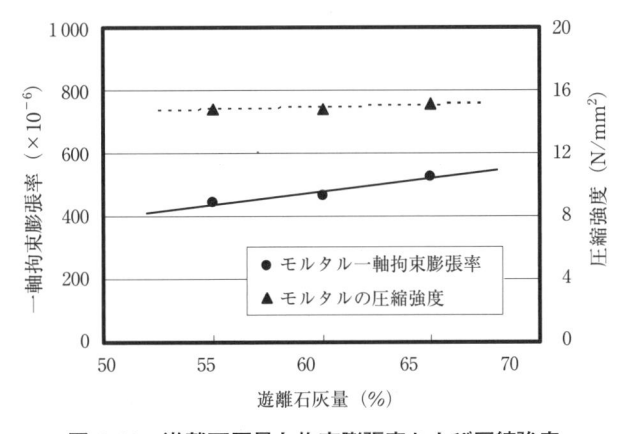

図-8.11 遊離石灰量と拘束膨張率および圧縮強度

8章 高性能膨張材の製造

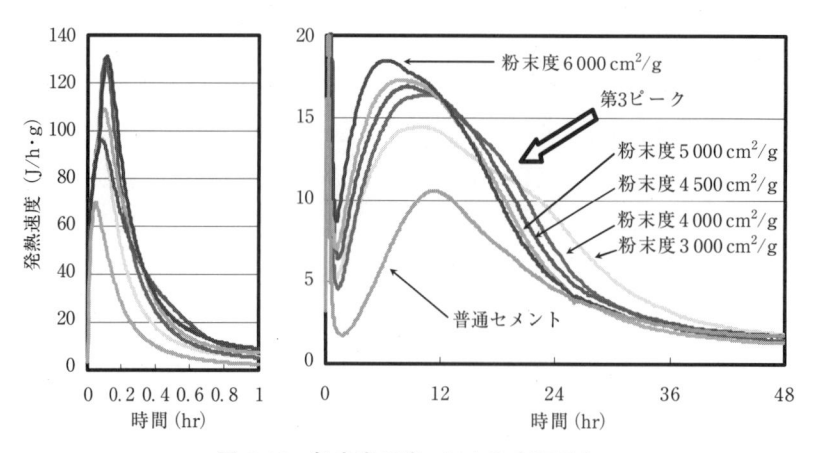

図-8.12 粉末度の違いによる水和反応

な遊離石灰の結晶成長およびエーライトや無水石こうに被覆されていることにより，水和反応が遅くなり，試薬の生石灰のような瞬時に水和反応が生ずることがないクリンカー構造になっている。

　クリンカーの粉末度を変化させて，水和発熱速度を求めたものが図-8.12である。水和反応性は，粉末度が大きくなると生石灰の水和のために全体に大きくなる傾向にある。6～10時間のピークは，セメント中のエーライトの反応速度にかかわるものである[8]。クリンカーの粉末度とピークの時間，最大水和速度との関係を表したものが図-8.13である。この結果，粉末度が大きくなると，水和発熱速度のピークに到達する時間が短くなり，水和発熱ピークにおける最大発熱速度は大きくなる傾向にある。既往の研究では，生石灰[9]や水酸化カルシウムの過飽和度[10]がエーライト水和を加速させるとしている。すなわち，実験の範囲では粉末度を大きくすることで，セメント中のエーライトの水和が促進して，硬化が促進することが確認できた。さらに，エーライトの水和は化学反応であることから，温度上昇に伴い水和発熱速度が大きくなる。こ

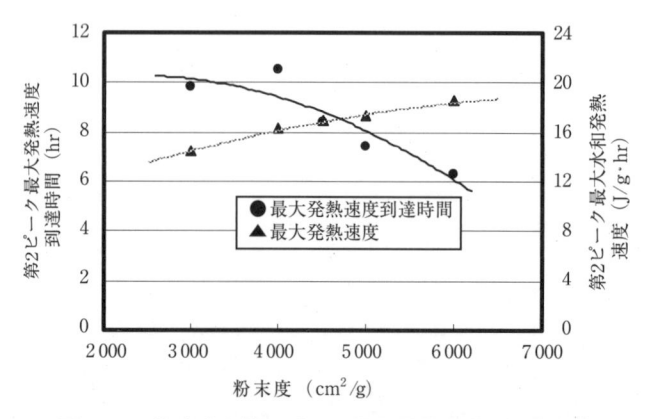

図-8.13 粉末度と第2ピーク最大発熱速度と到達時間

のため，蒸気養生における高温下での水和促進効果は，さらに大きくなることが予想される[11]。

拘束膨張の試験結果では，図-8.14に示すように，粉末度が大きくなると拘束膨張率は減少し，圧縮強度は若干上昇する傾向にある。拘束膨張率の低下は，粉末度が大きいと初期に水和が完了し，膨張に寄与しない生石灰粒子が多くなるためである。これらの結果から，クリンカーの粉末度は4 000～4 500 cm^2/gが，圧縮強度と拘束膨張率のバランスが取れていると考えた。

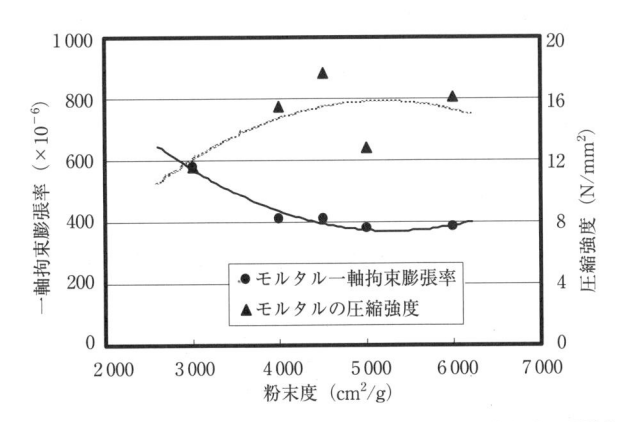

図-8.14 粉末度とモルタル拘束膨張率および圧縮強度の関係

8.4.4 無水石こうの混和の影響

無水石こうの混和による水和発熱速度の影響を求めたものが，図-8.15である。水和反応性については，無水石こうを混和すると，15～18時間にある第3ピークと呼ばれる水和発熱に関するピークは，ほとんどなくなる。無水石こう混和量とピークの時間および最大水和速度との関係を表したものが，図-8.16である。クリンカー配合率を低めて無水石こう混和量が多くなる

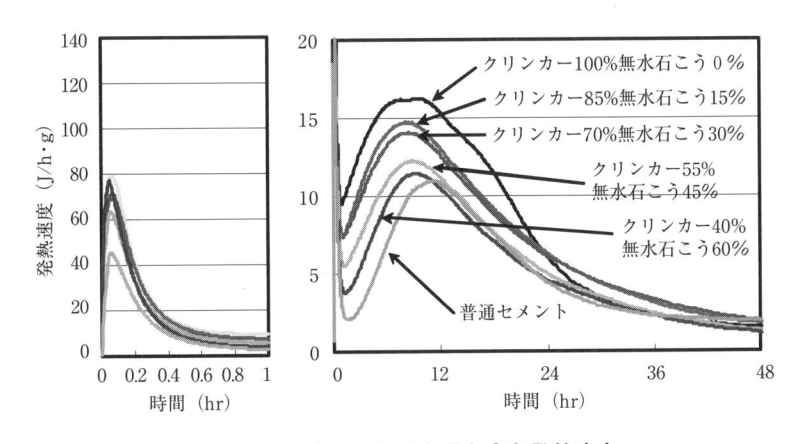

図-8.15 無水石こう混和量と水和発熱速度

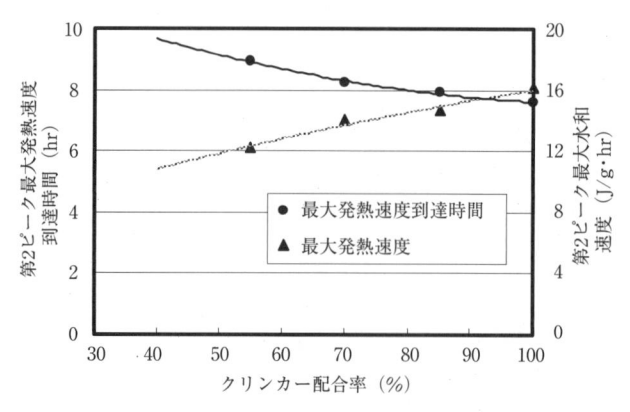

図-8.16 クリンカー配合率と第2ピーク最大発熱速度と到達時間

と，水和発熱速度の第2ピークに到達する時間が長くなり，水和発熱ピークにおける最大発熱速度は小さくなる傾向にある。すなわち，実験の範囲では無水石こう混和量が少ないほうが，セメント中のエーライトの水和が促進して，硬化が促進することが確認された。

図-8.17には，クリンカーの粉末度を4 000 cm^2/gとして無水石こうを15％配合した早強型膨張材単独の水和発熱速度を，普通セメントと対比して示す。早強型膨張材の初期水和はアルミネート相の水和であり，1時間以内に遊離石灰の微粒部分の水和反応があり，さらに5時間経過後に粗い遊離石灰やクリンカー中のエーライトと思われる水和が認められている。このような初期発熱の影響を受けたエーライトの水和促進が，強度の増進に寄与しているものと考えた。

一方，拘束膨張の試験結果では，クリンカー配合率を小さくして無水石こう混和量が多くなると，図-8.18に示すように，拘束膨張率は減少し，モルタルの圧縮強度は上昇する傾向にある。圧縮強度は，無水石こうが10％以上であれば，ほぼ同様な値が得られた。無水石こうによるセメントの強度増進については諸説があるが，エトリンガイトの生成量との関連が最も有力である[8]。

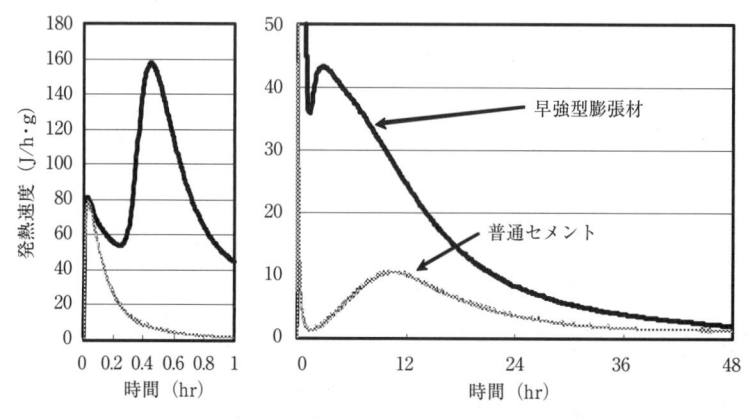

図-8.17 早強型膨張材と普通セメントの水和発熱速度

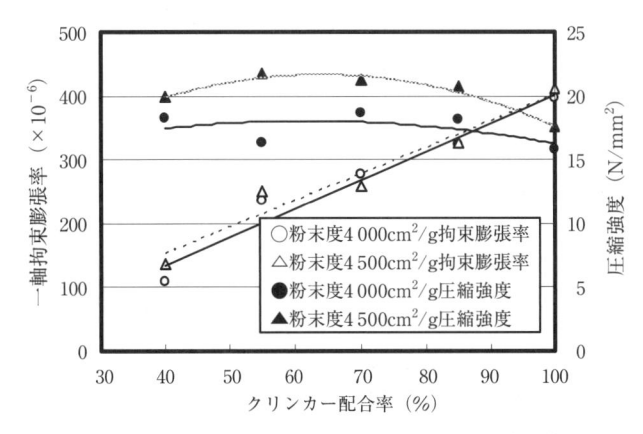

図-8.18 クリンカー配合率と拘束膨張率および圧縮強度

　このことは，前述した水和発熱速度の測定結果を示す図-8.15において，無水石こう混和量が多くなるに従って，第3ピークと呼ばれるエトリンガイトがモノサルフェートに転移する水和発熱速度のピークがほとんど無くなっていることからも裏付けられる。

　以上の結果から，早強型膨張材として膨張性能を有して，さらにエーライトの水和反応速度を加速させる早強性を得るためには，クリンカーの粉末度と無水石こう配合量に最適値が存在する[12]。すなわち，膨張性クリンカーの粉末度を4 000 cm^3/g以上に調整したものに，無水石こうを10％以上混和することである。粉末度を上げることは，エーライトの水和発熱速度のピークが早く，最大発熱速度も大きくなるために，早強性能を付与するためには良い方向にある。一方，無水石こうの混和は，早期強度の促進効果が高いものの，多量に配合することは膨張性能を低下させることになる。

8.4.5　コンクリート実験の結果

　クリンカー組成を固定して，粉末度を変化させた場合のコンクリートにおける拘束膨張率と簡易蒸気養生後の短時間強度を検討した結果から，粉末度を大きくした場合，拘束膨張量が小さくなることが認められる。なお，簡易蒸気養生としては，20℃で30分前置きした後に60℃で材齢4時間と5時間まで蒸気養生を行った。また，圧縮強度については，モルタル強度試験と同様に，粉末度が大きくなると大きくなるような結果となった。拘束膨張率が小さくなるのは，粉末度が大きくなれば水和反応性が高くなり，蒸気養生過程でコンクリートの強度が発現するまでに反応してしまうクリンカー量が多くなるためであると考えた。一方，圧縮強度については，クリンカーの水和反応性が高くなり，水和発熱量も大きくなることや，エーライトの水和促進効果により，強度が上昇したものと考える。

　クリンカーに対する無水石こうの混和量の影響について，コンクリートによる検討を行った。

クリンカーの粉末度は4 730 cm²/g，無水石こうは7 000 cm²/gである。この混合比率と混合した試料の計算上の粉末度を，**表-8.17**に示す。コンクリート試験では，無水石こうの混合比率を0～30％の範囲で変化させた。早強型膨張材の配合量は35 kg/m³である。その結果を**図-8.19**に示す。この結果も，モルタルの試験と同様な結果を示した。すなわち，一軸拘束膨張率はクリンカー量が増加すると大きくなり，一方，圧縮強度は無水石こうの混和量が20％までは上昇傾向にあり，20％を上回ると低下する傾向にあった。拘束膨張量が遊離石灰の含有量に比例することは，8.2の実験結果と一致する結果となった。また，無水石こうによりエトリンガイトの生成量が大きいことやエトリンガイトからモノサルフェートへの転移が妨げられることのために，圧縮強度が大きくなる傾向にあると考えられる。

単位水量を一定として，水セメント比を変化させた場合の早期強度の発現性を検討した。すなわち，早強型膨張材の単位量を30 kg/m³とし，普通セメントを使用し，単位セメント量を400 kg/m³として，**表-8.18**に示す配合で試験を行った。圧縮強度供試体の作製後30分間は温度が20℃で湿度が80％R.H.の前養生とし，その後は60℃一定の簡易蒸気養生を施した。4時間強度と5時間強度を，**図-8.20**と**図-8.21**に示す。早強型膨張材を配合しないものに比較して

表-8.17　早強型膨張材の配合と粉末度

配合率（％）		粉末度 (cm²/g)
クリンカー	無水石こう	
100	0	4 730
95	5	4 843
90	10	4 943
85	15	5 070
80	20	5 170
70	30	5 411

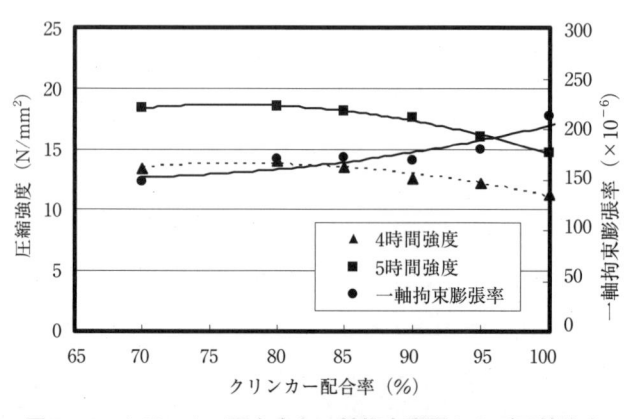

図-8.19　クリンカー配合率と一軸拘束膨張および圧縮強度

表-8.18 コンクリートの配合

SL (cm)	W/C (%)	W/B (%)	単位量（kg/m^3）				
			W	C	E_x	S	G
12	35.0	35.0	140	400	0	840	1 039
	35.0	32.6	140	400	30	816	1 039
	37.8	35.0	140	370	30	840	1 039
	40.0	40.0	160	400	0	817	1 011
	40.0	37.2	160	400	30	793	1 011
	43.2	40.0	160	370	30	817	1 011
	45.0	45.0	180	400	0	817	971
	45.0	41.8	180	400	30	793	971
	48.6	45.0	180	370	30	817	971

注）$B = C + E_x$

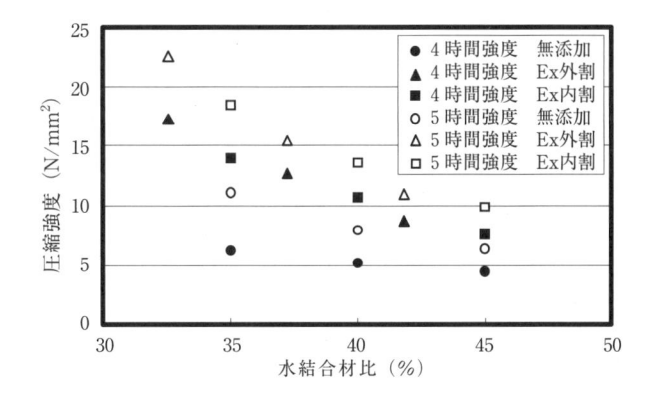

図-8.20 水結合材比と圧縮強度

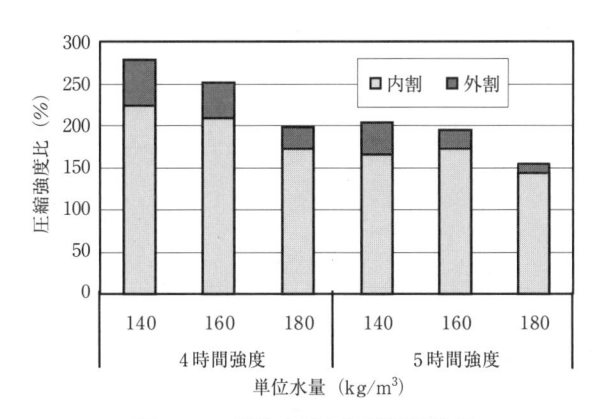

図-8.21 単位水量と初期圧縮強度

内割り配合で160～220％，外割り配合で170～270％それぞれ，早期強度の増進が見られる。また，短時間材齢での強度増進効果が大きく，水セメント比が小さい方の強度増進効果が大きくなった。これは，低水セメント比の方が発熱による熱容量が小さくなることや，カルシウムイオンの過飽和度が上昇するため[13]，エーライトの水和促進効果が大きくなるものと推察した。

図-8.22には，簡易蒸気養生における初期強度を示す。一部に従来の石灰系膨張材と比較しているが，従来の膨張材についても早強性は認められるものの，早強型膨張材に比較すると早強効果は50％以下と小さい。普通セメントを使用した場合に比較して早強セメントは，とくに4時間強度については普通セメントの2倍に対して，約3倍の強度の増進効果が認められた。これは，早強セメント中のエーライト量が普通セメントに比べて大きいため，水和促進効果がより顕著になったものと考えられる。

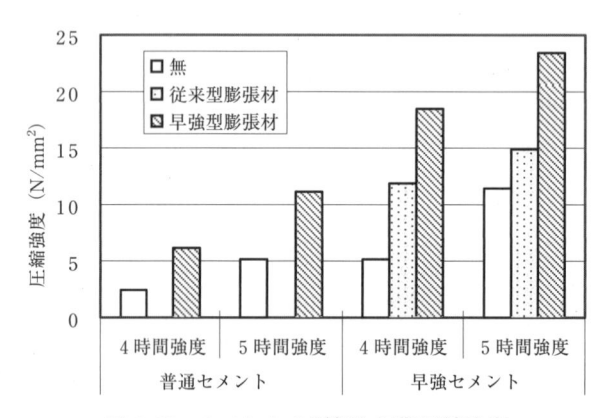

図-8.22 セメントの種類と初期圧縮強度

8.5 まとめ

本章では，高い膨張性能を有する膨張クリンカーについての製造に関する研究結果を報告した。この結果，従来型の石灰系膨張材で使用してきた膨張クリンカーでは，低添加型膨張材とするには，その膨張性能が不足していることが判明した。従来型の膨張クリンカーの原料である生石灰，無水石こう，珪石における調合の最適モル比は，無水石こう/二酸化ケイ素＝0.12～1.40，酸化カルシウム/二酸化ケイ素＝4.2～9.2とされている。

本章ではまず，電気炉による焼成実験によって，酸化カルシウム/二酸化ケイ素を最大22まで上昇させることによる膨張性能の向上を試みた。焼成実験により焼成した各水準のクリンカーを用いて，モルタルの一軸拘束膨張試験を行い，その膨張性能を把握した。この実験範囲で，以下のことが判明した。

1. 高性能膨張クリンカーについても，遊離石灰の結晶が20μm程度に成長し，周囲をエーライトや無水石こうが被覆しており，遊離石灰の水和反応を遅らせる効果がある。
2. 膨張性能は遊離石灰量との相関性が高く，遊離石灰量が多いほど膨張性能が大きい。
3. 無水石こう/二酸化ケイ素が膨張性能に及ぼす影響はほとんどない。

　このような焼成実験結果をもとに，実機ロータリンキルンを用いて，実機で高性能膨張クリンカーを焼成した。焼成結果は，電気炉焼成によって膨張性能が大きいクリンカーを焼成できている。そのクリンカーをボールミルにて，粉末度を2 000～3 000 cm^2/g程度まで粉砕した。粉末度を変化させた膨張クリンカーと無水石こうを混合した高性能膨張材について，同様にモルタルの一軸拘束膨張試験によって確認した結果，以下のことが判明した。

1. 膨張クリンカーの配合率が膨張性能の支配的要因になっている。このことは，遊離石灰量が多くなると膨張性能が高くなる現象と同様であり，膨張に対する場の形成も，膨張クリンカーの膨張性能により，場の強度範囲が異なることを示している。また，粉末度が小さい領域では，膨張性能が大きくなる傾向にあり，実験の範囲では2 100 cm^2/gの場合の膨張性能が最大となった。
2. 新しい膨張クリンカーを使用した高性能膨張材は，小さな粉末度にすることにより，少ないクリンカー量でも高い膨張性能が得られることが判明した。

　次に早強型膨張材について，低添加型膨張材に使用した膨張クリンカーと同様な鉱物組成のクリンカーを用いて研究を行った。この結果，以下のようなことが判明した。

1. 膨張クリンカー中の遊離石灰量を多くすることや，膨張クリンカーの粉末度を上げることで，セメント中のエーライトの水和反応を加速する。これは，微少熱量計による水和発熱速度の測定により，エーライトの水和とされる第2発熱ピークの最大発熱速度が大きくなり，その最大発熱速度に到達する時間が短くなることから確認できた。
2. 無水石こうは，エトリンガイトからモノサルフェートへの転移を妨げるので強度増進に寄与するが，その混和量が大きくなると膨張性能が低下する。このために，膨張クリンカーに対して無水石こうを10～20％程度混和することで，最適な早強性と膨張性能が得られる。
3. 早強型膨張材は，蒸気養生するコンクリート製品に適用した場合，低水セメント比の方が発熱による熱容量が小さくなることや，カルシウムイオンの過飽和度が上昇するため，エーライトの水和促進効果が大きくなる。
4. 早強型膨張材は，短期時間材齢ほど早強性が大きく，エーライトの含有量が大きい早強セメントを使用したコンクリートのほうが，その水和促進効果のため早期に強度が高くなる。

●参考文献

1) 一家惟俊:石灰系膨張材の開発並びに応用研究:東京大学学位論文,1981.10
2) 山崎典之:膨張材混和材を用いたコンクリートの膨張機構,セメント・コンクリート,No.352,pp.10-18,June.1976
3) 副田孝一,原田哲夫:静的破砕剤の膨張圧発生機構に関する一考察,土木学会論文集,No.237/V-19,pp.89-96,1993.5
4) 盛岡実,坂井悦郎,大門正機:遊離石灰-アウイン-無水石膏系膨張材の性能におよぼす調整方法の影響,コンクリート工学論文集,Vol.14,No.2,pp.43-50,2003
5) 佐久間隆司,鈴木脩,佐竹紳也,渡邉斉:早強型膨張材の諸特性とコンクリート製品への適用性,コンクリート工学年次論文集,Vol.25,No.1,pp.131-136,2003
6) 渡邉斉,佐久間隆司,宮里心一,黒木康貴:早強型膨張材の基本的耐久性,コンクリート工学年次論文集,Vol.25,No.1,pp.641-646,2003
7) 佐藤誠,米田正彦,中村裕,鈴木基行:早強性混和材を使用したコンクリートの早強発現と耐久性およびそのメカニズム,コンクリート工学年次論文集,Vol.25,No.1,pp119-124,2003
8) 内田清彦:水和熱と強さ発現,セメントコンクリート,No.542,pp.41-48,1992.2
9) 河野俊夫,佐藤和彦,五十嵐久博,前田直巳:CaO結晶を含む超早強性セメント組成物の強度特性に関する研究,セメント・コンクリート論文集,No.53,pp.2-9,2000.2
10) 川田直哉,根元明洋:カルシウムシリケート相の初期の水和過程,セメント技術年報,No.20,pp.68-74,1967.1
11) 反応モデル解析研究委員会報告書(I)p.46,日本コンクリート工学協会,1996.5
12) Lerch, The Influence of Gypsum on the Hydration and Properties of Portland Cement Pastes, Am. Soc. Testing Materials 46,1252(1946)
13) 近藤連一,植田俊朗,小玉正雄:$3CaO \cdot SiO$の水和過程,セメント技術年報,No.20,pp.83-91,1967.1

9章 低添加型膨張材の基本性能

9.1 低添加型膨張材の性能

9.1.1 はじめに

8章で研究開発した低添加型膨張材をコンクリートへ適用した場合の基本性能について,従来型の膨張材と比較して検証する。すなわちここでは,乾燥収縮補償用として使用する単位膨張材量で,従来型の石灰系膨張材に比較して,コンクリートのフレッシュ性状,膨張性能,強度,耐久性に及ぼす影響について検討を行うこととする。

9.1.2 使用材料,配合および実験方法

本実験で使用したセメントは,普通ポルトランドセメントで,細骨材には小笠産陸砂(F.M.は2.78,表乾密度は2.59 g/cm³)を,粗骨材には岩瀬産砕石(G-maxは20 mm, F.M.は6.45,表乾密度は2.65 g/cm³)をそれぞれ用いた。膨張材は従来型の石灰系膨張材(密度は3.16 g/cm³)と低添加型膨張材(密度は3.16 g/cm³)を,混和剤はリグニンスルフォン酸塩系AE減水剤をそれぞれ用いた。

コンクリートの配合を,**表-9.1**に示す。実験項目と実験方法は**表-9.2**に,一覧表で示す。

表-9.1 コンクリートの配合

配合	目標スランプ (cm)	目標空気量 (%)	W/C (%)	s/a (%)	単位量 (kg/m³)		
					C	従来型	低添加型
普通コンクリート	12 ± 2.5	4.5 ± 1.5	55	42	295	—	—
膨張コンクリート(従来型)					265	30	—
膨張コンクリート(低添加型)					275	—	20

9章　低添加型膨張材の基本性能

表-9.2　実験項目と実験方法

実験項目	実験方法
スランプ試験	JIS A 1101（コンクリートのスランプ試験方法）に従って，20℃において60分までの経時変化を測定した。
凝結試験	JIS A 1147（コンクリート凝結時間試験方法）に従って，20℃，30℃で凝結時間を測定した。
圧縮強度試験	JIS A 1108（コンクリートの圧縮強度試験方法）に従って，材齢3，7，28日の圧縮強度を測定した。
一軸拘束膨張試験	JIS A 6202（コンクリート用膨張材）附属書2（参考）の一軸拘束膨張B法を用い，材齢1年までの拘束膨張率と収縮率を測定した。
凍結融解試験	JIS A 1148（コンクリートの凍結融解試験方法の水中凍融解試験方法（A法））に従った。なお，JIS A 6202附属書2（参考）にあるA法の一軸拘束膨張供試体を用いて成形し，14日間水中養生後，凍結融解試験に供した。
促進中性化試験	日本建築学会耐久性鉄筋コンクリート造設計施工指針（案）付録（1 コンクリートの中性化試験方法（案））に従った。

9.1.3　フレッシュ性状

フレッシュコンクリートにおけるスランプと空気量の経時変化を，図-9.1 に示す。スランプ

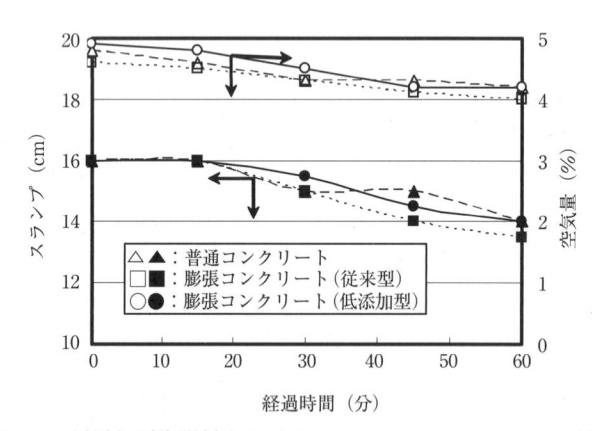

図-9.1　低添加型膨張材を用いたコンクリートのフレッシュ性状

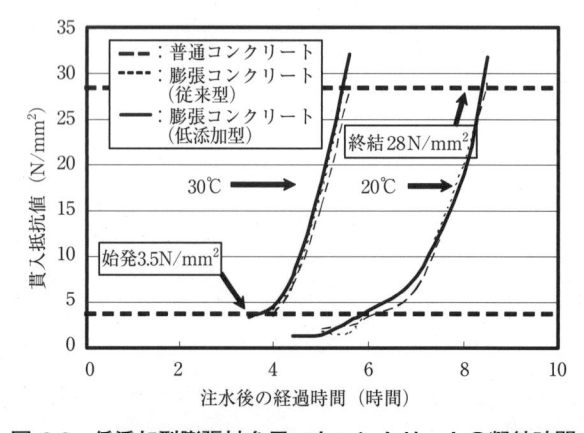

図-9.2　低添加型膨張材を用いたコンクリートの凝結時間

ロスや空気量の経過時間に伴う減少傾向は，従来型膨張材を使用したコンクリートや，膨張材を使用しない普通コンクリートとほぼ同様であり，コンクリートのフレッシュ性状に違いがないことが明らかである。

凝結時間については，**図-9.2**に示す。この図より，20℃，30℃において同様な凝結性状であり，凝結の遅延や促進は認められない。

9.1.4 硬化性状

圧縮強度を，**図-9.3**に示す。膨張材を混和したことによる強度低下は認められず，従来型の膨張コンクリートとほぼ同程度の圧縮強度の発現性を示している。

膨張性能について，JIS A 6202のB法一軸拘束膨張・収縮試験に従って，拘束膨張率と拘束収縮率を測定した。その結果を**図-9.4**に示す。従来型の膨張材を使用した膨張コンクリートと比

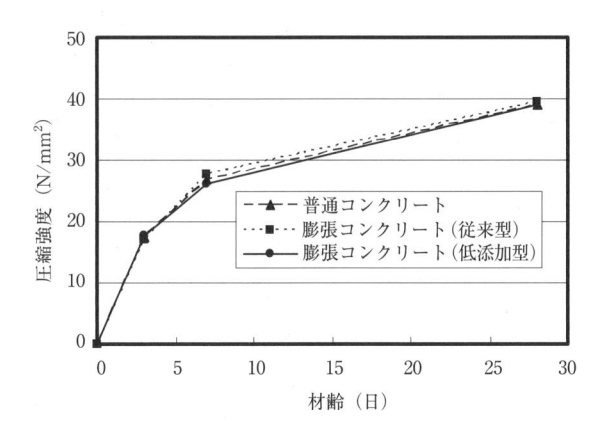

図-9.3 低添加型膨張材を用いたコンクリートの圧縮強度

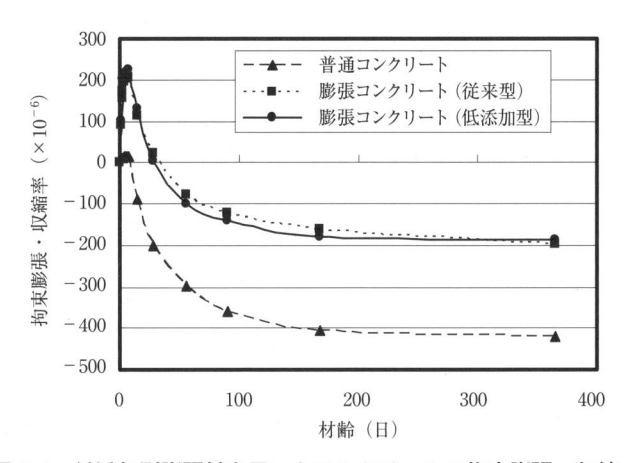

図-9.4 低添加型膨張材を用いたコンクリートの拘束膨張・収縮率

9章　低添加型膨張材の基本性能

較して，膨張率やその後の乾燥過程での収縮ひずみの変化に大きな違いはない。膨張材を使用していないコンクリートと膨張コンクリートの差が有効ケミカルプレストレン[1]として，材齢を経ても供試体内部の拘束鋼材に残存していることが認められる。

耐久性を検討する目的で，凍結融解試験と促進中性化試験を行った。その結果を図-9.5と図-9.6に示す。凍結融解試験時の各水準におけるコンクリートの空気量は，普通コンクリートが4.2％，従来型の膨張材を使用した膨張コンクリートが4.2％，低添加型膨張材を使用した膨張コンクリートが4.3％であった。一般に膨張コンクリートを通常の凍結融解試験で評価すると，著しい耐久性指数の低下となる。この原因については，膨張コンクリートを無拘束の状態で硬化させて供試体を作製した場合，耐凍結融解性を悪くする細孔径が増加することや気泡間隔係数が大きくなることが指摘されている[2),3)]。このため，拘束した膨張コンクリートでないと凍結融解抵抗性が低下することが指摘されており，JIS A 6202にある一軸拘束膨張試験での評価

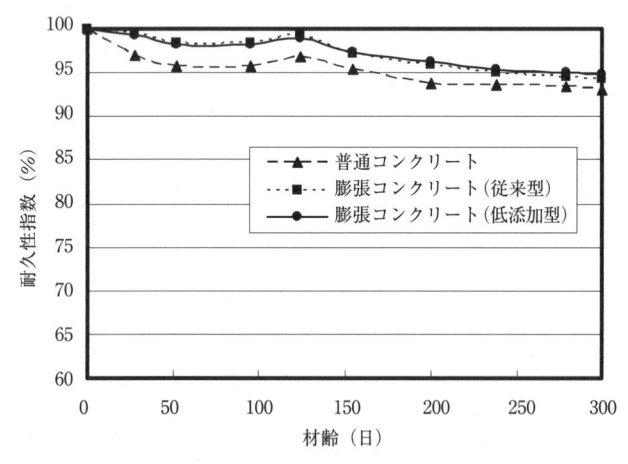

図-9.5　低添加型膨張材を用いたコンクリートの耐久性指数

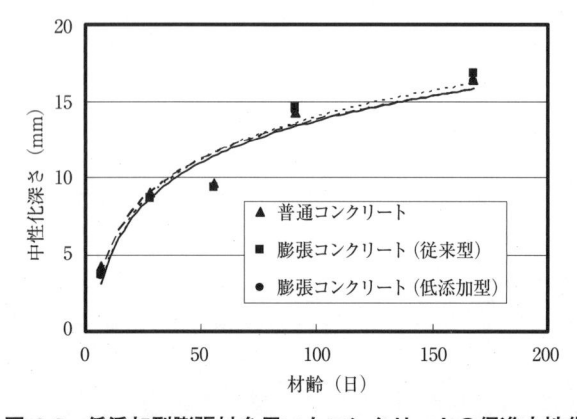

図-9.6　低添加型膨張材を用いたコンクリートの促進中性化

が良いとされている[4]。なお，膨張コンクリートの拘束によるひずみや凍結融解抵抗性については，従来型の石灰系膨張材を使用した膨張コンクリートについて，**12.1**で詳細に検討する。**図-9.5**によれば，耐久性指数に若干の違いがあるが，低添加型膨張材を使用した膨張コンクリートは，普通コンクリートや従来型の膨張材を使用した膨張コンクリートとの差は認められない。

促進中性化試験の結果として，材齢に対する中性化深さを**図-9.6**に示す。普通コンクリート，従来型の膨張材を使用した膨張コンクリート，低添加型膨張材を使用した膨張コンクリートの回帰線も示した。この3つの回帰線は，同様な位置に存在していることから，それぞれのコンクリートの中性化速度に違いはないことが認められる。

従来型の膨張材も石灰系であり，膨張クリンカー中の遊離石灰の膨張を利用している。この遊離石灰量を高めることにより，膨張性能を大きくすることが可能になるとともに，膨張コンクリートとしたときのフレッシュ性状や硬化コンクリートの性能は，従来型の膨張材を使用したコンクリートと同等であることが検証できたと考える。

9.1.5　まとめ

本章では，前章で検討した膨張性能の大きいクリンカーを用いた低添加型膨張材をコンクリートに適用した場合の基本性能について述べた。

低添加型膨張材については，乾燥収縮補償用として使用される単位膨張材量で，従来型の石灰系膨張材との比較の中で，コンクリートのフレッシュ性状，膨張性能，耐久性，圧縮強度に及ぼす影響について検討を行った。その結果，コンクリートのフレッシュ性状は，従来型の膨張材と同様な性状であり，スランプの経時変化や凝結性状に違いはなかった。また，膨張性能は低添加量で，従来型の膨張材と同様な膨張性能が得られることや，圧縮強度へ及ぼす悪影響はこの配合量の範囲では認められなかった。凍結融解抵抗性試験による耐久性は，既往の研究から得られている一軸拘束下で試験を行ったところ，従来型の膨張材を用いたものや普通コンクリートとほぼ同様な結果であった。

以上より，低添加型膨張材を用いたコンクリートについては，従来型の石灰系膨張材と同等なフレッシュ性状であり，低添加量で同等な膨張性能を有し，耐久性に関しても遜色ない結果であると思われる。従来型の膨張材も石灰系であり，膨張クリンカー中の遊離石灰の膨張を利用している。この遊離石灰量を高めることにより，膨張性能を大きくすることが可能になるとともに，膨張コンクリートとしたときの諸性能は，従来型の膨張材を使用したコンクリートと同等であると考える。

9.2 低添加型膨張材の基礎物性

従来型の膨張材の使用効果に関しては，実験的な検討により確認されている。一方，従来型の膨張材に関する課題も多く，中でも標準的な使用量の低減に関しては，従来型と同一の使用量によれば，膨張材のより大きな効果が期待できる点や，作業者への肉体的な負荷解消の面から，その解決が急務であった。

そこで本節では，新しく低添加型の膨張材を開発し，その基礎的な物性について報告する。

9.2.1 はじめに

これまで一般に流通していた膨張材は，標準的な使用量がコンクリート $1\,\mathrm{m}^3$ に対して $30\,\mathrm{kg}$ であった。一方で，既往の報告[5]によれば，膨張材によって得られる膨張ひずみは，膨張材を構成する鉱物の含有割合に大きな影響を受け，これを調整することで，より少ない量により同等の膨張性能を得ることができるとされている。この理論に則り，より少ない使用量により従来と同等の効果が得られる膨張材，いわゆる低添加型の膨張材の開発を行った。

当該の低添加型の膨張材の品質に関して報告するとともに，コンクリートのフレッシュ性状や硬化性状に関しての実験結果も報告する。

9.2.2 実験の概要

(1) 低添加型膨張材の特性

従来型の膨張材に比較して，少ない使用量により同等の効果を発揮させるため，膨張材の化

表-9.3 化学組成(代表値)

	SiO_2	Fe_2O_3	Al_2O_3	CaO	SO_3	$f\text{-}CaO$
低添加型膨張材	1.0	0.8	7.2	70.6	18.5	49.8
従来品A	1.5	0.5	16.1	52.8	27.5	19.0
従来品B	9.6	1.3	2.5	67.3	18.0	30.0

(単位：%)

表-9.4 鉱物組成(代表値)

	f-CaO	Hauyne	C_4AF	C_3S	CS	その他
低添加型膨張材	50	10	5	3	30	2
従来品A	20	30	2	5	40	2
従来品B	30	—	4	27	30	9

注) C：CaO, A：Al_2O_3, S：SiO_2, F：Fe_2O_3, S：SO_3, Hauyne：C_3A_3CS 　　(単位：%)

学組成，鉱物組成および物理的性質に関しては大幅な改良を施した。具体的に示すと，**表-9.3**〜**表-9.5**のとおりである。なお，表中には従来型膨張材に関しても併記している。

表-9.5　物理的性質（代表値）

	ig-loss (%)	密度 (g/cm³)	ブレーン値 (cm²/g)
低添加型膨張材	1.6	3.20	3 200
従来品A	1.3	2.98	2 900
従来品B	0.4	3.14	3 500

(2) 使用材料

本実験において，セメントには普通ポルトランドセメント，早強ポルトランドセメント，高炉セメントB種および低熱ポルトランドセメントを使用した。細骨材には姫川水系産川砂を，粗骨材には姫川水系産川砂利をそれぞれ用いた。

混和材としては，従来型の膨張材（カルシウムサルフォアルミネート系）および本節において提案する低添加型の膨張材を使用した。また混和剤には，リグニン系のAE減水剤（標準型）およびポリカルボン酸系の高性能AE減水剤（標準型）を使用した。なお従来型の膨張材とは，**表-9.3**〜**表-9.5**おける「従来品A」に相当する。

(3) コンクリートの配合

コンクリートの配合としては，**表-9.6**に示す5配合を用いた。膨張材はセメントに置換する形で使用しているが，標準的な使用量は低添加型の膨張材が20 kg/m³，比較となる従来型の膨張材は30 kg/m³となる。低添加型の膨張材の使用量が20 kg/m³である根拠については，**9.2.3 (3)**に詳細に述べる。標準的な使用量の1.5倍についても，水準に加えた。

表-9.6　コンクリートの配合例

配合No.	水結合材比 (%)	細骨材率 (%)	単位量 (kg/m³)				細骨材	粗骨材
			水	セメント	膨張材			
					低添加型	従来型		
1	53.5	45.5	167	312	—	—	799	994
2				292	20	—		
3				282	—	30		
4				282	30	—		
5				267	—	45		

注）膨張材は，セメントに置換する形で使用

(4) 実験の内容

表-9.6に，実験に用いたコンクリートの配合の代表例を示す。表-9.6に示した配合を基に，単位水量やセメントの種類，膨張材の単位量などを変化させ，表-9.7に記される組合わせについて試験を実施した。なお，温度に関する注釈が無い項目は，いずれも環境温度が20℃において試験を行っている。

スランプはJIS A 1101に準拠し，スランプの経時変化はコンクリートの練上り後，0, 30, 60および90分が経過した時点でスランプを測定した。その際の環境温度は，20℃および30℃とした。また空気量は，JIS A 1128に準拠した。

凝結試験はJIS A 6204に準拠し，その際の環境温度は10, 20および30℃とした。長さ変化率はJIS A 6202:1997に準拠し，材齢7日以前は20℃一定の水中において，それ以降は20℃，60％R.H.の恒温恒湿室において保管した。

圧縮強度は，JIS A 1108およびJIS A 6202に準じて試験した。

仕事量[6]の検討は，拘束鋼材比を0.67, 1.34および4.22％に変化させ，JIS A 6202に準じて長さ変化率を測定して，算定した。供試体は20℃の水中において養生を行った。

表-9.7 実験の組合わせ

実験内容	配合No. (表-9.6参照)	セメントの 種類*	単位膨張材量 (kg/m^3)		混和剤の種類
			低添加型膨張材	従来型膨張材	
スランプ	1, 2	N, H, B, L	20	30	AE減水剤
スランプの経時変化	1, 2	H			高性能AE減水剤
空気量	1, 2				
長さ変化率	1～3	N, H, B, L	10～40	10～40	AE減水剤
圧縮強度	1～3				
仕事量の検討	4, 5	N	30	45	

* N：普通セメント，H：早強セメント，B：高炉セメント，L：低熱セメント

9.2.3 実験結果

(1) フレッシュ性状

a. スランプ

配合No.1およびNo.2を基に，単位水量およびセメントの種類を変化させて練上り直後のスランプを測定した結果を，図-9.7に示す。AE減水剤は，標準添加量に固定している。使用するセメントの種類によって単位水量とスランプとの関係は異なるが，いずれの配合に関しても，低添加型の膨張材の置換による影響はほとんど認められない。

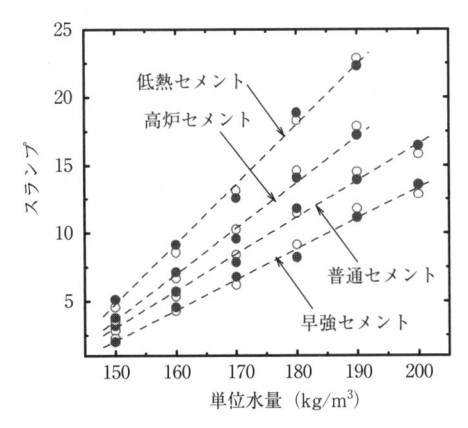

注) ●：低添加型の膨張材あり　○：膨張材なし
図-9.7　スランプ

b. スランプの経時変化

環境温度を要因として，練上り後の経過時間とスランプとの関係を測定した結果を，図-9.8に示す。環境温度によらず，低添加型の膨張材の使用による影響はほとんど認められない。

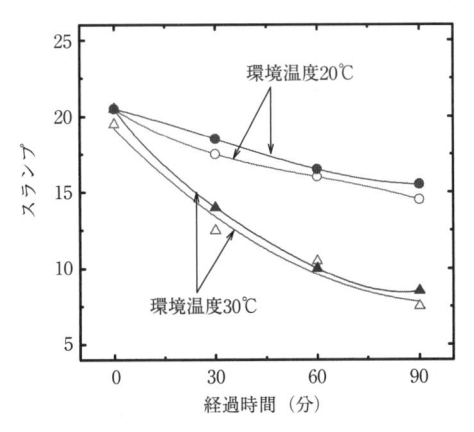

注) ●▲：低添加型の膨張材あり　○△：膨張材なし
図-9.8　スランプの経時変化

c. 空気量

配合 No.1 および No.2 を用い，セメントの種類を変化させて空気量を測定した結果を，図-9.9に示す。低添加型の膨張材の置換による空気量への影響は，ほとんど認められない。

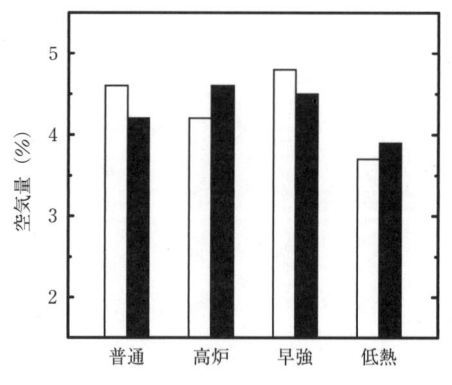

9章 低添加型膨張材の基本性能

図-9.9 空気量
注) ■：低添加型の膨張材あり　□：膨張材なし

d. 凝　結

　低添加型膨張材を置換したコンクリートの凝結時間の測定結果を，**図-9.10**に示す。環境温度を10℃から30℃に変化させて測定を行ったが，低添加型の膨張材の置換による凝結時間への影響はほとんど認められない。

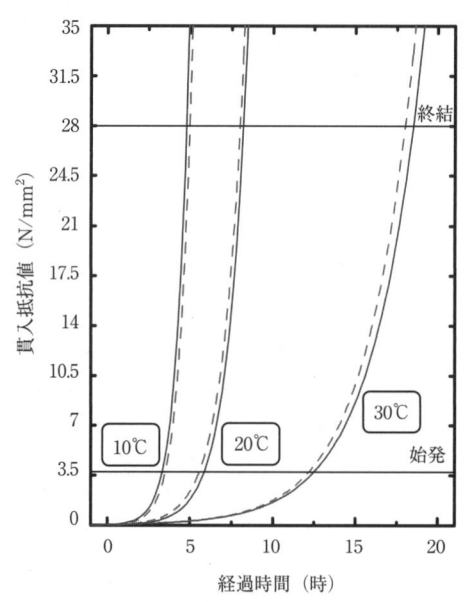

図-9.10 凝結時間
注) ──：低添加型の膨張材置換　----：膨張材なし

e. 低添加型膨張材の単位量とスランプ・空気量との関係

　配合No.1およびNo.2を基に，低添加型の膨張材の単位量を要因としてスランプと空気量を

測定した。測定結果を**図-9.11**に示す。単位量で30 kg/m³までセメントと置換させて用いても，低添加型の膨張材の置換量によらず，スランプと空気量はほぼ一定であることが認められる。

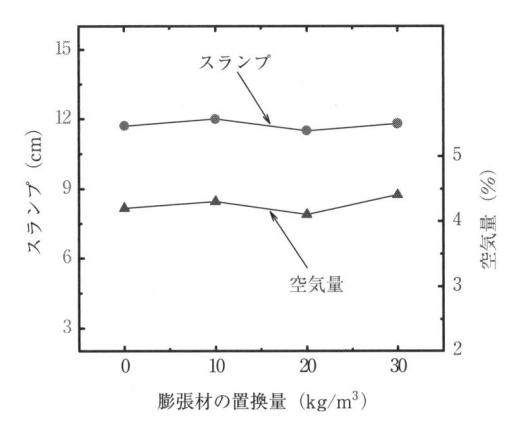

図-9.11 低添加型の単位膨張材量とスランプ・空気量との関係

(2) 硬化性状

a. 長さ変化率

配合No.1およびNo.2を用い，低添加型の膨張材を20 kg/m³置換することで，コンクリートの長さ変化率に及ぼす影響を測定した。その結果を**図-9.12**に示す。供試体の養生条件は，材齢7日以前については20℃一定の水中養生で，7日以降は20℃，60％R.H.の恒温恒湿室における養生である。低添加型の膨張材の置換によって，材齢7日までにコンクリートのB法一軸拘束供試体は200×10^{-6}程度の膨張ひずみを生じ，その後乾燥によって収縮している。一方，膨張材を置換しない配合は乾燥による収縮のみが発生しており，両者の差は長期的にも同等となる傾向が認められる。

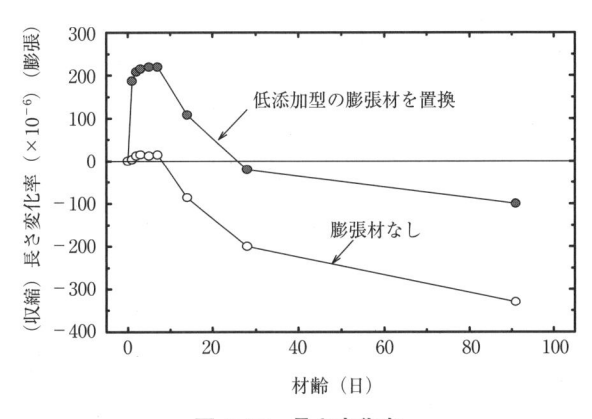

図-9.12 長さ変化率

b. 圧縮強度

配合No.1およびNo.2を用い，低添加型の膨張材を20 kg/m³置換することで，圧縮強度に及ぼす影響を測定した結果を，図-9.13に示す。図より，単位量が20 kg/m³であれば，低添加型の膨張材による圧縮強度へ及ぼす悪影響はほとんど認められない。

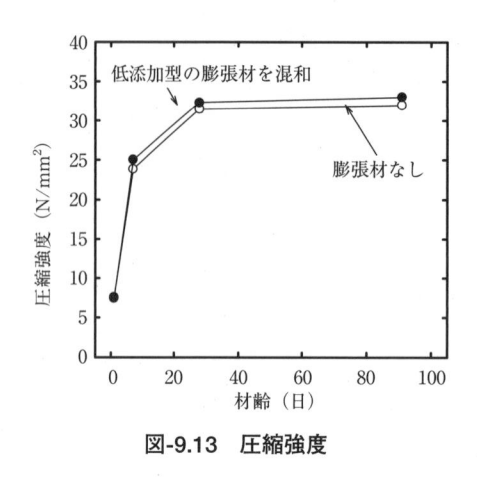

図-9.13 圧縮強度

(3) 低添加型膨張材と従来型膨張材との関係

a. 膨張ひずみ

本節において提案する低添加型膨張材における最大の特徴は，従来型の膨張材と比較して，少ない量により同等の効果が得られる点にある。ここで「同等の効果」とは，膨張材の置換によってコンクリートに生じる膨張ひずみを指す。例えば，「膨張コンクリート設計・施工指針（土木学会）[7]」においては，「収縮補償（ひび割れ低減）を目的とする場合，JIS A 6202：1997に従った一

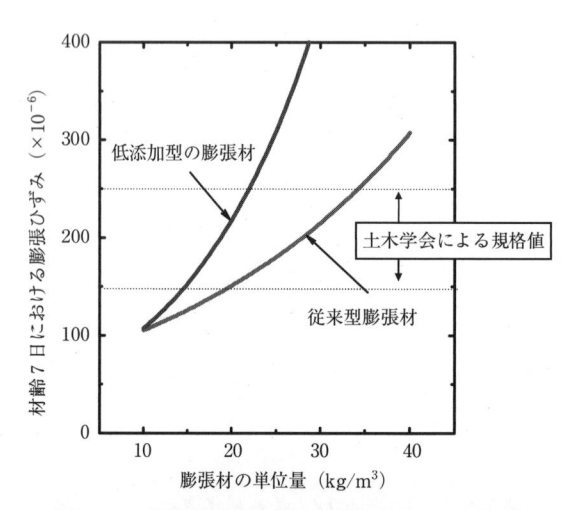

図-9.14 膨張材の単位量と膨張ひずみとの関係

軸拘束方法によって測定した膨張ひずみ（材齢7日））が，膨張材の置換によって $150 \sim 250 \times 10^{-6}$ 得られることが必要である」と規定している。

そこで，膨張材の単位量を $10 \sim 40\,\text{kg/m}^3$ の範囲において変化させ，長さ変化率（膨張率）を測定した結果を，**図-9.14** に示す。図中に記したひずみの範囲が，土木学会において規定されている膨張ひずみ（$150 \sim 250 \times 10^{-6}$）である。

以上の測定結果より，本章で提案する低添加型膨張材は従来型膨張材に比較して，およそ2/3の量，すなわち $20\,\text{kg/m}^3$ の単位量により，従来型膨張材の $30\,\text{kg/m}^3$ と同等の膨張ひずみを得られることが認められる。

b. 圧縮強度

膨張コンクリートについては，圧縮強度に関する規定はとくに設けられていないが，膨張材の置換によって極端に強度が低下することは望ましくない。そこで，低添加型膨張材の単位量を要因にとり，圧縮強度との比較を行った。その結果を**図-9.15**に示す。

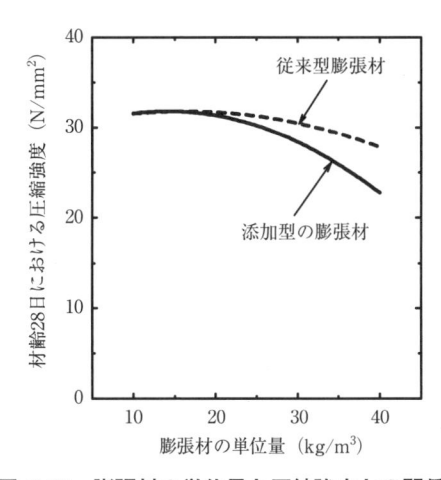

図-9.15　膨張材の単位量と圧縮強度との関係

図-9.15 より，単位量の増加に伴う圧縮強度の低下は低添加型膨張材が大きい。しかし，5.3.3 (1)に記した「収縮補償を目的とした単位量」の $20\,\text{kg/m}^3$ の範囲においては，従来型膨張材と同様に，圧縮強度の低下はほとんど認められない。

c. 仕事量一定則の概念

既往の研究[6]によれば，膨張材による膨張を外的に拘束する要因である拘束鋼材の量と配置方法によって，コンクリートに導入されるケミカルプレストレスは変化するが，「膨張コンクリートが拘束に対してなす仕事量」は拘束鋼材の量と配置方法にかかわらずほぼ一定であるとの報告がなされている。ここで「膨張コンクリートが拘束に対してなす仕事量」とは，式(9.1)によって与えられる値であり，「単位体積あたりの膨張コンクリートが拘束鋼材に対してなす仕事

量」を指す。

$$U = 0.5 \times \sigma_{cp} \times \varepsilon \tag{9.1}$$
$$\sigma_{cp} = \varepsilon \times E_s \times (A_s/A_c) \tag{9.2}$$

ここに，U：仕事量(N/mm^2)

σ_{cp}：ケミカルプレストレス(N/mm^2)

ε：膨張ひずみ($\times 10^{-6}$)

E_s：拘束鋼材の弾性係数($198\,000\ N/mm^2$)

A_s/A_c：拘束鋼材比(％)

配合No.4およびNo.5を用い，拘束鋼材比を0.67，1.34および4.22％の3水準に変化させた上で測定した膨張ひずみより，式(9.1)および式(9.2)を用いて算出した仕事量を**図-9.16**に示す。図中，実線が低添加型膨張材，破線が従来型膨張材に関する実験結果である。膨張材の種類によって比較した場合，材齢14日における仕事量は差が小さいものの，初期材齢(とくに材齢3日)においては，低添加型膨張材の仕事量が大きく，材齢と仕事量との関係に関しては膨張材の種類による影響が認められた。

一方，拘束鋼材比が仕事量に及ぼす影響を比較すると，拘束鋼材比の増加に伴って仕事量が若干減少している。仕事量の計算にはこれは，クリープおよび弾性変形量を考慮していないためであり，既往の報告[6]と同様の傾向を示している。

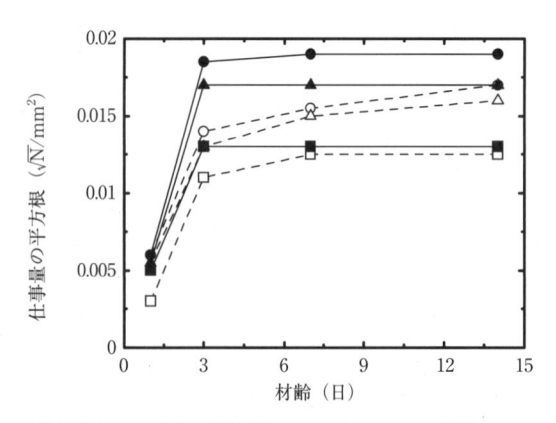

図-9.16 仕事量の算出結果

注）●▲■：低添加型膨張材　○△□：従来型膨張材
●○：拘束鋼材比0.67％　▲△：1.34％　■□：4.22％

9.2.4 まとめ

本実験では，低添加型の膨張材を新たに提案するとともに，当該膨張材の基礎物性として，

それを用いたコンクリートのフレッシュ性状と硬化性状を報告した。また，膨張ひずみおよび圧縮強度に関しては従来型膨張材との比較を行うとともに，従来型膨張材に関して提案されている仕事量の概念が当該膨張材についても適用できるか否かについても検討を行った。

本実験の範囲内において得られた知見を，以下に記す。

1. 低添加型の膨張材は，従来型の膨張材に比較して2/3の置換量により，所定の性能の膨張ひずみを満足できることが確認された。

2. 低添加型の膨張材の置換がコンクリートのスランプ，空気量および凝結時間のフレッシュ性状に及ぼす影響はほとんど認められなかった。

3. JIS A 6202：1997に従って得た膨張ひずみが，おおむね 250×10^{-6} 以下となる置換量においては，低添加型膨張材による圧縮強度への悪影響はほとんど認められなかった。

4. 「膨張材コンクリートが拘束鋼材に対してなす仕事量」に関する既往の概念は，低添加型の膨張材に関しても適用できることが確認された。しかしその仕事量は，従来型膨張材に比べ早期に生じる傾向が見られた。

● 参考文献

1) 日本橋梁建設協会，膨張材協会：場所打ちPC床版における膨張材の有効性評価検討報告書，p.7，2004.10
2) 國府勝郎：膨張コンクリートの凍結融解抵抗性に関する基礎研究，土木学会論文集，第334号，pp.145-154，1983.6
3) 小林正凡：膨張性セメント混和材を用いたコンクリートの凍結融解に対する抵抗性について，土木学会ライブラリー，No.39，pp.69-73，1974.10
4) 高橋幸一，浅野研一，辻野英幸，豊田邦男：膨張コンクリートの耐凍害性に及ぼす影響とその機構について，日本コンクリート工学協会　膨張コンクリートによる構造物の高機能化/高性能化に関するシンポジウム論文集，pp.79-84，2003.9
5) 盛岡実：セメント系膨張材の水和反応と材料設計，東京工業大学学位論文，pp.77-85，1999
6) 辻幸和：コンクリートにおけるケミカルプレストレスの利用に関する基礎研究，土木学会論文報告集，第235号，pp.111-124，1975
7) 膨張コンクリート設計施工指針，土木学会，pp.5-6，1993

10章 早強型膨張材の基本性能と耐久性

10.1 早強型膨張材の基本性能

10.1.1 はじめに

早強型膨張材は、従来型石灰系膨張材に比較して石灰量が多くまた比面積が大きいため、水和反応性が高い。これにより、セメントの初期水和を促進し、適量を混和することにより、膨張だけでなく、コンクリートの強度も早期に発現させることができる。したがって、コンクリート製品の製造では、簡単な蒸気養生で、または蒸気養生をしないで、早期脱型、収縮ひび割れの抑制、ケミカルプレストレスの導入がそれぞれ可能になる。

一般に早強型膨張材は、早強性を重視する場合、強度を確保するためにセメント量の外割で配合する。従来型膨張材と同様に、ケミカルプレストレスの導入を重視する場合は、セメント量の内割りで配合することとしている。本章では、早強型膨張材を使用したコンクリートの基本的性能を明らかにする。

10.1.2 使用材料と実験方法

表-10.1には、早強型膨張材の化学成分と物理的性質を従来型の代表的な膨張材と比較して示す。本実験では、普通ポルトランドセメントを用いた。細骨材には小笠産陸砂（F.M.は 2.78、表乾密度は 2.59 g/cm^3）を、粗骨材には岩瀬産砕石（G-max は 20 mm、F.M.は 6.45、表乾密度は 2.65 g/cm^3）を用いた。なお、コンクリート製品に広く使用されているナフタリンスルフォン酸系高性能減水剤を、混和剤に用いた。

表-10.1 早強型膨張材の化学組成と物理的性質

銘柄	密度 (g/cm^3)	比表面積 (cm^2/g)	化学成分（%）						
			Ig.loss	SiO$_2$	Al$_2$O$_3$	Fe$_2$O$_3$	CaO	MgO	SO$_3$
早強型膨張材	3.19	4 520	0.3	7.4	1.7	1.0	80.0	0.8	8.5
従来型膨張材	3.16	3 500	0.4	9.6	2.5	1.3	67.3	0.4	18.0

コンクリートの配合を，**表-10.2**に示す。なお，早強型膨張材の単位量は0, 20, 30, 40 kg/m³に変化させて，単位セメント量を400 kg/m³と一定として，外割により早強型膨張材を配合した。

実験項目と実験方法を，**表-10.3**に示す。すべての実験について，**表-10.2**に示したコンクリートを用いて行った。

表-10.2　コンクリート配合

配合	目標スランプ (cm)	目標空気量 (cm)	W/C (%)	単位量 (kg/m³)		SP $(C+E)\times\%$
				C	早強型膨張材	
早強型膨張材　0					0	1.30
早強型膨張材　20	12 ± 2.5	4.5 ± 1.5	40.0	400	20	1.30
早強型膨張材　30					30	1.30
早強型膨張材　40					40	1.30

表-10.3　実験項目と実験方法

実験項目	試験方法
スランプ試験	JIS A 1101（コンクリートのスランプ試験方法）に準じて，20℃において60分までの経時変化を測定した。
凝結試験	JIS A 1147（コンクリート凝結時間試験方法）に準じて測定した。
圧縮強度試験	JIS A 1108（コンクリートの圧縮強度試験方法）に準じて，材齢は4, 5, 6時間，1, 7, 14日の簡易蒸気養生を実施した水準について実施した。また，屋外暴露1年間したものについて行った。
一軸拘束膨張試験	JIS A 6202（コンクリート用膨張材）附属書2（参考）のB法一軸拘束膨張・収縮率に準じて実施した。なお，蒸気養生をしないものと簡易蒸気養生を実施した水準について実施した。

10.1.3　実験結果

スランプの経時変化については，**図-10.1**に示す。早強型膨張材の単位量を増加させても，スランプの経時変化には，ほとんど影響を及ぼさないことが認められる。また，凝結試験の結果を**図-10.2**に示す。早強型膨張材の配合量が増加するに従って，硬化が促進されるとともに，凝結時間が早くなる傾向にある。これについては，前述した通り，膨張クリンカーの水和発熱とエーライトの水和促進によるものと考えている。

圧縮強度を，**図-10.3**〜**図-10.5**に示す。供試体は20℃で成形した後，蒸気養生までの時間を30分とした。蒸気養生は1時間で60℃まで昇温して，1時間60℃を保持した後，自然放冷する簡易蒸気養生とした。なお，供試体は材齢1日で脱型した後，7日まで20℃水中養生とし，7日以降は20℃，80％R.H.の気中養生とした。**図-10.3**には材齢が4時間，5時間，6時間と1日までの初期材齢強度を，**図-10.4**には材齢が28日までの圧縮強度をそれぞれ示す。さらに**図-10.5**

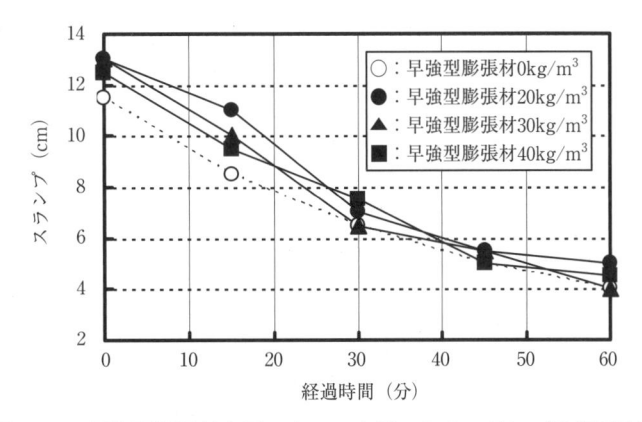

図-10.1 早強型膨張材を用いたコンクリートのスランプの経時変化

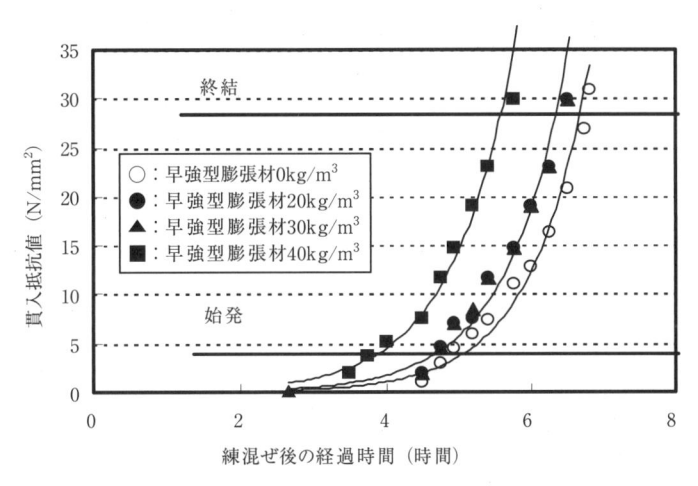

図-10.2 早強型膨張材を用いたコンクリートの凝結

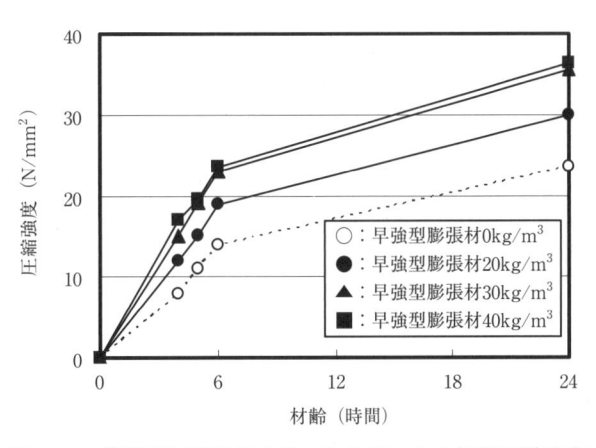

図-10.3 簡易蒸気養生によるコンクリートの短期圧縮強度

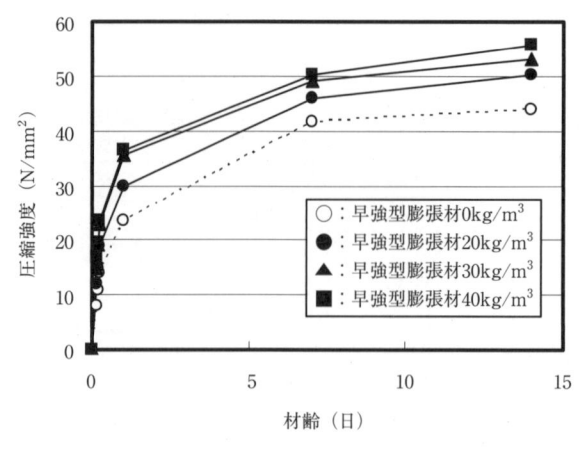

図-10.4　簡易蒸気養生によるコンクリートの圧縮強度

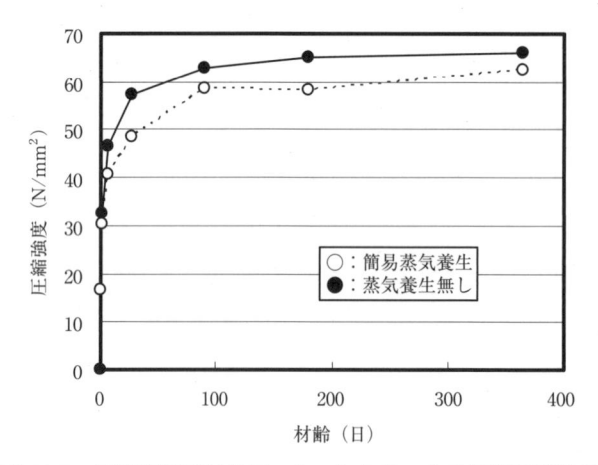

図-10.5　早強型膨張材を用いたコンクリートの長期圧縮強度

には,材齢1年までの圧縮強度を示す。

　早強型膨張材の配合量を増加するに従って,初期から14日材齢までの圧縮強度が大きくなる。材齢1年までの長期的な圧縮強度は,蒸気養生を実施せず,7日まで標準養生を行った場合の圧縮強度が若干大きい結果となった。しかし,早強型膨張材を使用したコンクリートは,長期的に圧縮強度が低下することはなく,その後も良好に強度が発現している。

　早強型膨張材の配合量を変化させて,材齢7日まで20℃水中養生を実施し,その後20℃,60％R.H.で気中養生した場合の拘束膨張率を,**図-10.6**に示す。また,圧縮強度試験と同様に簡易蒸気養生を行った場合の拘束膨張率を,**図-10.7**に示す。

　早強型膨張材の配合量が増加するに従って,拘束膨張率は大きくなっている。しかし,蒸気養生を行った場合には行わない場合に比較して,拘束膨張率が小さくなる傾向にある。これは前置きが30分と短いために,蒸気養生を行うことにより普通セメントに比較して,早強型膨張

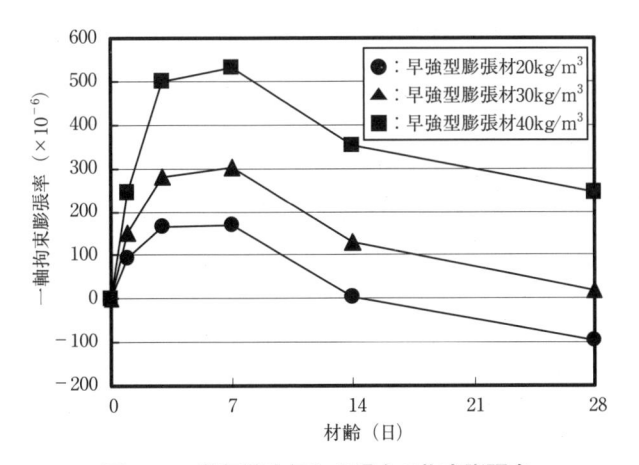

図-10.6 蒸気養生無しの場合の拘束膨張率

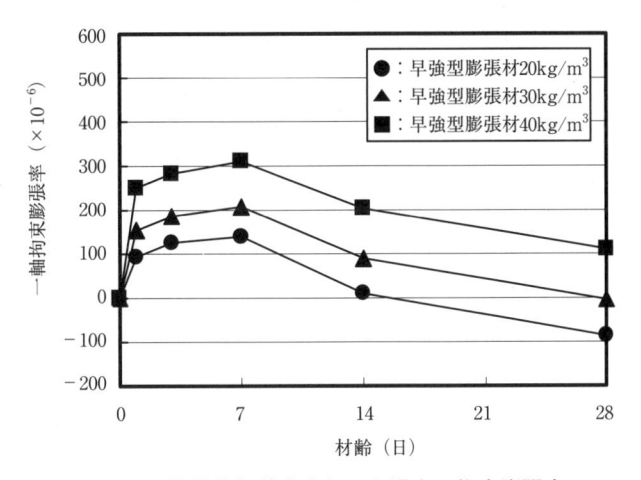

図-10.7 簡易蒸気養生を行った場合の拘束膨張率

材の水和反応が早くなり，コンクリート硬化体の組織ができて強度が発現するまでに，早強型膨張材の反応が一部消費されたためであると推察する。

ここで，膨張材によってコンクリートに導入されるケミカルプレストレス(σ_{cp})は，式(10.1)から計算される。

$$\sigma_{cp} = p \cdot E_s \cdot \varepsilon_s \tag{10.1}$$

ここに，p：拘束鋼材比（鉄筋比）
E_s：鋼材の静弾性（ヤング）係数
ε_s：拘束鋼材の膨張ひずみ

図-10.7より，簡易蒸気養生とその後の水中養生によって $140 \sim 310 \times 10^{-6}$ の膨張ひずみが得られ，式(10.1)から $0.28 \sim 0.62 \, \mathrm{N/mm^2}$ のケミカルプレストレスが導入されている。辻は単位

体積あたりの膨張コンクリートが拘束に対してなした仕事量は，拘束の程度にかかわらず一定であるとの仕事量一定則の概念を提案しており，この概念は広く用いられている[1]。

JIS A 6202 附属書2(参考)の拘束膨張試験から求められた一軸拘束膨張ひずみを用いて，仕事量一定則の概念から対象とするコンクリート製品の拘束鋼材比における膨張ひずみやケミカルプレストレスを算出することができる。

ケミカルプレストレスはボックスカルバートやヒューム管の外圧強度を向上させるために使用されており[2]-[5]，早強型膨張材についてもこれらの外圧強度を向上させることに使用できることが確認できている。

10.2 早強型膨張材を用いたコンクリートの耐久性

10.2.1 はじめに

従来型膨張材を使用したコンクリートについての耐久性に関する研究は多くない。このため，とくに早強型膨張材を使用した膨張コンクリートについては，その耐久性の実験的な裏づけが必要になると考えられる。

本実験では，普通コンクリート，従来型膨張材を使用したコンクリート，早強型膨張材を使用したコンクリートについて，蒸気養生を行わず，20℃，80％R.H.で供試体を作製した。凍結融解抵抗性，中性化抑制効果，透水性を検討して，基本的な耐久性を明らかにすることを目的としている。

10.2.2 使用材料，配合および実験方法

本実験では，普通ポルトランドセメント(C)を用いた。細骨材(S)には陸砂(表乾密度は2.60 g/cm^3，F.M.は2.81)を，粗骨材には砕石($G1$：表乾密度は2.64 g/cm^3，F.M.は7.00，$G2$：表乾密度は2.63 g/cm^3，F.M.は6.12)を用い，AE減水剤にはリグニンスルフォン酸系を用いた。

膨張材は，従来型膨張材(従来型E_x)と早強型膨張材(E_x)を用いた。コンクリートの配合を，

表-10.4 コンクリートの配合

名称	スランプ (cm)	Air (%)	W/C (%)	s/a (%)	単位量 (kg/m^3)					
					W	C	従来型E_x	E_x	S	$G1$	$G2$
普通コンクリート	18	4.5	55	48	175	318	0	0	844	603	325
従来型膨張材コンクリート						288	30	0			
早強型膨張材コンクリート						288	0	30			

表-10.4 に示す。

実験項目と実験方法を，表-10.5 に示す。凍結融解試験については，JIS A 6202（コンクリート用膨張材）附属書2（参考）のA法一軸拘束器具の供試体を用いて，凍結融解試験を実施している。

表-10.5 実験項目と実験方法

実験項目	実験方法
凍結融解試験	JIS A 1148（コンクリートの凍結融解試験方法）に準じた。なお，JIS A 6202附属書2（参考）のA法拘束供試体を用いて，成形後14日間水中養生後，300サイクルまで実施した。
促進中性化試験	日本建築学会耐久性鉄筋コンクリート造設計施工指針（案）付録1（コンクリートの中性化試験方法（案））に従った。
透水試験	コンクリートの透水試験のインプット法にて行った。供試体は材齢28日まで20℃で水中養生を行い，20℃，60％R.H.の恒温恒湿室で1ヶ月乾燥させたものを，透水試験に用いた。

10.2.3 実験結果と考察

凍結融解抵抗性試験による耐久性指数では，前述のようにJIS A 6202附属書2(参考)のA法一軸拘束器具を用いて行った。図-10.8に示すように，拘束下では，低添加型膨張材と同様に，普通コンクリート，従来型膨張材を使用した膨張コンクリートと同様な耐久性指数を示している。すなわち，300サイクル後の耐久性指数は90％以上であり，十分な耐久性指数を有していると考える。

一方図-10.9に示すように，促進中性化試験では，普通コンクリートと従来型膨張材を使用したコンクリートに比較して，早強型膨張材コンクリートはやや小さい中性化深さであった。また，透水試験結果から得られる普通コンクリートの拡散係数を100％とした場合の各コンクリートの拡散係数比である透水比を，図-10.10に示す。これによれば，膨張コンクリートの透水比

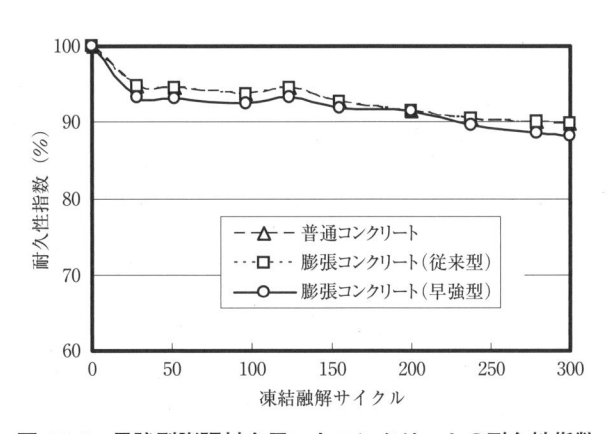

図-10.8 早強型膨張材を用いたコンクリートの耐久性指数

10章　早強型膨張材の基本性能と耐久性

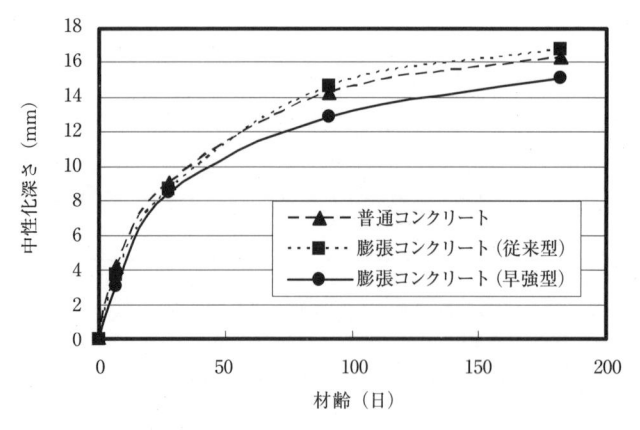

図-10.9　早強型膨張材を用いたコンクリートの促進中性化深さ

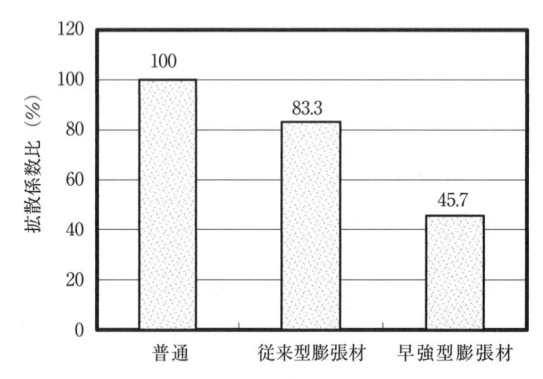

図-10.10　早強型膨張材を用いたコンクリートの透水性

は，普通コンクリートと比較して小さい。とくに早強型膨張材を使用したコンクリートは，普通コンクリートの1/2程度に減少している。これは，中性化試験の結果と考え合わせると，膨張材のケミカルプレス効果によりコンクリートが密実化されたためと考える。とくに粉末度が大きい早強型膨張材を使用した場合，その効果が大きくなったものと推察する[6),7)]。

なお，ケミカルプレスの効果については，膨張力を拘束することにより，圧縮応力を作用させた状態で強度発現をさせると内部組織が密実化する作用である。このケミカルプレス効果が期待されるのは，かなり高い膨張力と三軸拘束のような大きい拘束状態とされている[8)]。しかし，早強型膨張材の粉末度が大きいために，コンクリートの硬化初期から膨張の発現が開始され，型枠の拘束によりわずかではあるが，ケミカルプレス効果が発揮されたのではないかと推察する。

10.3 まとめ

本章では，早強型膨張材について，コンクリートに適用した場合の基本性能を示した。早強型膨張材は，膨張クリンカーの粉末度を大きくし，無水石こうを併用することにより，コンクリートの早期強度を高める機能を付加した膨張材である。

コンクリートのフレッシュ性状は，低添加型膨張材と同様で，とくにスランプが低下する傾向はない。蒸気養生を行うコンクリート製品へ配合すれば，単位量が多くなるに従って，初期強度が大きくなる。このため，コンクリート製品の所定の脱型強度を得る場合，蒸気養生温度を低減できることや，蒸気養生時間を短縮できる可能性が高い。また，ケミカルプレストレスを導入できるために，コンクリート製品の外圧強度を高めるための利用が可能となることや，長期ストックヤードにおける乾燥収縮ひび割れの低減に効果を発揮できることが期待できる。

早強型膨張材を用いたコンクリートの耐久性を，低添加型膨張材を用いたコンクリートと同様に，一軸拘束状態下で凍結融解抵抗性を検討したところ，普通コンクリート，従来型膨張材を用いたコンクリートと同様な結果であった。さらに，促進中性化による中性化速度では，早強型膨張材を用いたコンクリートの中性化速度がやや小さく，透水試験での拡散係数比は，普通コンクリートの約1/2と小さい値であった。この原因としては，早強型膨張材の粉末度が大きいために，膨張材のケミカルプレス効果が効率よく得られ，コンクリートが密実化されたためと考える。

●参考文献

1) 辻幸和：コンクリートにおけるケミカルプレストレスの利用に関する基礎研究，土木学会論文報告集，第235号，pp.111-124，1975.3
2) 小笠原一男，飯田秀雄，内田貞雄：CPC(Chemical Prestressed Concrete Pipe)パイプについて，セメント・コンクリート，No.264，pp.22-29，1968
3) 河野俊夫：石灰系膨張材，石膏・石灰，No.121，pp.259-264，1972
4) 飯田秀雄，門司唱：ケミカルプレストレスを導入する鉄筋コンクリート管の拘束条件に関する研究，土木学会論文報告集，No.225，pp.85-91，1974.5
5) 川上洵，高橋功，大森淑孝，福田一見：膨張コンクリート管のケミカルプレストレスに関する研究，セメント技術年報41，pp.507-510，1987
6) 村田二郎：コンクリートの水密性の研究，土木学会論文集，第77号，pp.69-99，1961.11
7) 村田二郎，大塚茂雄，国府勝郎：膨張セメントコンクリートの細孔径分布と水密性及び付着強度，土木学会コンクリートライブラリー第39号，膨張セメント混和材を用いたコンクリートに関するシンポジウム，pp.89-96，1974.10
8) 辻幸和：膨張コンクリートのケミカルプレス効果，セメント・コンクリート論文集，No.44，pp.488-493，1990

11章 仕事量一定則の適合性

11.1 拘束鋼材比が異なる一軸拘束状態の仕事量

11.1.1 はじめに

　従来型膨張材を用いたコンクリートについては，拘束鋼材比を変化させた場合，単位体積あたりの膨張コンクリートが拘束に対してなす仕事量は，拘束の程度にかかわらず一定であるとの仕事量一定則の概念[1]が成立する。

　本章では，仕事量一定則の成立性についての検討を行い，低添加型膨張材が，従来型膨張材と同様に扱えるかどうかの検証を行う。

11.1.2 実験の概要と水準

　供試体の形状寸法を，図-11.1に示す。供試体は，JIS A 6202 附属書1（参考）にある拘束膨張試験のA法一軸拘束器具に準じるものとした。供試体の拘束鋼材比を変化させるために，PC鋼棒の中央部を切削加工して用いた。使用するPC鋼棒と中央部の直径を，表-11.1に示す。

　膨張コンクリートとPC鋼棒は拘束端板によりPC鋼棒中央部で釣り合っているので，拘束鋼材比が所定となる中央部の100 mmを切削加工した[2]。切削加工した鋼材にはゲージ長が5 mmのひずみゲージを貼付して，ゴム系接着剤とシートによって防水処理を施した。なお拘束鋼材比は，0.2％，0.5％，1.0％，1.5％，2.0％，5.0％の6水準とした。

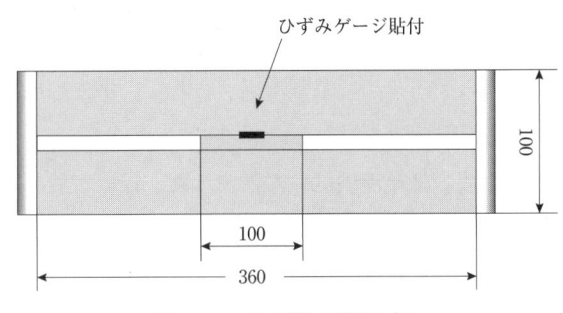

図-11.1　供試体の形状寸法

表-11.1 拘束鋼材比と切削断面積

拘束鋼材比 (%)	PC鋼棒呼び名 (mm)	公称断面積 (mm^2)	切削部断面積 (mm^2)
0.2	9.2	66.48	20 ($\phi \approx 5$ mm)
0.5	9.2	66.48	50 ($\phi \approx 8$ mm)
1.0	13	132.7	100 ($\phi \approx 11$ mm)
1.5	17	227.0	150 ($\phi \approx 14$ mm)
2.0	17	227.0	200 ($\phi \approx 16$ mm)
5.0	26	530.9	500 ($\phi \approx 25$ mm)

11.1.3 使用材料と配合

セメントには普通ポルトランドセメント（密度は3.16 g/cm^3）を，細骨材には小笠産陸砂（F.M.は2.78，表乾密度は2.59 g/cm^3）を，粗骨材には岩瀬産砕石（G-maxは20 mm，F.M.は6.45，表乾密度は2.65 g/cm^3）をそれぞれ用いた。

膨張材は，低添加型膨張材（密度は3.16 g/cm^3）を，高性能AE減水剤はポリカルボン酸系（密度は1.09 g/cm^3）をそれぞれ用いた。配合を**表-11.2**に示す。

表-11.2 コンクリートの配合

配合No.	スランプ (cm)	Air (%)	W/C (%)	s/a (%)	単位量 (kg/m^3)					
					W	C	E_x	S	G	Ad
1	12 ± 2.5	4.5 ± 1.5	41	42.0	158	380	—	736	1036	C × 0.6
2			41	42.0	158	360	20	736	1036	

11.1.4 実験方法

図-11.1に示した供試体の拘束鋼材比を変えて，1水準あたり2体の供試体を20℃，80% R.H.の試験室で作製した。練混ぜは強制2軸ミキサを用いて行い，練混ぜ量は30 Lを基本とした。

膨張ひずみの計測は，打込み直後から開始した。供試体は自己収縮試験と同様に，ポリエステルフィルムをあらかじめ型枠の内側に設置して，コンクリートと型枠の縁を切った。さらに打込み直後から，アルミニウムテープにて上部をシールして，水分の蒸発を防いだ。また，ひずみゲージと同位置に，熱電対温度計を設置した。

練混ぜたコンクリートからは，凝結用供試体も作製した。凝結が始発段階において型枠の拘束を解除して，引き続き膨張ひずみを計測した。

膨張ひずみは各コンクリートの打込み直後から計測したが，初期値としては凝結の始発とした。24時間の養生後に脱型して，20℃水中で14日まで計測を行った。計測間隔は，打込みか

ら3日間は15分毎とし，3日以降は3時間毎とした．各拘束鋼材比について計測された拘束鋼材の膨張ひずみから，有効自由膨張ひずみ[3]を算出した．

11.1.5 実験結果と考察

計測した膨張ひずみは，凝結の始発を原点として，鋼材の熱膨張係数を 10.5×10^{-6} として差し引いて求めた．各拘束鋼材比の膨張ひずみの変化を，図-11.2 に示す．

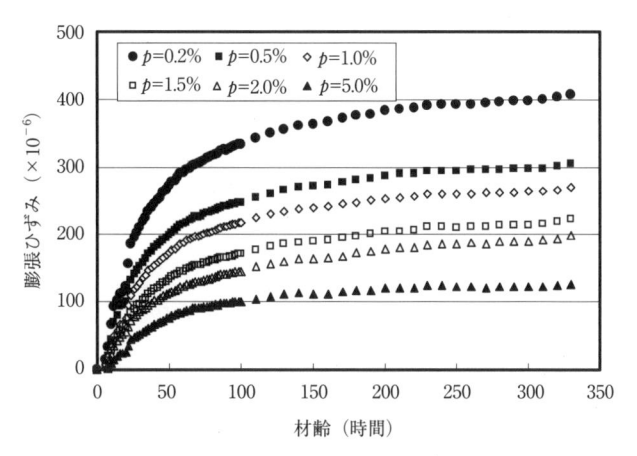

図-11.2 拘束鋼材比と鋼材の膨張ひずみ

膨張ひずみは，経過時間とともに発現速度が減少しているが，材齢7日から10日でほぼ一定の値に近づいている．拘束鋼材比を p とし，鋼材の最終膨張ひずみを ε_s として，プロットしたものが図-11.3 である．プロットした点は，下に凸となる曲線になる．

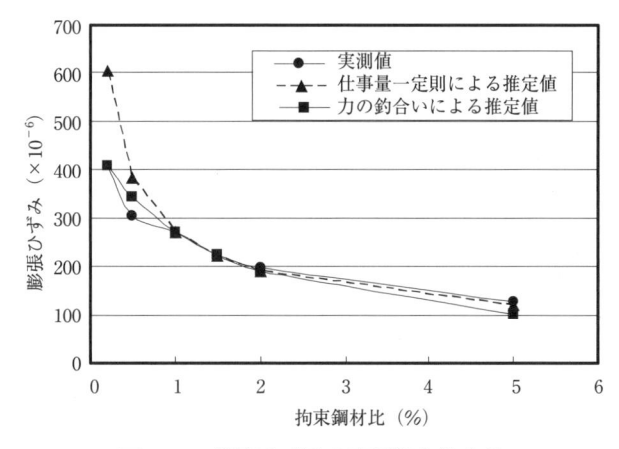

図-11.3 膨張ひずみの実測値と推定値

ここで，辻が提案した仕事量一定則の概念による仕事量 U を式(11.1)により，拘束鋼材比が1％の鋼材の膨張ひずみを基準として算出する。

$$U = \frac{1}{2} p E_s \varepsilon_s^2 = 1.74 \times 10^{-4} (\text{N}/\text{mm}^2) \tag{11.1}$$

ここに，ε_s：拘束鋼材の膨張ひずみ（= 270×10^{-6}）

E_s：拘束鋼材のヤング係数（= 2.1×10^5 N/mm^2）

p：拘束鋼材比 = A_s/A_c（= 0.01）

A_s：拘束鋼材の断面積

A_c：コンクリートの断面積

算出した仕事量 U から，各拘束鋼材比についての膨張ひずみを求めてプロットしたのが，**図-11.3** である。拘束鋼材比が1％より大きいところは，実測値と良く整合しているが，0.5％ではやや大きめになり，0.2％ではかなり大きくなっている。

仕事量一定則の適用範囲は，拘束鋼材比が 0.667 ～ 4.22％であることから[1])，この範囲であれば，非常に良く一致している。すなわち，開発した高性能膨張材である低添加型膨張材についても，仕事量一定則の概念が適用できることが確かめられた。

一方弾性論による曲線は，力の釣合い式による推定値と称して，**図-11.3** に同様にプロットした。これは，式(11.2)により算出している。

$$\varepsilon_s = \frac{\varepsilon_{ef}}{(1+np)} \tag{11.2}$$

ここに，ε_s：拘束鋼材の膨張ひずみ

n：ヤング係数比 = E_s/E_{ca}

E_s：拘束鋼材のヤング係数，

E_{ca}：コンクリートの見かけのヤング係数，

p：拘束鋼材比 = A_s/A_c

A_s：拘束鋼材の断面積，

A_c：コンクリートの断面積

ε_{ef}：有効自由膨張ひずみ

有効自由膨張ひずみは，六車により提案されており[3])，自由膨張ひずみとは異なるものである。式(11.2)では，有効自由膨張ひずみ ε_{ef} とコンクリートの見かけのヤング係数 E_{ac} が未知数となる。拘束鋼材比が1％と1.5％における膨張ひずみから，連立方程式を解くと，ε_{ef} = 467 × 10^{-6}，E_{ca} = 2 882 N/mm^2 となる。これらの値を式(11.2)に入れて，各拘束鋼材比による膨張ひずみを求めた。

力の釣合いから求めた推定値は，拘束鋼材比が小さいところも比較的良い一致を示している。

11.2 低添加型膨張材と従来型膨張材における仕事量

11.2.1 膨張ひずみ

　本章において用いる低添加型膨張材における最大の特徴は，従来型膨張材と比較して，少ない量により同等の効果が得られる点にある。ここで「同等の効果」とは，膨張材の置換によってコンクリートに生じる膨張ひずみを指す。例えば，膨張コンクリート設計・施工指針(土木学会)[4]においては，収縮補償(ひび割れ低減)を目的とする場合，JIS A 6202：1997に準ずる方法において測定した材齢7日の膨張ひずみが，膨張材の置換によって$150 \sim 250 \times 10^{-6}$得られることが必要であると規定している。

　そこで，膨張材の単位量を$10 \sim 40 \mathrm{~kg/m^3}$の範囲において変化させ，長さ変化率(膨張率)を測定した結果を図-11.4に示す。横軸が膨張材の単位量で，縦軸は材齢7日における膨張率である。また，図中に記したひずみの範囲が土木学会によって規定される収縮補償用コンクリートの膨張ひずみの$150 \sim 250 \times 10^{-6}$である。この図より，低添加型膨張材は従来型膨張材に比較して，およそ2/3の量，すなわち$20 \mathrm{~kg/m^3}$の使用量により従来型膨張材と同等の膨張ひずみが得られることが確かめられた。

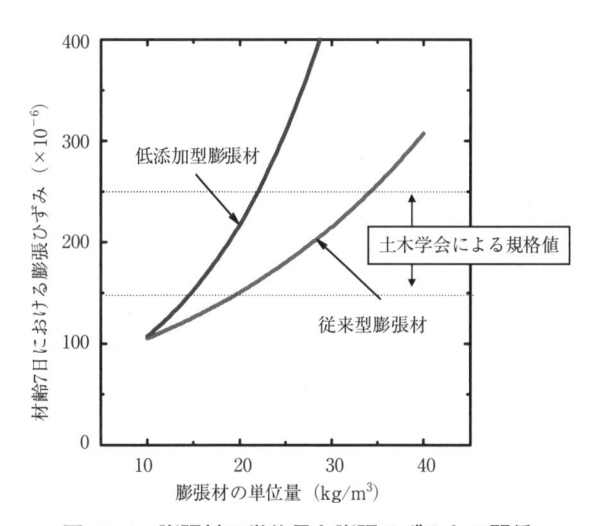

図-11.4　膨張材の単位量と膨張ひずみとの関係

11.2.2 圧縮強度

膨張コンクリートについては，圧縮強度に関する規定はとくに設けられていないが，膨張材の置換によって極端に強度が変化することは望ましくない。そこで，低添加型膨張材の単位量を要因として，圧縮強度を比較したのが，図-11.5である。この図より，単位膨張材量の増加に伴う圧縮強度の低下は低添加型膨張材が大きい。しかし，前述した収縮補償を目的とした単位量の範囲においては，従来型膨張材と同様に，圧縮強度の低下はほとんど認められない。

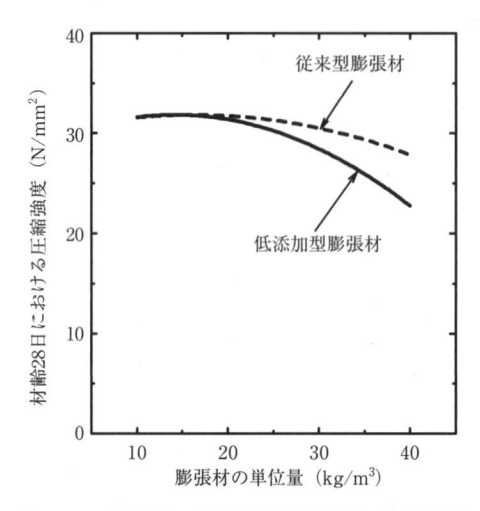

図-11.5 膨張材の単位量と圧縮強度との関係

11.2.3 仕事量一定則の概念

膨張を外的に拘束する要因である拘束鋼材の量と配置方法によって，膨張材の使用により導入されるケミカルプレストレスは変化するが，膨張コンクリートが拘束に対してなす仕事量はほぼ一定であるとの報告がなされている[1]。ここで「膨張コンクリートが拘束に対してなす仕事量」とは，式(11.3)によって与えられる値であり，単位体積あたりの膨張コンクリートが拘束鋼材に対してなす仕事量を指す。

$$U = 0.5 \times \sigma_{cp} \times \varepsilon \qquad (11.3)$$

$$\sigma_{cp} = \varepsilon \times E_s \times (A_s/A_c) \qquad (11.4)$$

ここに，U：仕事量(N/mm^2)

σ_{cp}：ケミカルプレストレス(N/mm^2)

ε：膨張ひずみ(10^{-6})

E_s：拘束鋼材のヤング係数（= 198 000 N/mm²）

A_s/A_c：拘束鋼材比（%）

拘束鋼材比を0.67，1.34および4.22％の3水準に変化させて測定した膨張ひずみより，式(11.3)および式(11.4)を用いて算出した仕事量を，**図-11.6**に示す。図中，実線が低添加型膨張材を，破線が従来型膨張材をそれぞれ用いたコンクリートである。膨張材の種類によって比較した場合，材齢14日における仕事量は差が小さいものの，初期材齢のとくに材齢3日においては，低添加型膨張材の仕事量が大きく，材齢と仕事量との関係に関しては膨張材の種類による影響が認められる。

拘束鋼材比が及ぼす影響を比較すると，拘束鋼材比の増加に伴って仕事量が若干減少しているが，これはクリープおよび弾性変形量を仕事量の算出において考慮していないためであり，既往の報告[1]と同様の傾向を示している。

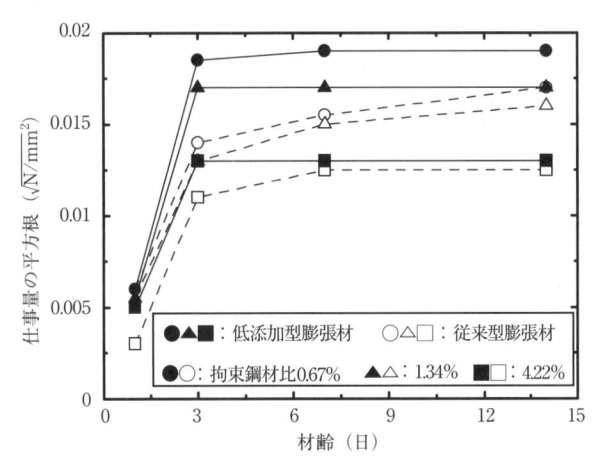

図-11.6　仕事量の算出結果

11.2.4　まとめ

本章では，低添加型膨張材を用いたコンクリートの膨張ひずみおよび圧縮強度に関して，従来型膨張材との比較を行うとともに，従来型膨張材に関して提案されている仕事量一定則の概念が低添加型膨張材についても適用できるか否かに関しても検討を行った結果を述べた。

本試験の範囲内において得られた結論を，以下に記す。

1. 低添加型膨張材は，従来型膨張材に比較して2/3の置換量により，所定の性能（膨張ひずみ）を得られることが確認された。

2. JIS A 6202に準ずる一軸拘束膨張ひずみが，おおむね250×10^{-6}以下となる単位量においては，低添加型膨張材による圧縮強度への悪影響はほとんど認められなかった。

3. 膨張コンクリートが拘束に対してなす既往の仕事量一定則の概念は，低添加型膨張材に関しても適用できることが確認された。しかし，その初期材齢における膨張性状は従来型膨張材とは若干異なる傾向が認められた。

●参考文献

1) 辻幸和：コンクリートにおけるケミカルプレストレスの利用に関する基礎研究，土木学会論文報告集，第235号，pp.111-124，1975.3
2) 三谷裕二，谷村充，佐久間隆司，佐竹信也：膨張材を混和したコンクリートの拘束膨張特性に及ぼす養生温度の影響，コンクリート工学年次論文集，Vol.25，No.1，pp.156-160，2003.7
3) 六車熙：14.4 自由膨張と有効自由膨張，コンクリート工学ハンドブック，岡田清，六車熙編集，朝倉書店，pp.666-667，1981.11
4) 膨張コンクリート設計施工指針，土木学会，pp.5-6，1993

12章 鉄筋の各種拘束を受ける高性能膨張コンクリート

12.1 断面内の膨張分布と力学的特性

　これまでは，高性能膨張材に関する研究の成果を述べてきたが，膨張性能やその他の物理的性質については，ほとんど従来型膨張材と変わりがないという知見が得られた。この章では，従来型膨張材を用いての実験結果を報告するが，高性能膨張材にも重要な膨張コンクリートの性状である。

12.1.1 はじめに

　膨張コンクリートは耐凍結融解性が悪いとの指摘があり，試験方法の見直しに関する研究もなされている。この原因としては，膨張コンクリートを無拘束の状態で硬化させて供試体を作製した場合，耐凍結融解性を悪くする細孔径が増加することや，気泡間隔係数が大きくなることが指摘されている[1),2)]。

　本章では，拘束鉄筋からの距離を変化させた梁供試体を作製し，膨張ひずみを計測して，その変化を検討する。またその中で，拘束鉄筋の端部からの付着長による膨張ひずみの変化についても検討する。さらに，鉄筋の籠を用いたコンクリート供試体からコア抜きを実施して，細孔径分布の変化についても測定する。本章では，これらの実験結果について述べる。

12.1.2 実験の概要

　実験は，シリーズ1とシリーズ2の2シリーズに分けて行った。シリーズ1では鉄筋が付着により膨張コンクリートの膨張を拘束する状況を検討した。シリーズ2では，膨張コンクリートの細孔径分布と耐凍結融解性を検討した。

　シリーズ1と2に使用したセメントは，普通ポルトランドセメントで，細骨材には小笠産陸砂（F.M.は2.78，表乾密度は2.59 g/cm^3）を，粗骨材には岩瀬産砕石（G-maxは20 mm，F.M.は6.45，表乾密度は2.65 g/cm^3）をそれぞれ用いた。膨張材は，従来型石灰系膨張材（密度は3.16 g/cm^3）を，混和剤にはポリカルボン酸系高性能AE減水剤をそれぞれ用いた。

12章 鉄筋の各種拘束を受ける高性能膨張コンクリート

表-12.1 に示した配合は，一般土木用として用いられる設計基準強度が 30 N/mm² のものとし，スランプは 15 cm とした。また，空気量の目標値は 4.5 ± 1.5 ％とした。シリーズ 2 に使用したコンクリートの配合を，表-12.2 に示す。配合は設計基準強度が 24 N/mm² のものとして，スランプは 8 cm とした。また，空気量の目標値は 5 ％とした。

表-12.1　シリーズ 1 の配合

スランプ (cm)	空気量 (%)	W/C (%)	s/a (%)	配合量 (kg/m³)					
				W	C	S	G	E_x	SP
15	4.5	55	47	175	288	830	951	30	0.64

表-12.2　シリーズ 2 の配合

スランプ (cm)	空気量 (%)	W/C (%)	s/a (%)	配合量 (kg/m³)					
				W	C	S	G	E_x	SP
8	5.0	52	46	156	300	829	994	30	2.97

シリーズ 1 では，図-12.1 および図-12.2 に示すように，断面が 400 × 400 mm で，長さが 1 200 mm の供試体に，表-12.1 の配合のコンクリートを打ち込み，設置したひずみ計を用いて膨張ひずみの計測を行った。なお，型枠は鋼製とし，側面にはポリエステルフィルムを設置し，底版にはテフロンシートを敷くことにより，型枠との縁を切った。また，供試体の作製および養生は 20 ℃，80 ％ R.H. の恒温恒湿室で実施し，打込み後は上面をポリエステルフィルムで覆い封緘状態にした。脱枠後も，周囲をポリエステルフィルムとアルミニウムテープにより水分の蒸発を防ぎ，封緘状態とした。

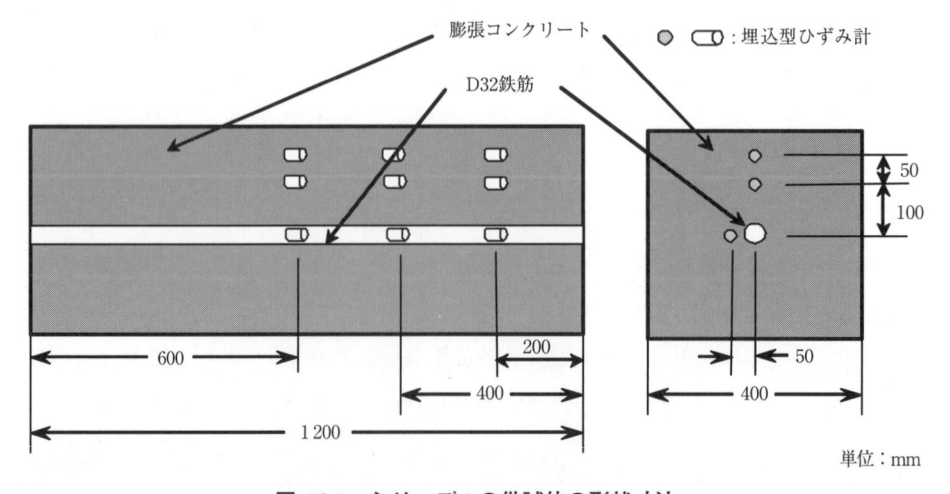

図-12.1　シリーズ 1 の供試体の形状寸法

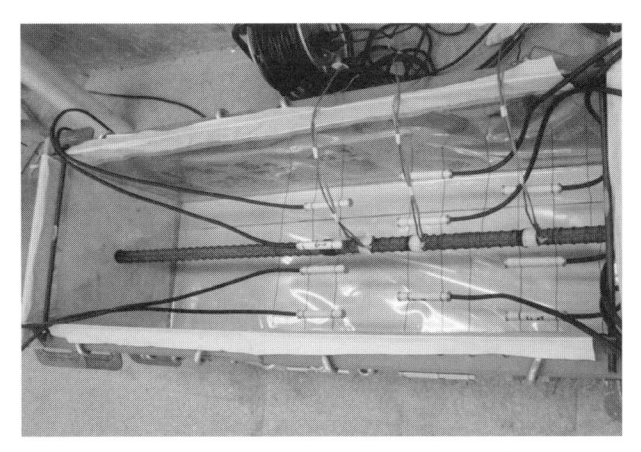

図-12.2　シリーズ1の供試体のひずみ計設置状況

　シリーズ2では，**図-12.3**に示す形状寸法の600×500×200 mmのコンクリート供試体を作製した。鉄筋籠は，D22の鉄筋を使用して作製した。なお，ひずみ計を鉄筋籠内部および鉄筋籠位置から10 cm，20 cm，30 cm離れた位置に設置して，膨張ひずみを計測した。

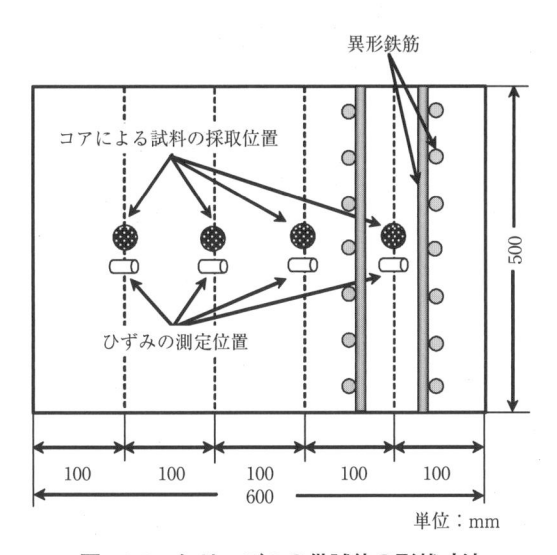

図-12.3　シリーズ2の供試体の形状寸法

12.1.3　実験項目と実験方法

シリーズ1における膨張ひずみの計測の手順を，下記に示す。
① コンクリートは，パン型強制練りミキサにより，2分30秒間練り混ぜた。
② 練り混ぜたコンクリートは，スランプと空気量を測定して，目標値になっていることを確認した後，ただちに型枠に打ち込んだ。打ち込んだコンクリートは，凝結時間を測定した。

③ 膨張ひずみの計測は，打込み直後から10分ごとに開始したが，始発を原点とした。
④ 鉄筋ひずみは各ゲージファクターで処理し，埋込型ひずみ計の測定値は校正係数と補正係数を用いて実ひずみを算出した。さらに熱膨張成分を除去して，膨張材による膨張ひずみを求めた。ただし，コンクリートの熱膨張係数は$10.5(\times 10^{-6}/℃)$を用いて算出した。

シリーズ2における実験手順を，下記に示す。

① コンクリートは，パン型強制練りミキサにより，2分30秒間練り混ぜた。
② 練り混ぜたコンクリートは，スランプと空気量を測定して，目標値になっていることを確認した後，ただちに型枠に打ち込んだ。
③ 膨張ひずみは，打込み直後から10分ごとに計測した。
④ 鉄筋のひずみは各ゲージファクターで処理し，埋込型ひずみ計によるひずみの測定値は校正係数と補正係数を用いて実ひずみを算出した。さらに熱膨張成分を除去して，膨張材による膨張ひずみを求めた。ただし，コンクリートの熱膨張係数は$10.5(\times 10^{-6}/℃)$を用いて算出した。
⑤ ひずみ計を鉄筋籠の内部，また鉄筋籠の位置から10 cm，20 cm，30 cm離れた位置に設置して，各々の位置で$\phi 5 \times 10$ cmのコア抜きを行った。
⑥ コア抜き試料を使用して，水銀圧入法による細孔径分布を測定した。
⑦ また，同じ配合について JIS A 6202（コンクリート用膨張材）附属書2のA法により，一軸方向に拘束した供試体と無拘束供試体による空気量を合わせたコンクリートを用いて，凍結融解試験を実施した。なお，凍結融解試験に供するまでは，14日間の標準養生を行った。

12.1.4 実験結果

シリーズ1の結果を，次に述べる。すなわち，断面が40×40 cmと大きいので，中心部と鉄筋からの距離により温度差があり，さらに端部からの距離により最高温度で3℃の差が認められた。膨張ひずみを材齢7日で鉄筋端部からの距離で整理したのが図-12.4であり，また鉄筋位置からの距離で整理したのが図-12.5である。これらの図から，鉄筋端部から断面一辺の長さ分ほど内部の位置の鉄筋になれば，鉄筋と膨脹コンクリートの付着が十分になり，断面内においてほぼ一様の膨張ひずみになっている。このことは，既往の研究と一致する結果である[3]。

一方，鉄筋端部近くから断面一辺の長さ分までは，鉄筋とコンクリートの付着が不十分であることから，鉄筋による膨張コンクリートの膨張の拘束が完全には及ばず，膨張ひずみに勾配が生じている。このことより，鉄筋からの距離が長い表面部分は自由膨張ひずみに近づいていることが予測される。

シリーズ2では，次のような結果が得られている。すなわち，コンクリートの表面と内部で

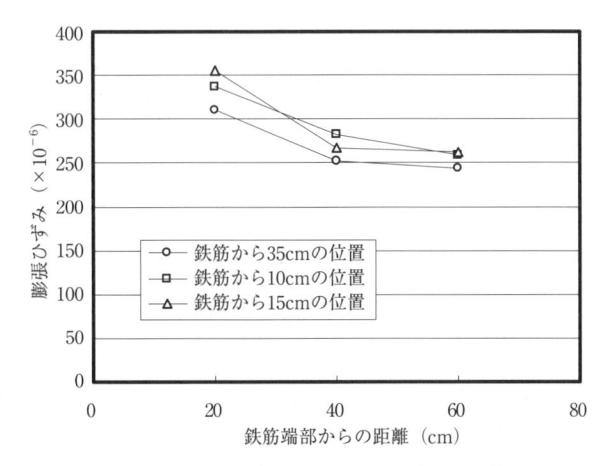

12.1 断面内の膨張分布と力学的特性

図-12.4 鉄筋端部からの距離と膨張ひずみ

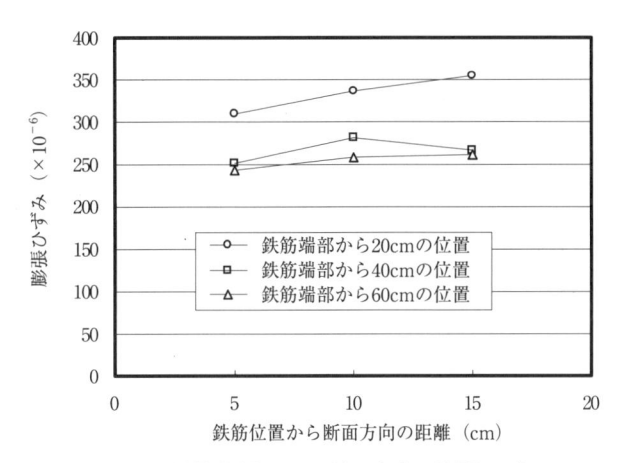

図-12.5 鉄筋位置からの断面方向の膨張ひずみ

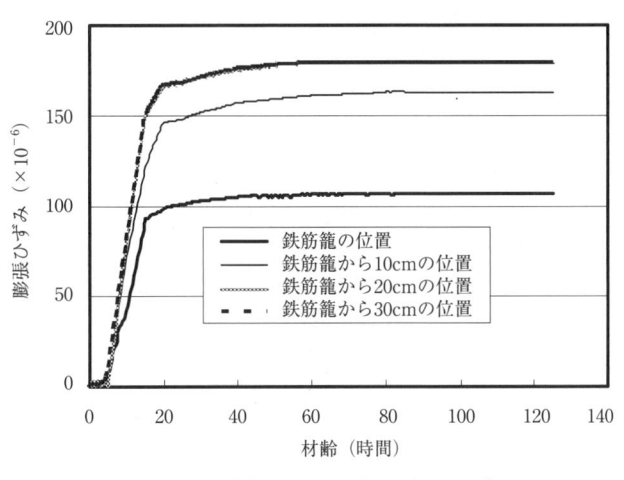

図-12.6 鉄筋籠からの距離と膨張ひずみ

は，1℃程度の温度差が認められた。図-12.6にひずみ計による膨張ひずみの変化を示す。鉄筋籠内部は拘束度が大きいために膨張ひずみが小さく，距離が離れるごとに膨張ひずみが大きくなっている。なお，鉄筋籠からの距離が20 cmと30 cmでは，ほとんど同様な膨張ひずみの発現であった。これらの膨張ひずみは無拘束における膨張ひずみに近い値を示している。細田らのケミカルプレストレストコンクリート部材の多軸拘束の効果における研究[4]によると，軸方向の主鉄筋は断面が大きくなるにつれて，膨張コンクリートの拘束効果が小さくなる。このため，主鉄筋で拘束された領域を外側に押し出す作用をするが，スターラップを設置することによって，拘束領域を拡大する役割を果たすとしている。本実験から得られた結果では，主鉄筋の拘束が及ぶ効果は10 cm程度であり，20 cm以上になると拘束が限界になると予測される。

　細孔半径と空隙量の関係を図-12.7に，細孔半径と累積空隙量の関係を図-12.8にそれぞれ示す。全空隙量については，鉄筋からの距離に関係なく16％程度と同様になった。しかし，鉄筋からの距離が20 cm以上になると，750 Å以上の空隙が増加している。すなわち，硬化体組織に大きい空隙が増え，粗になっていることがわかる。細孔半径が240 Å以上の空隙が増加すると，凍結融解抵抗性を著しく低下させることが既往の研究[1]で明らかになっている。そのため，拘束鉄筋から20 cm以上離れた場合には，膨張コンクリートの耐凍結融解性の低下が予測される。

　以上を踏まえて実施した凍結融解試験の結果では，無拘束供試体は112サイクルにおいて相対動弾性係数が10％以下になったが，拘束供試体は300サイクルでも90％以上と良好な耐久性指数となることを，図-12.9に示す。すなわち，膨張コンクリートが無拘束状態では，耐凍結融解性が低下する原因とされる750 Å以上の空隙が増加するために，耐久性指数が著しく小さくなった。一方，拘束した場合には，このような大きい空隙の増加は抑えられることから，耐久性指数は低下しないものと考える。適正な試験方法により評価しないと，膨張コンクリートは誤った評価をすることになるので注意が必要である。

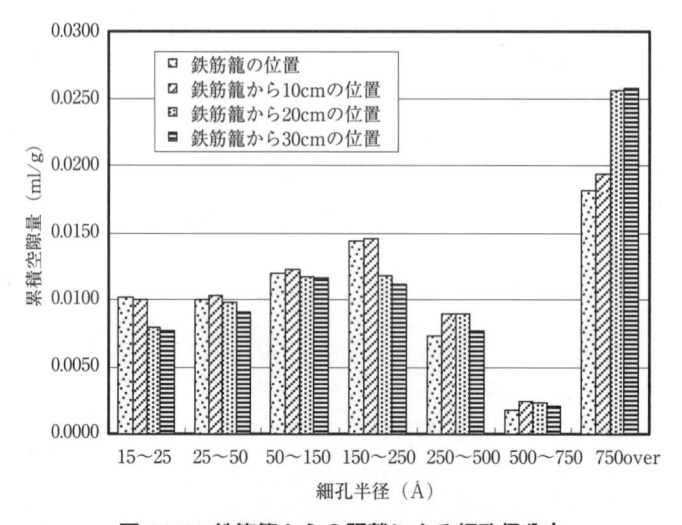

図-12.7　鉄筋籠からの距離による細孔径分布

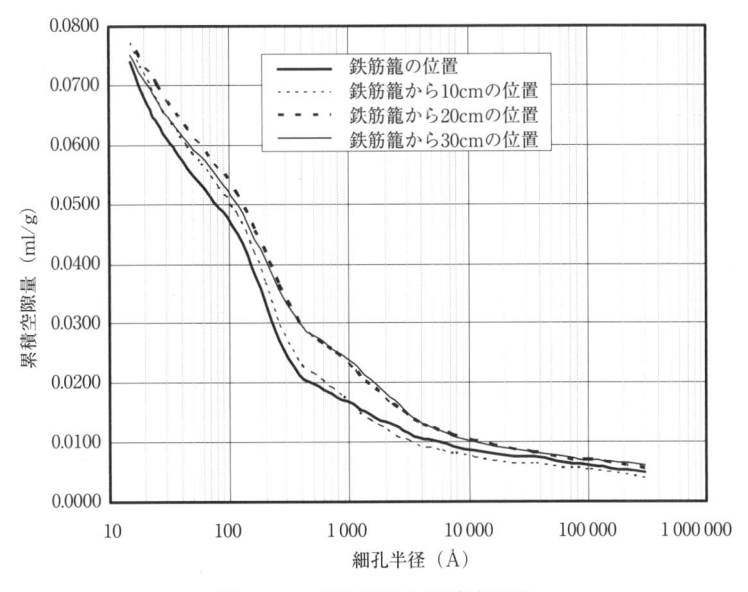

図-12.8 細孔半径と累積空隙量

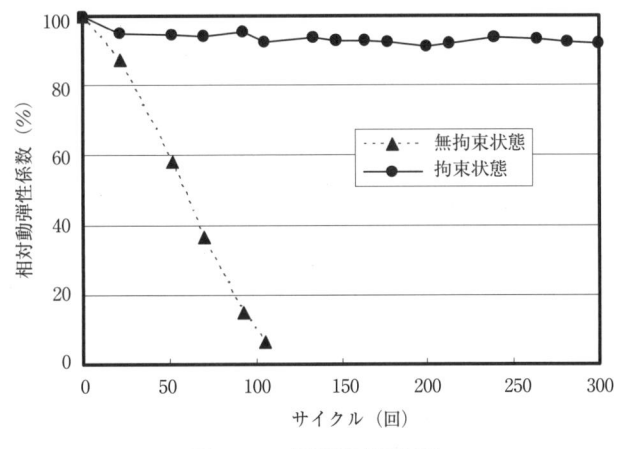

図-12.9 相対動弾性係数

12.2 鉄筋コンクリート部材の膨張分布と乾燥収縮

12.2.1 はじめに

9章および11章において，低添加型膨張材を用いたコンクリート供試体における各種特性を述べた。本節では，従来型膨張材と低添加型膨張材の2種類の膨張材を置換したコンクリートを用いて鉄筋コンクリート梁を作製し，その膨張性状と材齢28日以降に乾燥させた場合の収縮

性状を評価した結果について報告する。鉄筋の配置方法と膨張材の単位量を，それぞれ2水準に採っている。

9章において述べたように，低添加型膨張材はコンクリートのフレッシュ性状や圧縮強度が従来型膨張材とほとんど同じであり，また，従来型膨張材とは2/3の使用量でほぼ同等の膨張性能が得られることを，コンクリート供試体において確認している。ここでは，膨張コンクリートを用いて鉄筋コンクリート梁を作製し，初期材齢における膨張率および長期的な乾燥収縮ひずみを測定することで，鉄筋コンクリート部材における低添加型膨張材を評価する。併せて，従来型膨張材を用いた鉄筋コンクリート梁も作製し，両者の比較を行う。

12.2.2 実験の概要

(1) 実験要因および水準

本実験では，鉄筋の配置，膨張材の種類および膨張材の置換量を，実験要因として設定した。**表-12.3**にその詳細を述べる。膨張材の種類としては従来型膨張材および低添加型膨張材を用い，置換量についても，それぞれの標準的な置換量(従来型は30 kg/m^3，低添加型は20 kg/m^3)および標準量の1.5倍の置換量(従来型は45 kg/m^3，低添加型は30 kg/m^3)を設定した。また，鉄筋の配置としては，上段の圧縮鉄筋にD10鉄筋およびD16鉄筋を設定した。なお引張鉄筋には，いずれもD16を使用している。

表-12.3 実験要因および水準

要因	水準		
膨張材の種類	従来型膨張材	置換量30 kg/m^3	
		置換量45 kg/m^3	
	低添加型膨張材	置換量20 kg/m^3	
		置換量30 kg/m^3	
	なし		
圧縮鉄筋	D10	引張鉄筋はいずれもD16	
	D16		

(2) 鉄筋コンクリート梁の諸元

実験に用いる鉄筋コンクリート梁には，**図-12.10**に示す断面と形状寸法を用いた。前述のように，下段の引張鉄筋はすべての梁に共通してD16を用い，上段の圧縮鉄筋としてはD10およびD16を設定して，梁の作製を行った。

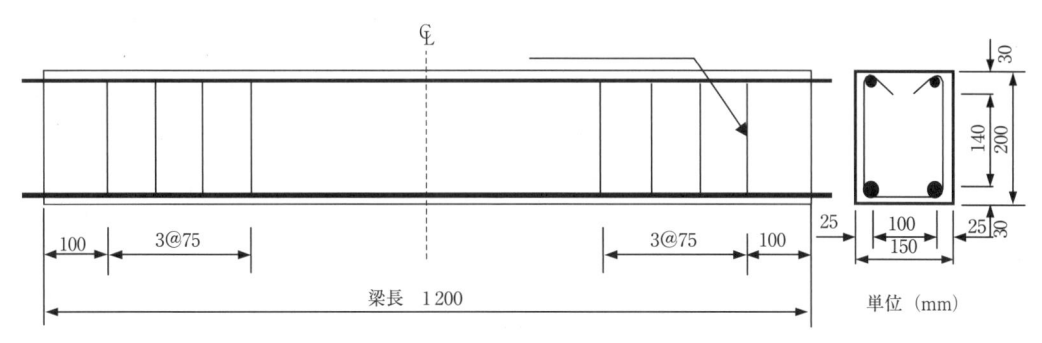

図-12.10 鉄筋コンクリート梁の標準断面

(3) 使用材料およびコンクリートの配合

セメントには，普通ポルトランドセメントを使用した。水には水道水を，細骨材には大間々町小平産山砂（表乾密度は 2.63 g/cm^3，吸水率は 2.72 %）を，粗骨材には新田町産砕石（表乾密度は 2.90 g/cm^3，粗粒率は 6.64，吸水率は 0.77 %）をそれぞれ使用した。低添加型膨張材には**表-9.5**に示した「低添加型膨張材」を，従来型膨張材には**表-9.5**に示した「従来型の膨張材 A」を，混和剤には高性能 AE 減水剤標準型を，AE 助剤には空気量調整剤をそれぞれ使用した。

コンクリートの配合を，**表-12.4**に示す。また**表-12.5**には，**表-12.4**に示したコンクリートのフレッシュ性状を示す。**表-12.5**においては，スランプは JIS A 1101 に準じ，空気量は JIS A 1128 に準じて測定している。

表-12.4 コンクリートの配合

配合No.	水結合材比 (%)	細骨材率 (%)	単位量 (kg/m^3)					
			水	セメント	膨張材		細骨材	粗骨材
					低添加型	従来型		
1	55.0	43.0	170	309	—	—	799	994
2				289	20	—		
3				279	—	30		
4				279	30	—		
5				264	—	45		

表-12.5 コンクリートのフレッシュ性状

配合No.	スランプ (cm)	空気量 (%)	コンクリート温度 (℃)
1	10.0	4.2	20.5
2	6.0	4.5	21.0
3	12.5	5.0	20.5
4	7.0	4.3	21.0
5	10.0	4.7	21.0

(4) 鉄筋コンクリート梁の作製方法および養生方法

コンクリートの練混ぜは，公称容量100Lの強制練りミキサを用いて行った。混和剤および練混ぜ水以外の材料を投入し，1分30秒間空練りを行った後，混和剤を混合した練混ぜ水を投入し，1分30秒間練り混ぜた。

鉄筋コンクリート梁の作製方法はJIS A 1132に準じて行い，作製した鉄筋コンクリート梁は，打込み後ただちに表面(打込み面)を濡れむしろにて覆った。材齢1日において脱型を行い，ただちに水中養生を開始した。そして材齢28日まで20℃一定の水中養生を行った後，気乾養生を施した。

(5) ひずみの測定方法

あらかじめ鉄筋(圧縮鉄筋および引張鉄筋)に貼付けたひずみゲージを用いて，図-12.10に示した鉄筋コンクリート梁の鉄筋に生じたひずみを測定した。

12.2.3 長さ変化率

図-12.11～図-12.15には，各コンクリートの配合を用いた場合の長さ変化率を示す。これらの図より，いずれの膨張材を用いた梁においても，材齢7日程度までは膨張ひずみが増加し，以降は28日まで横ばいである。

また，梁に乾燥を与え始めた材齢28日以降は徐々に膨張ひずみが失われ，測定を終了した材齢116日までに収縮ひずみの増加が継続している。

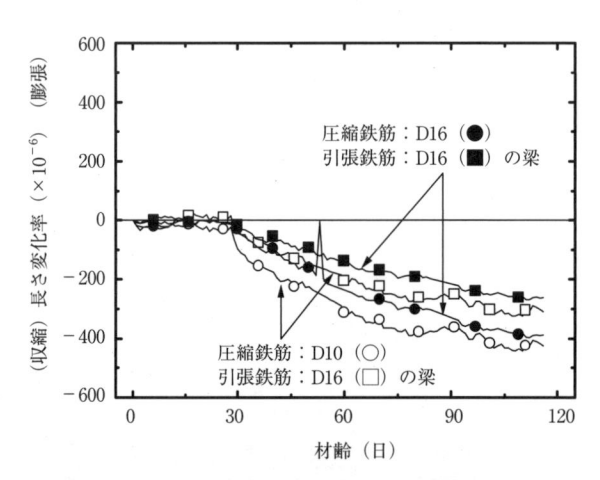

図-12.11 長さ変化率(配合No.1，膨張材なし)

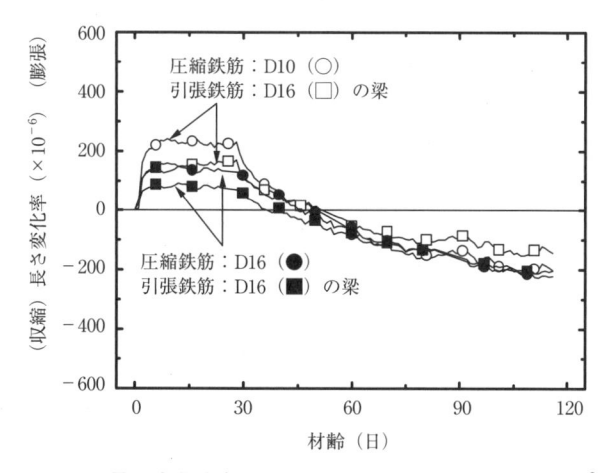

図-12.12　長さ変化率（配合 No.2，低添加型膨張材 20 kg/m³）

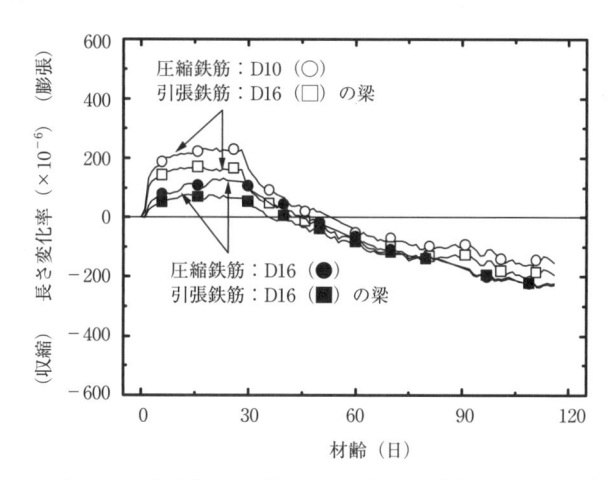

図-12.13　長さ変化率（配合 No.3，従来型膨張材 30 kg/m³）

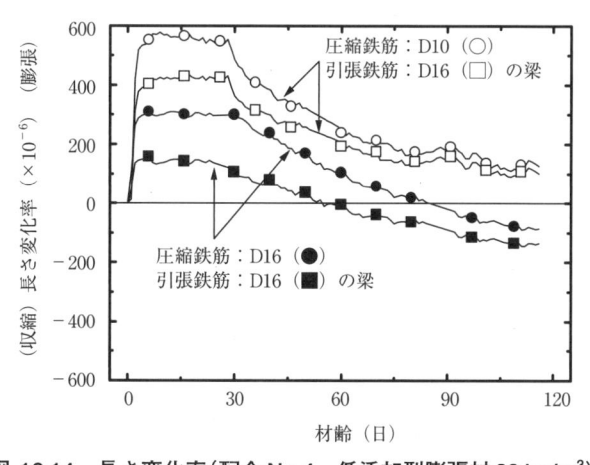

図-12.14　長さ変化率（配合 No.4，低添加型膨張材 30 kg/m³）

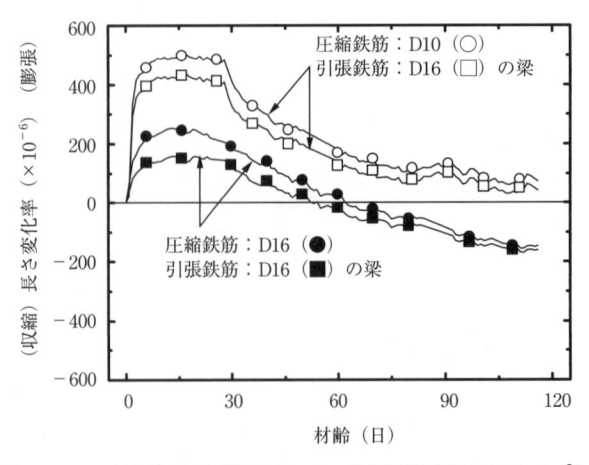

図-12.15 長さ変化率（配合 No.5，従来型膨張材 45 kg/m³）

12.2.4 膨張材の種類による影響

図-12.11～図-12.15に示した結果を用い，鉄筋の配置を要因とした長さ変化率の測定結果を，図-12.16および図-12.17に示す。また，図-12.16および図-12.17の結果を用い，乾燥開始直前の材齢28日における長さ変化率を図-12.18に，測定終了時点の材齢116日における長さ変化率を図-12.19にそれぞれ示す。なお，図-12.16～図-12.19は引張鉄筋における長さ変化率のみを記している。

これらの図より，低添加型膨張材を標準量（20 kg/m³）置換した梁のひずみと，従来型膨張材を標準量（30 kg/m³）置換した梁のひずみとの間には明らかな差異は認められず，9.2において示された結果，すなわち「低添加型膨張材は従来型膨張材に比較して2/3の量にて同等の効果が

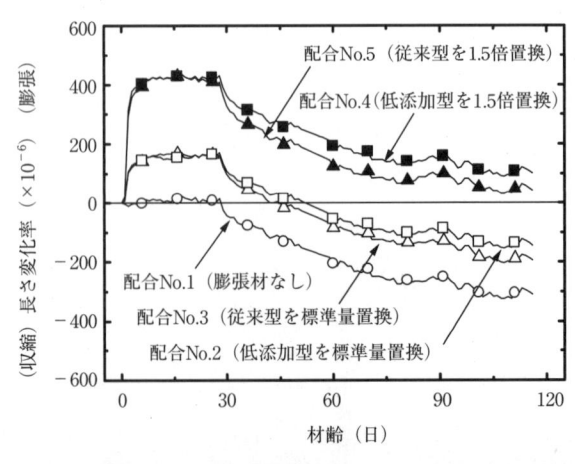

図-12.16 D10(圧縮)-D16(引張)配筋の梁における長さ変化率（引張鉄筋）

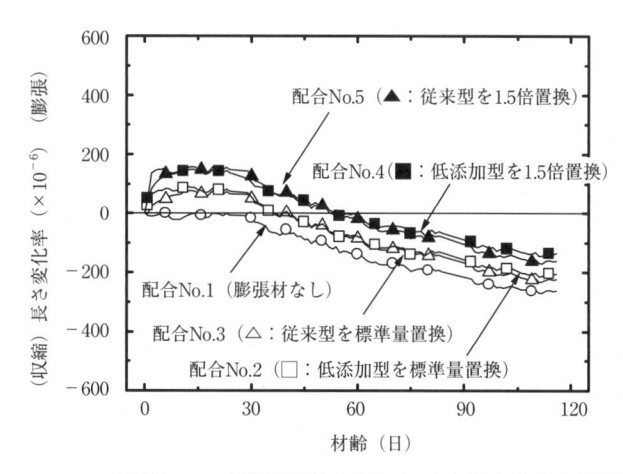

12.2 鉄筋コンクリート部材の膨張分布と乾燥収縮

図-12.17 D16(圧縮)-D16(引張)配筋の梁における長さ変化率(引張鉄筋)

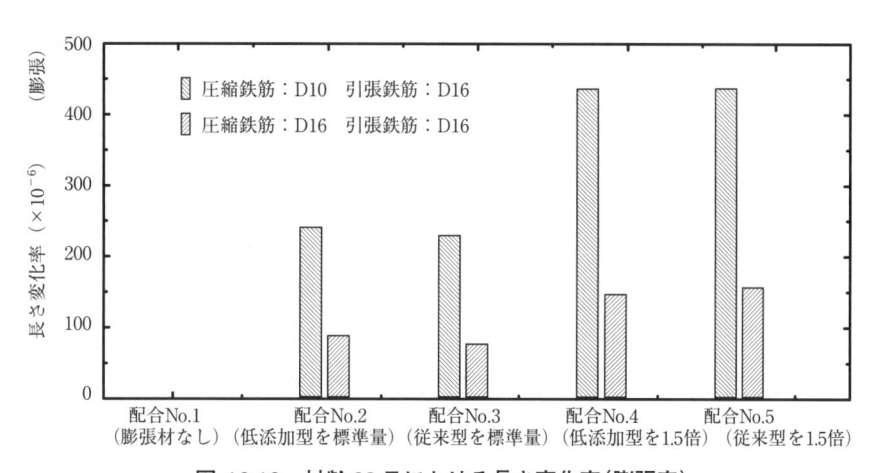

図-12.18 材齢28日における長さ変化率(膨張率)

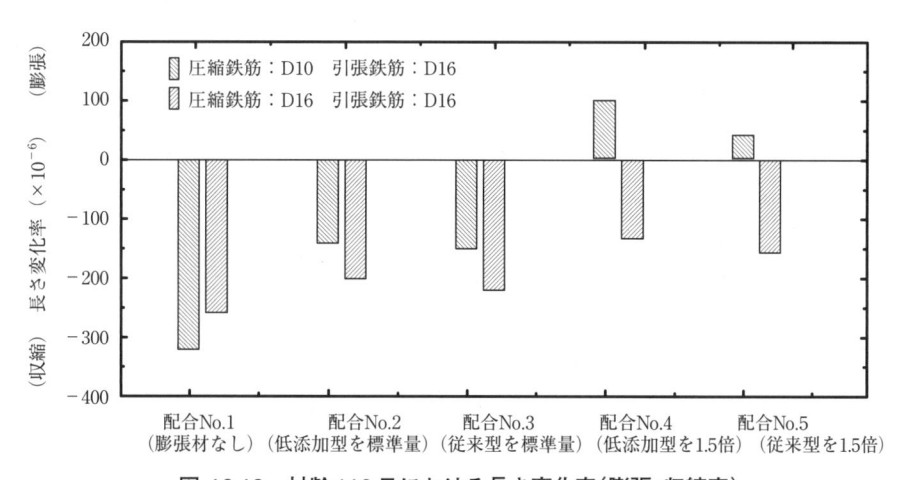

図-12.19 材齢116日における長さ変化率(膨張・収縮率)

得られる」結果は，鉄筋の配置が異なる鉄筋コンクリート部材においても等しく認められる。なお，それぞれの膨張材を標準量の1.5倍（低添加型の膨張材は30 kg/m³，従来型の膨張材は45 kg/m³）を置換した梁についても，同様に言える。

ところで，図-12.18より，膨張ひずみに関しては低添加型の膨張材および従来型の膨張材を標準量置換することで，同等の膨張ひずみを得ることができるが，図-12.19からは，長期的な長さ変化率については必ずしもこの限りではないことが認められる。すなわち，乾燥収縮ひずみの絶対値に関しては，従来型膨張材（配合No.3およびNo.5）に比較して，低添加型膨張材（配合No.2およびNo.4）が若干小さいのである。これは，膨張材の種類によっては，長期的に得られる乾燥収縮の補償効果が異なる可能性を示唆しているが，測定値の差異が有意か否かを判断するには実験数に乏しく，推測の域を出ない。

12.3 膨張材の使用効果に関する事前解析時の入力物性値

マスコンクリートに対する膨張材の使用効果の定量評価については，高性能膨張材を含めて膨張材にとって重要な課題である。マスコンクリートの温度応力解析に膨張材の使用効果を入力するときには，熱膨張係数を変化させること[6]や，発生した引張応力から膨張材による低減効果分を差し引くことで表現してきている。そして，その解析結果と現場での計測結果が一致するような例も報告されている。

しかし，膨張ひずみやヤング係数について，合理的な応力評価方法が確立していないのが現状である。初期材齢におけるヤング係数の測定は非常に難しいため，過去における実験報告はあまり多くない。本節では，実験的に求めた有効ヤング係数について，膨張コンクリートの有効性を温度応力解析によって考慮する場合の入力物性値を検討する。

12.3.1 はじめに

本実験は，鋼橋の場所打ちPC床版に用いる膨張コンクリートを主対象にして行った。実験は熱膨張係数が非常に小さいインバー鋼を拘束鋼材として，温度変化による膨張・収縮も拘束した中で，初期材齢の有効ヤング係数を測定することを試みた。実験はまた，コンクリートの自己収縮応力試験[2]を参考に，膨張コンクリートの膨張を拘束することによる応力とひずみの関係を用いて，有効ヤング係数を算出した。ここで，熱膨張係数が鋼材の約1/20であるインバー鋼を拘束鋼材とすれば，温度による膨張収縮も拘束できると考えて，一軸拘束供試体を用いて実験を行った[7]。養生中の温度履歴としては，実物の床版における鋼桁上のコンクリート床版厚中央の温度履歴を，封緘状態で与えた実験を行った。導かれるヤング係数は，初期材齢にお

ける拘束鋼材によるクリープの影響が含まれた有効ヤング係数となっている。

図-12.20には，拘束鋼材およびコンクリート自体が温度や膨張材によって自由に膨張・収縮した場合と拘束鋼材とコンクリートが一体となった場合に発生する膨張・収縮ひずみを模式的に示している。各ひずみを，以下のようにする。そして，引張側を正，圧縮側を負とする。

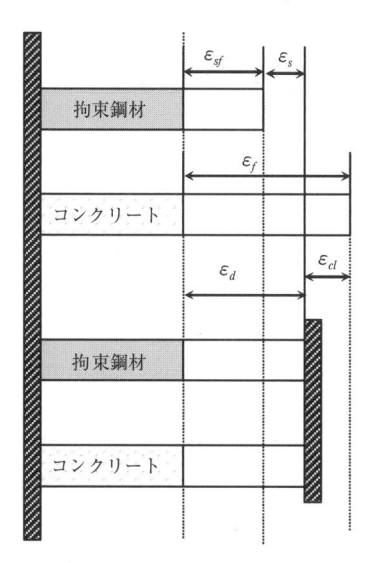

図-12.20　拘束モデル

ε_{cl}：拘束鋼材によってコンクリートに作用した拘束ひずみ

ε_{f}：コンクリートの温度による自由ひずみおよび拘束を受けない膨張ひずみ

ε_{sf}：拘束鋼材の熱膨張ひずみ

ε_{s}：拘束鋼材の弾性ひずみ（コンクリートに発生する膨張材，温度による膨張の拘束）

ε_{d}：拘束下のコンクリートひずみ，および拘束鋼材ひずみ $= \varepsilon_{s}+\varepsilon_{sf}$

拘束ひずみのε_{cl}は，$\varepsilon_{f}-\varepsilon_{d}$と算出する。

拘束応力（σ）を，式(12.1)により算出する。

$$\sigma = \varepsilon_{s} \cdot E_{s} \cdot A_{s}/A_{c} \tag{12.1}$$

有効ヤング係数は，単位時間当たりの拘束ひずみ変化量と応力変化量から，式(12.2)により算出する。

$$E_{e} = \Delta\sigma/\Delta\varepsilon_{cl} \tag{12.2}$$

なお，自由膨張ひずみは，インバー鋼の断面積は変えず，コンクリートの断面を変化させることにより拘束鉄筋比を変化させて求めた。この結果を**11.1**で述べた式(11.2)の力の釣合い式

から求めた見かけのヤング係数を有効ヤング係数として，初期材齢から評価した。

12.3.2　実験の概要

インバー鋼により一軸拘束した供試体の形状を，**図-12.21** に示す。供試体は断面を 10 × 10 cm または 15 × 15 cm として，中心部にインバー鋼 ϕ 16 mm を設置した。インバー鋼は長さが 700 mm として，中央部 100 mm 以外は M16 × 1.5 のねじを切って，コンクリートとの付着を高めた。中央部はひずみゲージを 4 ゲージ法にて貼付して，温度変化・曲げによるひずみを補償した。ひずみゲージ貼付部は，防水テープとシール材により防水処理を施した。なお，使用したインバー鋼は，あらかじめ引張試験を実施して，応力－ひずみ曲線からヤング係数を求めた。

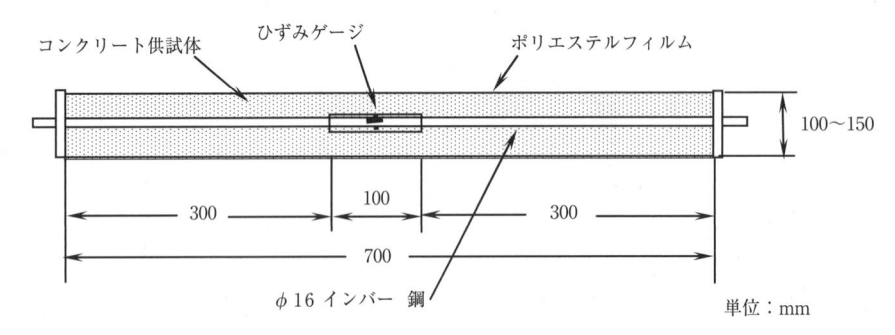

図-12.21　供試体の形状寸法

型枠拘束の影響を極力少なくするために，一軸拘束供試体の下面をテフロンシートで縁を切り，さらに周囲をポリエステルフィルムとアルミニウムテープで覆った中に，コンクリートを打ち込み，供試体を作製した。**表-12.6** に使用材料を，**表-12.7** にコンクリートの配合をそれぞれ示す。

膨張コンクリートの打込み時に，別途ウエットスクリーニングしたモルタルを同様な養生条件で養生し，凝結試験を実施した。その終結時に合わせて，一軸拘束供試体の型枠を緩めて，拘束を解放した。また，熱電対をひずみゲージと同様な中心部に設置した。鋼材のひずみと温度を，打込み時から 10 分ごとに，材齢 7 日まで連続的に計測した。

10 × 10 cm 断面の場合，中央部のねじ加工をしていない部分の拘束鋼材比は 2.01 ％である。しかし，全体の 84 ％を占めるねじ加工している部分の拘束鋼材比は 1.77 ％であることから，測定ひずみに 2.01/1.77 を乗じたものを有効径処理したひずみとして算出した。15 × 15 cm 断面の場合も同様に，有効径処理を行った。

12.3 膨張材の使用効果に関する事前解析時の入力物性値

表-12.6 使用材料

使用材料	種類	物性
セメント	早強ポルトランドセメント	密度：3.14 g/cm^3，比表面積：4 220 cm^2/g
膨張材	石灰系	密度：3.14 g/cm^3，比表面積：3 510 cm^2/g
細骨材	茨城県波崎産陸砂	密度：2.60 g/cm^3，吸水率：1.19%，容積混合率：70%
	栃木県葛生産砕砂	密度：2.70 g/cm^3，吸水率：0.96%，容積混合率：30%
粗骨材	茨城県笠間産砕石2005	密度：2.63 g/cm^3，吸水率：0.51%，粗粒率：6.59
混和剤	高性能AE減水剤	ポリカルボン酸（配向ポリマー）系
	空気調整剤	変性ロジン酸系界面活性剤

表-12.7 コンクリートの配合

スランプ (cm)	空気量 (%)	$W/(C+E)$ (%)	s/a (%)	単位量（kg/m^3）					
				W	C	E_x	S	G	SP
12	4.5	44.0	44.3	156	325	30	800	1 012	2.84

12.3.3 実験結果

(1) 膨張ひずみ

　実物大の場所打ちPC床版の施工において，断面が大きくなる鋼桁上を模した1m供試体の中央部で計測された温度履歴を，図-12.22に示す。この温度履歴を恒温恒湿槽内で再現し，実験を実施している。実験結果は別途行った凝結試験により，凝結始発時間の7時間を始点とした。

　鋼材ひずみの測定結果は，インバー鋼自体の温度による膨張・収縮ひずみは，4ゲージ法でひずみ計を貼付しているために補償されているが，インバー鋼とコンクリートの熱膨張係数の

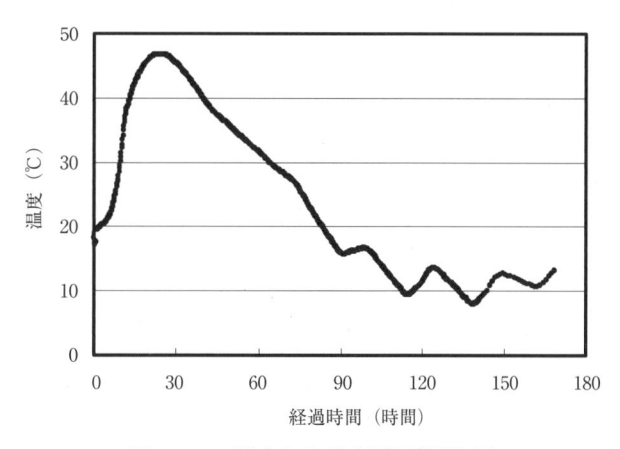

図-12.22 設定した温度履歴（鋼桁上）

差によるひずみも含んで計測されている。そこで，コンクリートの温度変化による膨張・収縮ひずみを，膨張材を混和しない同一配合によるコンクリートの実験から初期材齢の熱膨張率を算出し，計測されたひずみから差し引いて，膨張材による膨張ひずみを算出した。その結果が図-12.23である。

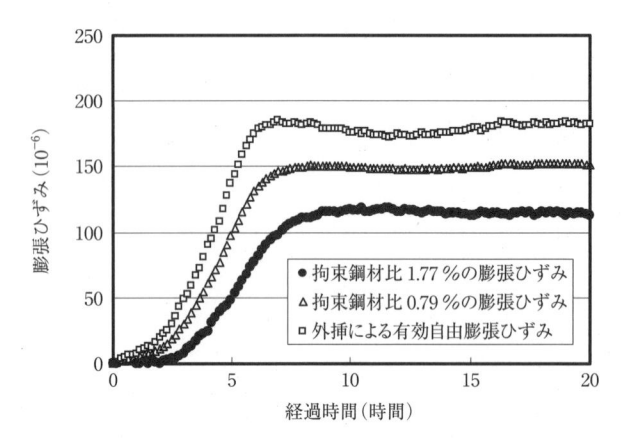

図-12.23 温度の影響を除いた膨張材による膨張ひずみ

(2) 有効ヤング係数と有効自由膨張ひずみ

図-12.24には，① 11.1で述べた力の釣合い式を拘束鋼材比が2点の連立方程式から算出した有効ヤング係数，② 拘束鋼材比が2点からの外挿から求めた場合のコンクリートの有効ヤング係数を示す。単位膨張材量が乾燥収縮補償用の30 kg/m³であれば，有効ヤング係数は，両手法とも$1 \times 10^3 \sim 4 \times 10^3$ N/mm²程度であり，大きな差は認められなかった[8]。また，11.1の20℃では，有効ヤング係数のE_{ca}が2 882N/mm²であり，ほぼ同様な値を示していることがわかる。

連立方程式から求めた場合と外挿から求めた場合のコンクリートの温度変化の影響を除いた

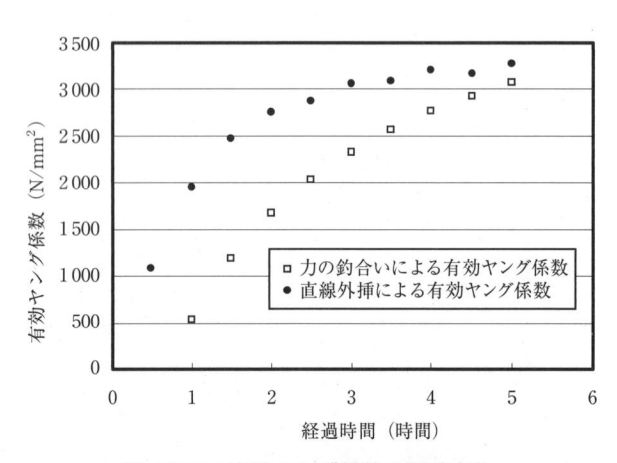

図-12.24 有効ヤング係数の経時変化

有効自由膨張ひずみのε_{ef}を，**図-12.25**に示す。有効自由膨張ひずみも①，②の手法での差はないことが判明している。しかし，**11.1**の20℃では，有効自由膨張ひずみのε_{ef}が$467×10^{-6}$と非常に大きくなっており，このあたりが整合しない結果になった。

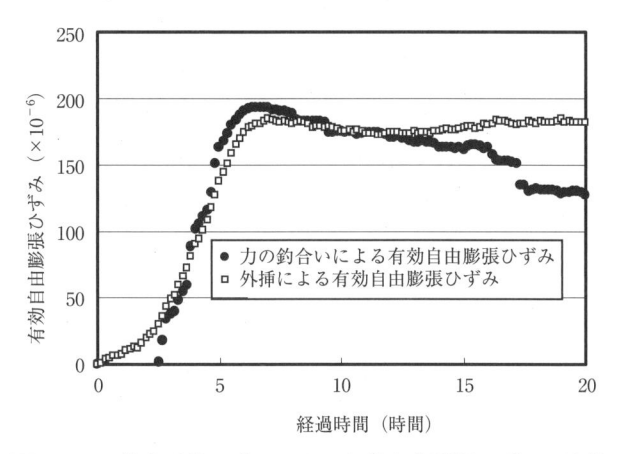

図-12.25 算出手法の違いによる有効自由膨張ひずみの比較

マスコンクリートの温度応力の予測を精度良く行うには，コンクリートの若材齢におけるクリープを合理的に解析に反映させなくてはならない。しかし，コンクリートの若材齢では，硬化体マトリックスが硬化過程にあることから，温度の影響や応力の影響を受けて複雑な挙動を示し，実験により若材齢時のクリープを得るには，かなり難易度が高い。通常，圧縮クリープと引張クリープの単位クリープひずみは同じとするDavis-Granvilleの法則が適用できると考えられてきたが，若材齢では圧縮クリープは，引張クリープの1.7倍になるという報告[9]もある。また，引張クリープでは，応力強度比が20％以上になると載荷応力との線形性が成り立たないとする研究[10]もある。入矢らは，引張クリープ式を提案して，応力が増加する過程では，クリープの重ね合わせによるクリープひずみの変化を予測できるとしている[11]。

温度応力に及ぼすクリープの影響を，簡易的に考慮する方法として，有効ヤング係数が使用される。載荷期間の影響，応力の変化に対して厳密には対応ができないが，簡便な方法であり，実用上に問題がないので，広く使用されている。土木学会コンクリート標準示方書［施工編］では，ヤング係数の低減係数を乗じることで，若材齢時のクリープを考慮している。既往の研究によるヤング係数の低減係数を，**表-12.8**に整理した。既往の研究では，引張応力が発生する時点でヤング係数を低減することにより，クリープを考慮している点が，コンクリート標準示方書とは異なっている。

膨張コンクリートを使用したマスコンクリートについては，若材齢時に膨張ひずみが加わることから，普通コンクリート以上にクリープを実験でとらえることは難しくなる。高強度コン

表-12.8　既往の研究における若材齢時のヤング係数の低減係数

論文名	著者	出展	有効弾性係数
コンクリート標準示方書 設計編：本編	土木学会		・材齢 $t≦3d$　$\phi=0.73$ ・材齢 $3d<t≦5d$　$\phi=0.73〜1.00$直線補間 ・材齢 $5d<t$　$\phi=1.00$
若材齢コンクリートのクリープを考慮した有効弾性係数の算出[12]	平本・入矢・梅原	土木学会第51回年次学術講演会, 1996	・示方書から算出したヤング係数を用いた場合 　材齢 $1d≦t≦5d$　$\phi=0.58$ 　材齢 $5d≦t≦7d$　$\phi=0.60$ ・実測した静弾性係数から算出する場合 　材齢 $1d≦t≦3d$　$\phi=0.45$ 　材齢 $3d≦t≦5d$　$\phi=0.48$ 　材齢 $5d≦t≦7d$　$\phi=0.53$
マスコンクリートの温度応力推定に用いる有効ヤング係数の評価に関する検討[13]	江渡・丸山・野添	構造工学論文集, Vol.45A, 1999	・温度上昇時（圧縮応力増加時）　$\phi=0.40$ ・温度下降時（圧縮応力下降時） 　温度ピーク材齢の2倍　$\phi=1.00$ ・引張応力発生時　$\phi=0.7$
開削トンネルマスコンクリートの温度ひび割れ制御に関する実験および解析的検討[14]	徳永・鈴木・江渡・安本	コンクリート工学論文集, 2002	・温度上昇時（圧縮応力増加時）　$\phi=0.63$ ・温度下降時（圧縮応力下降時）　$\phi=1.02$ ・引張応力発生時　$\phi=0.61$

クリートの有効ヤング係数を拘束試験方法により研究された報告[7]があり，今回の実験については，この方法に準じて行った。

　実験結果からは，始発から5時間程度の有効ヤング係数しかとらえきれないことが判明した。この試験結果では，鋼橋の場所打ちPC床版に用いるコンクリートの強度が大きいため，円柱供試体から得られたヤング係数の低減係数のϕが$0.15〜0.2$程度となり，非常に小さな有効ヤング係数となる。したがって，実験に用いた供試体について，有限要素法による温度応力解析を実施した結果と実測のコンクリートの応力が合う低減係数を選択している。膨張材を用いたコンクリートの有効ヤング係数の既往の研究成果を，表-12.9に整理した。

　膨張コンクリートを温度応力解析に持ち込むためには，有効ヤング係数も重要であるが，入

表-12.9　膨張コンクリートの若材齢時のヤング係数の低減係数

論文名	著者	出展	有効弾性係数・低減係数
膨張コンクリートによるマスコンクリート構造物ひび割れ対策としての効果の検討[15]	東・中村・増井・梅原	セメント・コンクリート論文集No.57, 2003	・普通コンクリート補正係数 $\phi=0.34$ ・膨張コンクリート補正係数 $\phi=0.49$または補正係数 $\phi=0.34$で膨張ひずみ$70×10^{-6}$で実測値と合う結果であった。 ・膨張ひずみは要素圧縮応力に依存するとして膨張量を低減した。
場所打ちPC床版における膨張材の有効性評価検討報告書[8]	日本橋梁建設協会, 膨張材協会, 2004.10		$0≦t≦t_{max}$　$\phi=0.5$ $t_{max}<t≦3.0$　$\phi=0.75+0.25(t-t_{max})/(3-t_{max})$ $t>3.0$　$\phi=1.0$ t_{max}は最高温度時の材齢（日）

力する膨張ひずみも膨張材の定量評価には欠かせないものである。**表-12.9**では，東らの研究では，圧縮応力に依存するとして，入力値を一軸拘束膨張試験から低減して入力している。日本橋梁建設協会の膨張材の有効性評価では，1m供試体から求めた膨張ひずみを 120×10^{-6} とし，季節による膨張ひずみの発現速度を考慮して入力する方法を提案している。

11.1 で行った拘束鋼材比を変化させて，見かけのヤング係数と有効自由膨張量を実験的に求めて，有限要素法による温度応力解析の入力値とする検討を行った[16]。実験方法としては，拘束鋼材比を0.5％，1.0％，1.5％とし，マスコンクリートが温度履歴を受けることを考慮して，養生温度を変化させて拘束鋼材のひずみを計測する。拘束鋼材比と膨張ひずみから，有効自由膨張ひずみを算出する。温度ごとに有効材齢で整理した有効自由膨張ひずみの発現回帰式を構築し，江渡・丸山の潜在膨張量の概念[17]を参考に，**図-12.26**のように，温度変化によりひずみを重ね合わせるものである。一方，見かけのヤング係数については，有効自由膨張ひずみを求めるときの未知数として求められる。この見かけのヤング係数については，温度依存性があることから，20℃での見かけのヤング係数から，温度を変数とする式によって求める方法を採る。

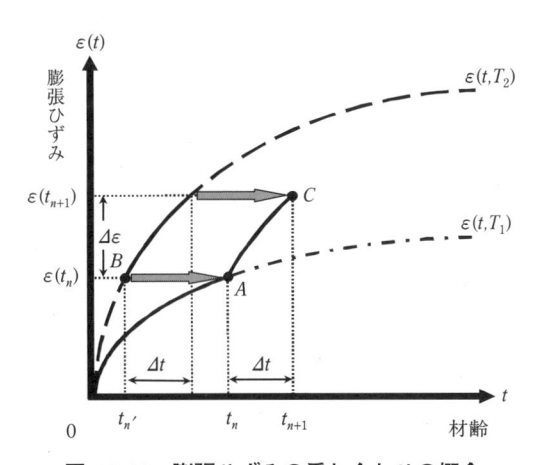

図-12.26 膨張ひずみの重ね合わせの概念

(3) 膨張応力の推定

以上のような見かけのヤング係数と見かけの膨張ひずみから，膨張応力を推定して，膨張材の効果として温度応力の解析に組み入れることを行った。**図-12.27**には，膨張応力の算定方法についての概要を示す。有限要素法による温度応力の解析に組み込んで行った解析では，実測の応力とかなりの一致が認められている。

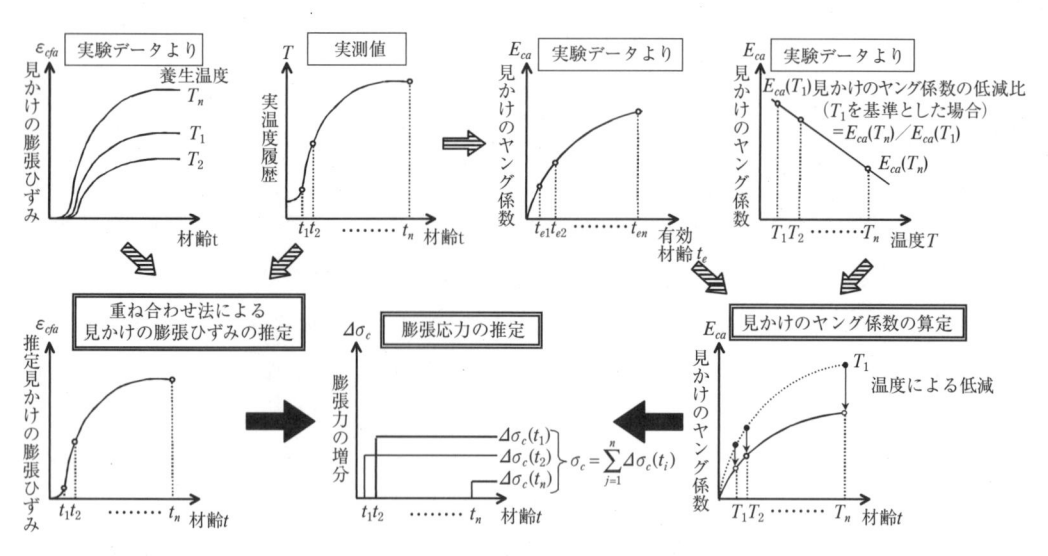

図-12.27 膨張応力の推定方法の概要

12.4 乾燥収縮ひび割れの抑制効果の評価方法

　膨張材の効果をどのように事前の検討で評価するかについては，既往の研究で多様な対応がなされている。例えば，マスコンクリートの場合，膨張コンクリートの方の熱膨張係数を小さくすること，初期有効ヤング係数を変えること，引張応力を低減すること等で評価することが行われてきた。一方，乾燥収縮ひずみについては，コンクリート標準示方書の算定式に係数を乗じる[20]等がある。しかし，応力で評価し判定するには，膨張コンクリートの引張応力下での引張クリープや乾燥クリープの取扱いが難しい面があり，クリープ係数が普通コンクリートより大きいことやクリープ限度が小さいことが指摘されている。このため，膨張コンクリートの評価手法についての既往の研究は多くない。

　本節では，乾燥収縮によって生じる引張応力と膨張コンクリートの応力低減効果の評価を行う簡易的な1手法を提案する。

12.4.1 乾燥収縮ひずみの推定

　収縮ひずみの算出方法については，Bazantの式，ACI-209委員会の式，CEB/FIP Model Code（1990年版）の式等がある。しかしながら，一般的には，土木学会コンクリート標準示方書[設計編：本編]にある阪田式と呼ばれる式(12.3)と式(12.4)が用いられる。この式は，普通ポルトランドセメントや早強ポルトランドセメントを使用し，W/Cが40～65％，圧縮強度が55 N/mm²以下のコンクリートを対象としている。また，乾燥開始材齢は3～7日としている。

$$\varepsilon'_{cs}(t, t_0) = [1-\exp\{-0.108(t-t_0)^{0.56}\}] \cdot \varepsilon'_{sh} \tag{12.3}$$

$$\varepsilon'_{sh} = -50 + 78[1-\exp(RH/100)] + 38\log_e W - 5[\log_e\{(V/S)/10\}]^2 \tag{12.4}$$

ここに，ε'_{sh}：収縮ひずみ最終値（×10^{-5}）の推定値

$\varepsilon'_{cs}(t,t_0)$：コンクリートの材齢t_0からtまでの収縮ひずみ（×10^{-5}）

RH：相対湿度（%）（45%≦RH≦80%）

W：単位水量（kg/m³）（130 kg/m³ ≦ W ≦ 230 kg/m³）

V：体積（mm³）

S：外気に接する表面積（mm²）

V/S：体積表面積比（mm）（25 mm ≦ V/S ≦ 300 mm）

上記の式は，無拘束でのコンクリートの収縮ひずみを予測するものであるが，コンクリート供試体での乾燥収縮ひずみと比較すると，小さく予測される傾向にある。

12.4.2　鉄筋比のみを考慮した場合のケミカルプレストレスの推定

鉄筋コンクリートに膨張材を使用することにより，膨張コンクリートの膨張が鉄筋に拘束されることから，コンクリートにはケミカルプレストレスが，鉄筋にはケミカルプレストレインがそれぞれ導入される。このため，コンクリートが収縮する際に発生する引張応力を低減して，ひび割れを抑制する効果が認められている。

ここで，辻により提案された仕事量一定則を使用すると，一軸拘束供試体の測定結果から，任意の一軸拘束状態の場合に導入されるケミカルプレストレスを推定できる。**図-12.28**において，ひずみの適合性と力の釣合い条件から，次の式が成立する。

$$\varepsilon = \varepsilon_{cl} + \varepsilon_s \tag{12.5}$$

ε：無拘束膨張ひずみ

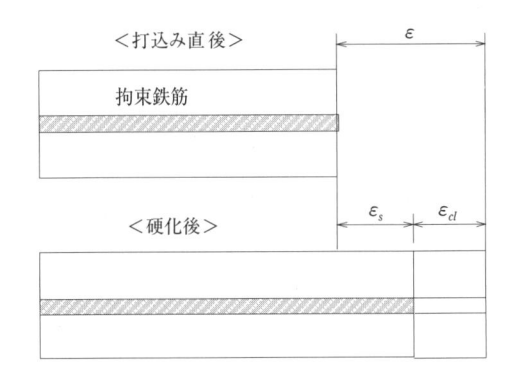

ε_s：拘束された膨張ひずみ

ε_{cl}：拘束ひずみ

A_c：コンクリートの断面積

A_s：鉄筋の断面積

E_c：コンクリートのヤング係数

E_s：鉄筋のヤング係数

p：鉄筋比（A_s/A_c）

図-12.28　ケミカルプレストレスを導入したコンクリートの基本モデル

$$A_s\sigma_s = A_c\sigma_c, \quad A_s\varepsilon_s E_s = A_c E_c \varepsilon_{cl} \tag{12.6}$$

$$\varepsilon_{cl} = n \cdot p \cdot \varepsilon_s \tag{12.7}$$

鉄筋コンクリート中のコンクリートには，圧縮ひずみが生じている。このひずみに対応するケミカルプレストレス σ_{cp} は，次のようになる。

$$\sigma_{cp} = \varepsilon_{cl} \cdot E_c = n \cdot p \cdot \varepsilon_s \cdot E_s / n = p \cdot E_s \cdot \varepsilon_s \tag{12.8}$$

膨張コンクリートが拘束体に対してなす仕事量を表す式(11.1)から，ε_s を消去して変形すると，次式が得られる。

$$\sigma_{cp} = \sqrt{(2E_s \cdot p \cdot U)} \tag{12.9}$$

すなわち，基準となる一軸拘束膨張供試体の膨張率からケミカルプレストレス量を算出して，仕事量(U)一定則の概念から，構造体に導入されるケミカルプレストレス量の σ_{cp} が算出できることになる。

12.4.3 拘束率を加味した発生引張応力の推定式の提案

コンクリートおよび膨張コンクリートの無拘束最終収縮ひずみからは，一般に式(12.10)および式(12.11)によって，それぞれ引張応力度が算出される。

一家は，先に述べた拘束率を鉄筋比に換算してケミカルプレストレスに組み込み，さらに膨張コンクリートの無拘束収縮ひずみが20％程度低減されると仮定している[19]。しかし，膨張コンクリートの拘束膨張ひずみが乾燥を受けた場合，普通コンクリートと膨張コンクリートの収縮曲線は，見かけ上同様になっている。すなわち，拘束膨張による乾燥収縮の差は，残存する有効ケミカルプレストレインと呼ばれるひずみとなる。このことや安全側に推定することを考慮して，終局の無拘束収縮量は普通コンクリートと同様と仮定する。

さらに，既往の式は終局の収縮ひずみ $\varepsilon_{p-\infty}$ を使用していたが，提案式では **12.4.1** で算出される自由(無拘束状態)収縮ひずみを使用することとする。また，コンクリートの終局クリープ係数については，普通コンクリートは $\phi_\infty = 1$，膨張コンクリートは $\phi_\infty = 1.5$ として算出する[20]。

●普通コンクリートの乾燥材齢 t における引張応力度の算出式は，以下のようになる。

$$\sigma_{p-t} = \varepsilon_t / \phi_\infty \cdot E_c (1 - e^{-\alpha \cdot \phi_t}) \tag{12.10}$$

●膨張コンクリートの乾燥材齢 t における引張応力度の算出式は，以下のようになる。

$$\sigma_{ex-t} = -\varepsilon'_e \cdot E_s \cdot p \cdot e^{-\alpha \cdot \phi_t} + \varepsilon_t / \phi_\infty \cdot E_c (1 - e^{-\alpha \cdot \phi_t}) \tag{12.11}$$

ここに，ε'_e：拘束状態下の膨張コンクリート(鉄筋)の最大膨張率

拘束率を鉄筋比に置き換えた場合，膨張コンクリートのなす仕事量一定則が拘束率によらず適用できるとして，導かれる拘束膨張率

ε_t：普通コンクリートと膨張コンクリートの乾燥収縮率（無拘束状態，自由）
E_s：鉄筋のヤング係数(N/mm^2)
E_c：コンクリートのヤング係数(N/mm^2)
p：拘束率に相当する鉄筋比
α：$n \cdot p / (1 + n \cdot p)$で表される拘束率
ϕ_∞：コンクリートの最終クリープ係数
ϕ_t：材齢tにおけるコンクリートのクリープ係数

ϕ_tについては，終局クリープ係数を3年として，進行係数の式(12.12)に定式化する。なお，クリープに関する実測値と式(12.12)による推定値を，**図-12.29**に示す。

$$\phi_t = \phi_\infty \left\{ 1 - \exp(-at^b) \right\} \tag{12.12}$$

ここに，膨張コンクリートは$a = 0.07$，$b = 0.6$，普通コンクリートは$a = 0.06$，$b = 0.7$とした。

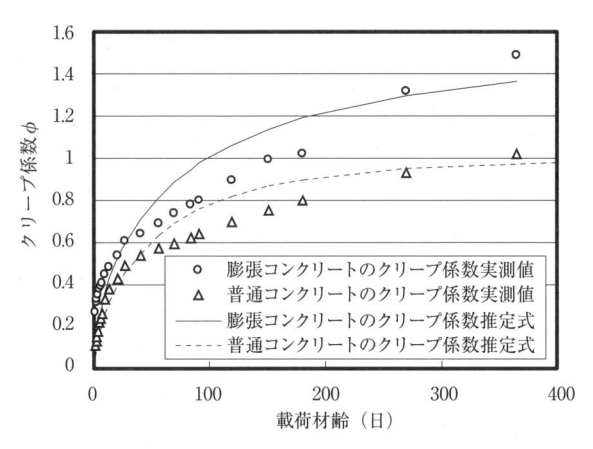

図-12.29 クリープ係数の推定式

12.4.4 引張強度の推定と評価

土木学会コンクリート標準示方書[設計編]4.2.5 コンクリートの力学的特性の設計値にあるコンクリートの引張強度は，次式により推定される。

$$f'_c(t) = \{t / (a + bt)\} d(i) \times f'_{ck} \tag{12.13}$$

$$f'_{tk}(t) = 0.44 \sqrt{(f'_{ck}(t))} \tag{12.14}$$

ここに，f'_{ck}：コンクリートの設計基準強度

$f'_c(t)$：材齢 t 日におけるコンクリートの圧縮強度の推定値

$f'_{tk}(t)$：材齢 t 日におけるコンクリートの引張強度の推定値

この推定引張強度 $f'_{tk}(t)$ と **12.4.3** で計算された発生応力の σ_{p-t} または σ_{ex-t} の比は，ひび割れ指数と定義され，この指数により評価する。ひび割れの発生確率は，コンクリート標準示方書［設計編:本編］にある解説図 12.2.1 を適用したいが，これはマスコンクリートに対する解析手法での発生確率であるために，別途検討が必要になる。

12.4.5　乾燥収縮ひび割れの低減効果に関する適用例

(1)　はじめに

適用現場は，道路橋の壁高欄である。道路橋における RC 壁高欄は，一般的に種々の要因によりひび割れが多く発生する。乾燥収縮によるひび割れを低減させるには膨張材を使用して，初期にケミカルプレストレスをコンクリートに導入することが有効な手段となる。ここでは，冬季に施工されるコンクリートの膨張材による乾燥収縮の低減効果について述べる。

(2)　乾燥収縮ひずみの予測

壁高欄の施工が冬季であることから，寒風による乾燥がとくに厳しい条件ということ考慮し，一般的な平均相対湿度を 70％前後とするところを 60％として，乾燥収縮ひずみを式(12.3)と式(12.4)により算定すると，**表-12.10** のようになる。なお，配合における単位水量は 170 kg/m^3 であり，壁高欄の断面形状寸法は計算条件に示す通りである。施工において，型枠とシートによる養生は 3 日である。

［計算条件］

　　単位水量 W = 170 kg/m^3，平均相対湿度 = 60％

　　体積（1 m 当たり）= 0.25 m × 1.0838 m × 1 m = 0.27095 m^3

　　乾燥表面積 = 2.235 m^2　　1.0838 m × 1 m = 1.0838 m^2（外側面）

　　　　　　　　　　　　　　　0.912 m × 1 m = 0.9012 m^2（内側面）

表-12.10　乾燥収縮ひずみの予測値

年	月	日	乾燥材齢 t_0（日）	予測材齢 t（日）	$\varepsilon'_{cs}(t, t_0)$（×10^{-6}）
0.01	0.11	3	3	3	0
0.02	0.25	7	3	7	104
0.08	1	28	3	28	240
0.25	3	91	3	91	366
0.50	6	180	3	180	429
1	12	365	3	365	472

$$0.250 \text{ m} \times 1 \text{ m} = 0.250 \text{ m}^2 \text{(天端)}$$

体積表面積比 = $0.27095 \text{ m}^3 / 2.235 \text{ m}^2 = 0.1212 \text{ m} = 121.2 \text{ mm}$

$\varepsilon'_{sh} = 499 \times 10^{-6}$ となる。

乾燥の開始材齢を3日とした場合

(3) 鉄筋比だけを考慮した場合のケミカルプレストレスの推定

壁高欄コンクリートの鉄筋比は0.47%であったため，仕事量一定則により，ケミカルプレストレスの推定を行った。なお，一軸拘束膨張率は，早強ポルトランドセメントを使用したPC場所打ち床版に用いるコンクリートの平均的な値の191×10^{-6}を用いて，温度条件が変化したときを想定して，5℃，10℃，20℃について推定した。式(12.8)と式(12.9)によって算出した推定値を，表-12.11に示す。鉄筋による拘束だけで，ケミカルプレストレス量としては0.2～0.3 N/mm²が期待できる結果となる。

表-12.11 温度条件とケミカルプレストレス量（CP量）の推定

温度条件	膨張ひずみ ε_s	鉄筋比 p	鉄筋のヤング係数 E_s (N/mm²)	CP量 σ_{cp} (N/mm²)	仕事量 $U=1/2 \cdot p \cdot E_s \varepsilon_s^2$
5℃	0.000152	0.0095	210 000	0.30	2.30×10^{-5}
	(0.000216)	0.0047		0.21	
10℃	0.000205	0.0095	210 000	0.41	4.19×10^{-5}
	(0.000291)	0.0047		0.29	
20℃	0.000191	0.0095	210 000	0.38	3.64×10^{-5}
	(0.000272)	0.0047		0.27	

(4) 拘束率を加味した引張応力の推定

式(12.10)と式(12.11)を使用して，ε'_eは拘束率を鉄筋比に置き換えた場合，仕事量一定則が成立すると仮定して，導かれる拘束膨張率であり，この値は拘束状態下の膨張コンクリート（鉄筋）の膨張率である。拘束膨張の試験結果では152×10^{-6}であるが，拘束率が$\alpha = 0.3$では66×10^{-6}，$\alpha = 0.4$では53×10^{-6}，$\alpha = 0.5$では43×10^{-6}となる。ε_tは，表-12.10に示した予測値を使用した。また，鉄筋のヤング係数E_sは$2.1 \times 10^5 \text{ N/mm}^2$，コンクリートのヤング係数$E_c$は$2.50 \times 10^4 \text{ N/mm}^2$とした。拘束率に相当する鉄筋比$p$は，拘束率が$\alpha = 0.3$のとき0.051，$\alpha = 0.4$のとき0.0794，$\alpha = 0.5$のとき0.119となる。拘束率$\alpha$はそれぞれ，0.3，0.4，0.5としている。

表-12.12 推定した引張応力

経過日数(日)	推定引張応力（N/mm^2）					
	拘束率 0.3		拘束率 0.4		拘束率 0.5	
	膨張材無	膨張材有	膨張材無	膨張材有	膨張材無	膨張材有
3	0.00	−0.67	0.00	−0.82	0.00	−0.98
7	0.16	−0.51	0.21	−0.58	0.26	−0.70
28	0.76	0.00	0.99	0.15	1.21	0.13
91	1.86	0.87	2.40	1.38	2.89	1.47
180	2.53	1.44	3.23	2.16	3.88	2.30
365	3.00	1.91	3.82	2.80	4.56	2.96

(5) 引張強度の推定と評価

早強ポルトランドセメントを使用して材齢28日の圧縮強度を30 N/mm^{2}とした推定結果を，**表-12.13**に示す。なお，式(12.13)と式(12.14)において，$a = 2.9$，$b = 0.97$，$d(i) = 1.07$，$f'_{ck} = 30$ N/mm^{2}を用いた。

引張応力と引張強度からひび割れ指数を算出したものが，**表-12.14**である。膨張材による引張応力の低減効果については，拘束率によって変わってくるので，拘束率が低い場合は0.6〜

表-12.13 引張強度の推定

年	月	日	推定引張強度（N/mm^2）
0.01	0.11	3	1.79
0.02	0.25	7	2.12
0.08	1	28	2.41
0.25	3	91	2.49
0.50	6	180	2.51
1	12	365	2.52

表-12.14 ひび割れ指数による評価

経過日数(日)	ひび割れ指数					
	拘束率 0.3		拘束率 0.4		拘束率 0.5	
	膨張材無	膨張材有	膨張材無	膨張材有	膨張材無	膨張材有
3	—	—	—	—	—	—
7	13.36	—	10.13	—	8.19	—
28	3.16	—	2.42	15.93	1.98	18.78
91	1.34	2.86	1.04	1.81	0.86	1.70
180	0.99	1.74	0.78	1.16	0.65	1.09
365	0.84	1.32	0.66	0.90	0.55	0.85

1.0 N/mm², 高い場合は1.0～1.5 N/mm²と評価された。しかし，拘束率が大きいと引張応力も大きくなるため，**表-12.14**に示すように，拘束率が大きくなるとひび割れ指数としては小さくなり，ひび割れが生じやすい側になる。

拘束率については，このような予測でしか表現できないが，実際の構造物について，無応力状態でのひずみの経過と実構造物でのひずみの経過をそれぞれ測定して，その熱膨張係数から推定が可能である。実構造物における拘束率については，今後の現場計測データの蓄積が必要となろう。

12.5 まとめ

本章では，高性能膨張材として，主に低添加型膨張材を用いたコンクリートの基礎的特性と低添加型膨張材にも共通する従来型膨張材を用いたコンクリートの基礎的特性についても述べた。

断面の一辺が40 cmで，長さが120 cmの梁供試体の中央部に異形鉄筋D32を配置して，断面方向の膨張ひずみの変化を計測した。梁供試体の鉄筋方向での計測位置は，鉄筋端部から20 cm，40 cm，60 cmである。従来型膨張材を使用したコンクリートを打ち込み，始発時点を原点として計測した膨張ひずみを整理した。その結果，鉄筋中央部では，断面方向で15 cmまでの膨張ひずみは同様な値であり，断面一辺の長さである端部から40 cmの位置でも同じ結果が得られた。ただし，鉄筋との付着が不十分な端部から20 cmの位置では，鉄筋位置が小さく，断面方向にひずみが大きくなる膨張ひずみの勾配が生じた。また，鉄筋籠からの距離と膨張ひずみの関係を検討した供試体では，鉄筋位置から20 cm以上離れると，硬化体の細孔径のうち大きい半径が750 Å以上の空隙が増加する傾向が認められ，膨張ひずみが大きくなることが分かった。この大きい空隙の増加が凍結融解抵抗性を低下させることも検証できた。この結果，膨張コンクリートを拘束する鉄筋拘束の及ぶ範囲としては，鉄筋位置から15 cm程度であり，それ以上は膨張ひずみが大きくなるため，スターラップ等による多軸拘束が必要になることが確認できた。

低添加型膨張材を従来型膨張材の2/3の量を用いた鉄筋コンクリート梁の膨張ひずみは，従来型膨張材を用いた場合とほぼ等しいものであった。その後乾燥作用を受けた場合の乾燥収縮ひずみについても，ほぼ等しい，あるいは若干小さい結果を得た。

膨張材をマスコンクリートに適用するに際しての定量評価については，温度応力の解析において熱膨張係数を変化させることで表現してきた。ここでは，PC場所打ち床版に用いる膨張材について，熱膨張係数が鋼材の1/20であるインバー鋼を使用して，拘束実験により有効弾性係数を求めた。拘束鋼材比を変え，力の釣合いまたは外挿により有効自由膨張ひずみを求めて，

有効ヤング係数を算出した。この実験では，凝結始発から5時間程度までの有効ヤング係数が求められたが，3 000 N/mm^{2}程度と小さな値であった。有効ヤング係数については，既往の研究も精査している。さらに，拘束鋼材比を変化させた場合の膨張ひずみを養生温度別に行い，温度変化による膨張ひずみの重ね合わせと見かけのヤング係数の温度依存性を考慮して，膨張応力の推定を行う方法を提案した。この方法では，温度上昇過程での膨張応力を定量的に推定できることを検証した。

乾燥収縮ひび割れにおける膨張材の低減効果については，既往の研究が少なく，簡便に評価できる方法がない。ここでは，乾燥収縮によって生じる引張応力の算定と膨張コンクリートによる低減効果について，既往の研究で提案された算定式を若干修正して提案した。また，この提案式では，仕事量一定則が拘束率の大きいところでも成り立つという仮定を用いている。膨張コンクリートの使用効果は，初期に導入されるケミカルプレストレスと，クリープ係数の推定式から導かれる応力低減効果によって，引張応力を評価した。道路橋の壁高欄コンクリートの事例で算出すると，拘束率が大きくなると，膨張材の応力低減効果が大きくなる。なお，拘束率は仮定であるので，現場計測による今後のデータの蓄積が必要である。

● 参考文献

1) 國府勝郎：膨張コンクリートの凍結融解抵抗性に関する基礎研究，土木学会論文集，第334号，pp.145-154，1983.6
2) 高橋幸一，浅野研一，辻野英幸，豊田邦男：膨張コンクリートの耐凍害性に及ぼす影響とその機構について，日本コンクリート工学協会　膨張コンクリートによる構造物の高機能化/高性能化に関するシンポジウム論文集，pp.79-84，2003.9
3) 辻幸和：内的および外的一軸拘束を受ける膨張コンクリートの膨張特性，土木学会論文集，第378号/V-6(ノート)，pp.279-282，1987.2
4) 細田暁，岸利治：ケミカルプレストレス部材の曲げ性状と多軸拘束の効果，土木学会論文集 No.739/V-60，pp.15-29，2003.8
5) 辻幸和：コンクリートにおけるケミカルプレストレスの利用に関する基礎研究，土木学会論文報告集，第235号，pp.111-124，1975.3
6) 中村時雄，斉藤文男，湯室和夫，佐野隆行：高ビーライト系低発熱セメントと水和熱抑制型膨張材を併用した高度浄水処理施設の側壁部マスコンクリート対策，コンクリート工学，Vol.36，No.9，pp.28-34，1998.9
7) 佐藤重一，河野広隆，渡辺博志，丁海文：現場打ち高強度コンクリートの初期ひび割れに関する検討，プレストレストコンクリート技術協会　第10回シンポジウム論文集，pp.551-556，2000
8) 日本橋梁建設協会，膨張材協会：場所打ちPC床版における膨張材の有効性評価検討報告書，pp.44-48，2004.10
9) 後藤忠広，上原匠，梅原秀哲：若材齢コンクリートのクリープ挙動に関する研究，コンクリート工学年次論文報告集，Vol.17，No.1，pp.1133-1138，1995.6
10) 平本昌生，入矢桂史郎，グプタ スプラティック，梅原秀哲：若材齢コンクリートのクリープの材齢および載荷応力依存性，コンクリート工学年次論文報告集，Vol.19，No.1，775-780，1997
11) 入矢桂史郎，根木崇文，服部達矢，梅原秀哲：若材齢コンクリートの引張クリープに関する研究，土木学会論文集，No.620/V-43，pp.201-213，1999.5
12) 平本昌生，入矢桂史郎，梅原秀哲：若材齢コンクリートのクリープを考慮した有効弾性係数の算出，土木学会第51回年次学術講演会講演概要集V，pp.820-821，1996
13) 江渡正満，丸山久一，野添秀昭：マスコンクリートの温度応力推定に用いる有効ヤング係数の評価に関する検討，構造工学論文集，Vol.45A，pp.27-33，1999.3
14) 徳永法夫，鈴木威，江渡正満，安本礼持：開削トンネルマスコンクリートの温度ひび割れ制御に関する実験および解析的検討，コンクリート工学論文集，Vol.13，No.2，pp.79-88，2002.5

参考文献

15) 東邦和，中村敏晴，増井仁，梅原秀哲：膨張コンクリートによるマスコンクリート構造物ひび割れ対策としての効果の検討，セメント・コンクリート論文集，No.57，pp.193-200，2003
16) 三谷裕二，谷村充，佐久間隆司，佐竹信也：マス養生温度下における膨張コンクリートの膨張応力評価法について，コンクリート工学年次論文集，Vol.26，No.1，pp.225-230，2004.7
17) 江渡正満，丸山久一：温度履歴が膨張コンクリートの膨張性に及ぼす影響，土木学会第37回年次学術講演会講演概要集Ⅴ，pp.169-170，1982
18) 浦野知子，石原昌行，青木茂，新村亮：膨張材と収縮低減剤を使用した収縮応力抑制効果に関する研究，コンクリート工学年次論文集，Vol.25，No.1，pp.1055-1060，2003.7
19) 一家惟俊：膨張材によるひび割れ防止，建築の技術 施工，1975年8月号
20) 佐竹紳也，佐久間隆司，細見雅生，中本啓介：高膨張コンクリートの調合設計・基礎物性について，コンクリート工学年次論文集，Vol.25，No.1，pp.125-130，2003.7
21) 岡田幸児，細見雅生，依田照彦，佐久間隆司：連続合成桁へのケミカルプレストレス適用，構造工学論文集，Vol.46A，pp.1675-1684，2000.3

13章 ケミカルプレストレインと ケミカルプレストレスの推定および効果

13.1 膨張コンクリートがなす仕事量における従来型と低添加型膨張材の比較

13.1.1 実験の目的

11章において，コンクリート供試体を用いた場合に膨張コンクリートが拘束に対してなす仕事量一定則の概念を適用できることが認められた。そこで，鉄筋コンクリート梁およびJIS A 6202に規定されるA法一軸拘束器具のコンクリート供試体を作製し，コンクリート供試体によって得られた膨張ひずみから，鉄筋コンクリート梁における膨張ひずみの算出値と実測値の対比を行って，その推定精度を求める。

13.1.2 実験の概要

本実験では，配筋および膨張材の種類が実験要因である。表-13.1にその詳細を示す。本実験における膨張材の置換量としては，収縮補償コンクリートの場合の標準置換量の1.5倍を設定しているが，これは膨張材の違いによる差異を明確に確認し易いと考えたためである。

表-13.1 実験要因および水準

要因	水準	
膨張材の種類	従来型の膨張材（置換量45 kg/m³）	
	低添加型の膨張材（置換量30 kg/m³）	
	なし	
引張鉄筋	D10	圧縮鉄筋はいずれもD10
	D13	
	D16	

実験に用いた鉄筋コンクリート梁は，図-13.1に示す。

12.2と同一の材料を用い，表-13.2に示すコンクリートの配合を設定した。各配合における

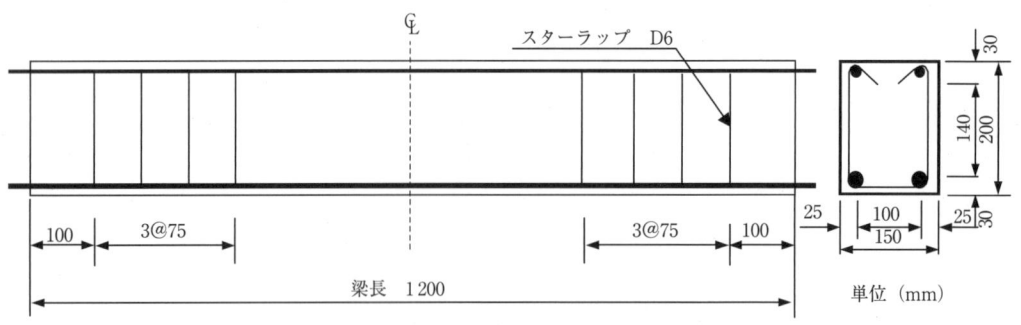

図-13.1 鉄筋コンクリート梁の標準断面

表-13.2 コンクリートの配合

配合 No.	水結合材比 (%)	細骨材率 (%)	単位量 (kg/m³)					
			水	セメント	膨張材		細骨材	粗骨材
					低添加型	従来型		
4	55.0	43.0	170	279	30	—	799	994
5				264	—	45		

表-13.3 コンクリートのフレッシュ性状

配合No.	スランプ (cm)	空気量 (%)	コンクリート温度 (℃)
4	7.0	4.5	19.5
5	13.0	4.1	18.5

フレッシュ性状を，**表-13.3**に示す。

　鉄筋コンクリート部材の作製方法および養生方法は**12.2**と同一であるが，本実験においては材齢28日まで水中養生を行った時点で実験を終了している。

　あらかじめ鉄筋（圧縮鉄筋および引張鉄筋）に貼付けたひずみゲージを用いて，**図-13.1**に示される鉄筋コンクリート梁の鉄筋に生じたひずみを測定した。

　JIS A 6202に準じ，膨張コンクリートの拘束膨張率を測定した。供試体の養生方法は**12.2**と同一である。また，JIS A 1108に準ずる圧縮強度試験を，ASTM C504-65に準ずるヤング係数の測定試験を，それぞれ材齢7日および28日において実施した。

13.1.3　膨張ひずみ分布

(1)　長さ変化率

　図-13.2および**図-13.3**には，長さ変化率の測定結果を示す。**図-13.2**が配合No.4（低添加型膨張材を30 kg/m³置換した配合）における結果であり，**図-13.3**が配合No.5（従来型膨張材を45

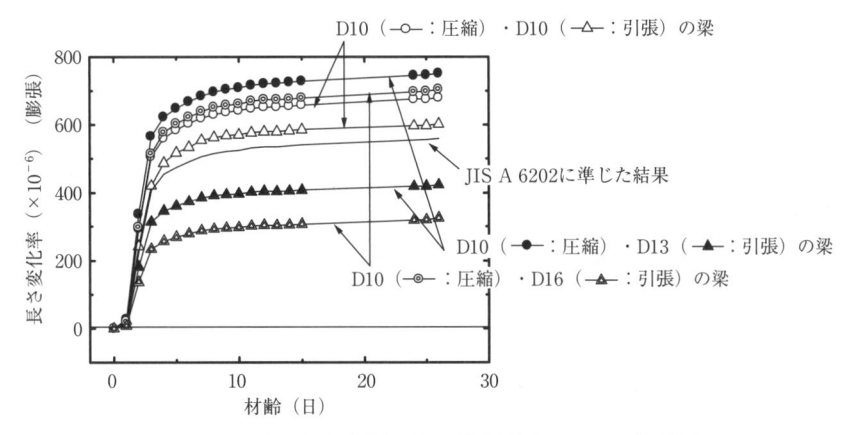

図-13.2 長さ変化率（低添加型膨張材を 30 kg/m³ 置換）

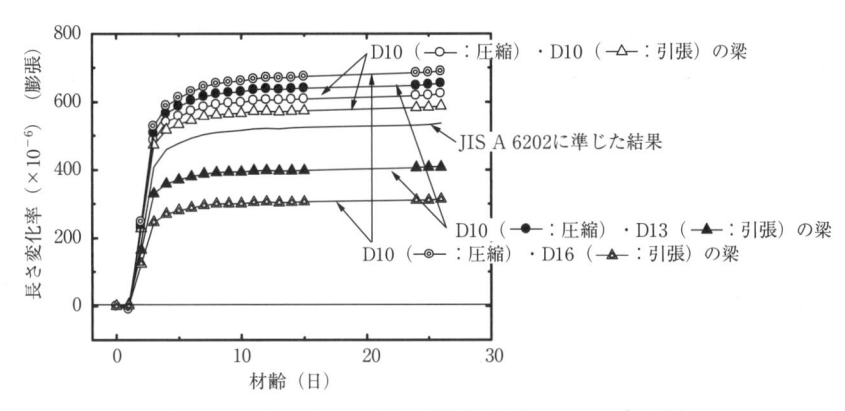

図-13.3 長さ変化率（従来型膨張材を 45 kg/m³ 置換）

kg/m³ 置換した配合）における結果である。なお，図中には JIS A 6202 附属書2(参考)に規定されている方法に準じて測定した一軸拘束膨張率の結果も併記している。

圧縮鉄筋と引張鉄筋の双方にD10鉄筋を配置した梁においては両者の膨張ひずみの差異は小さく，逆に，圧縮鉄筋にD10を配置し，引張鉄筋にD16を配置した梁は，膨張ひずみの差異が大きい。これは，梁内部に膨張ひずみの勾配が形成されているためである。

(2) 圧縮強度およびヤング係数

表-13.4に，コンクリート供試体の圧縮強度およびヤング係数を示す。

表-13.4 圧縮強度およびヤング係数

配合 No.	圧縮強度 (N/mm²)		ヤング係数 (N/mm²)	
	材齢7日	材齢28日	材齢7日	材齢28日
4	33.3	48.1	34 000	35 500
5	34.3	46.4	34 700	35 600

(3) 梁における膨張ひずみ分布の算定

図-13.2および図-13.3の結果に示されるように，梁断面には膨張ひずみの勾配が形成されているが，既往の報告[1]によれば，従来型膨張材については，同図中に示す拘束膨張率(JIS A 6202準拠)の測定結果から，鉄筋コンクリート梁断面における膨張ひずみ分布の推定が可能とされている。

そこで同手法を用い，既往の手法による計算値と実測値とを比較するとともに，低添加型膨張材についても同様な適用が可能であるか否かについて検討を行った。推定方法の詳細については，以下に示す。

図-13.4に示されるように，断面を微小要素に分割し，部材断面内部の膨張ひずみが直線分布を成すと仮定すれば，任意の要素における膨張ひずみに対しては，式(13.1)が成り立つ。

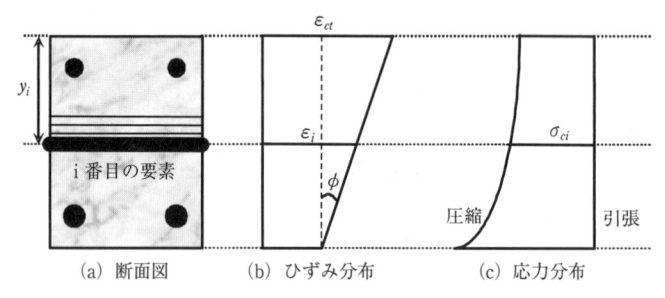

図-13.4 解析において仮定する分布

$$\varepsilon_i = \varepsilon_{ct} - \phi y_i \tag{13.1}$$

ここに，ε_i：i番目の要素における膨張ひずみ
ε_{ct}：部材圧縮縁における膨張ひずみ
y_i：圧縮縁からi番目の要素までの距離
ϕ：直線の傾き

一方，「単位体積あたりの膨張コンクリートが拘束体である鉄筋に対してなす仕事量は，拘束の程度にかかわらず一定である」という仕事量一定則の概念により，式(13.2)および式(13.3)が成り立つ。

$$U_c = \frac{1}{2} p E_p \varepsilon^2 \tag{13.2}$$

$$\sigma_c = \frac{2 U_c}{\varepsilon} \tag{13.3}$$

ここに，U_c：仕事量(N/mm^2)
p：拘束鋼材比

E_p：拘束鋼材の弾性係数(N/mm^2)

ε：拘束鋼材とコンクリートの膨張ひずみ

また，ケミカルプレストレスにより鉄筋に与えられる仕事量U_sの合計と，コンクリートの持つ膨張エネルギーU_cの合計との合力は0になるため，式(13.4)および式(13.5)が得られる。

$$U_s A_s + U_c A_c = 0 \Rightarrow U_s = -\frac{A_c}{A_s} U_c \tag{13.4}$$

$$\sigma_s = -\frac{A_c}{A_s} \cdot \frac{2U_c}{\varepsilon} \tag{13.5}$$

鉄筋コンクリート部材において，以上の式より得られた値を用い，次式に示す断面内の軸力およびモーメントの釣合いから，ε_{ct}およびϕを決定する。

$$P(外力総和) = \sum_{i=1}^{n}\sum_{j=1}^{2} \sigma_{ij} \Delta A_{ij} \text{ （内力総和）} \tag{13.6}$$

$$M(外力モーメント総和) = \sum_{i=1}^{n}\sum_{j=1}^{2} y_i \sigma_{ij} \Delta A_{ij} \text{ （内力モーメント総和）} \tag{13.7}$$

以上の過程で，所定の許容差内において式(13.6)および式(13.7)が同時に成り立つまで，繰り返し計算を行う。

(4) 膨張ひずみ分布の算定結果

算定結果を図-13.5，図-13.6および図-13.7に示す。それぞれ引張鉄筋がD10の梁，D13の梁およびD16の梁に対応する。また表-13.5には，算出に用いた入力条件，計算によって得られた出力値および実測値を示している。

計算値と実測値の結果より，「△」「▲」により示す従来型の膨張材については，若干実測値と計算値との間の差が大きい箇所が見受けられるが，全般的には従来型膨張材および低添加型膨張材を用いた鉄筋コンクリート梁は，いずれもJIS A 6202により測定した供試体の膨張ひずみ

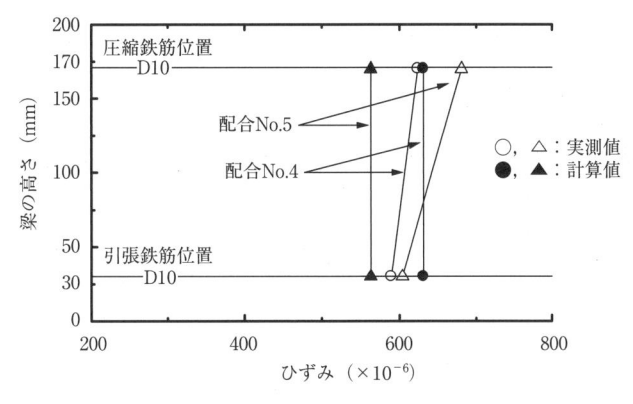

図-13.5 計算値と実測値との比較（圧縮鉄筋：D10，引張鉄筋：D10）

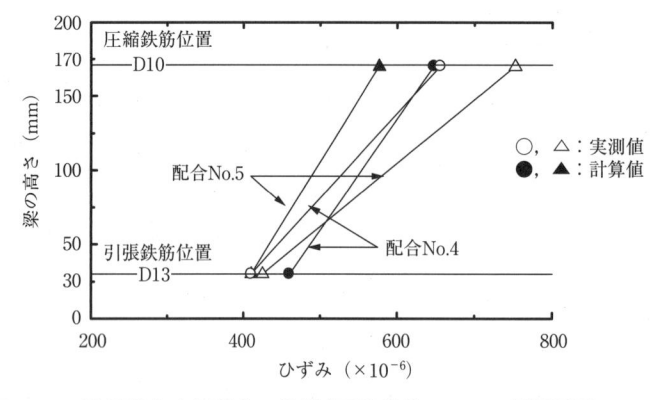

図-13.6　計算値と実測値との比較（圧縮鉄筋：D10，引張鉄筋：D13）

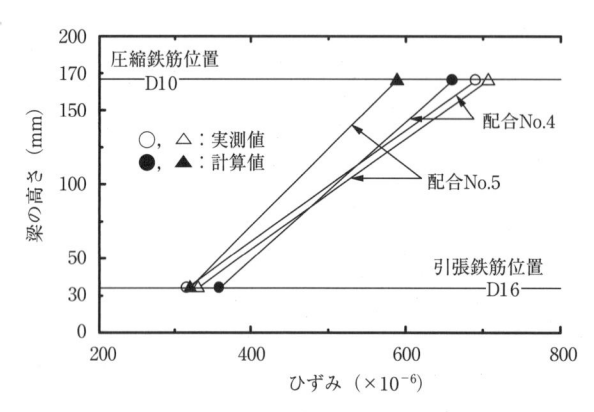

図-13.7　計算値と実測値との比較（圧縮鉄筋：D10，引張鉄筋：D16）

表-13.5　計算の入力条件と出力値

		配合No.4			配合No.5		
		圧縮D10・引張D10の梁	圧縮D10・引張D13の梁	圧縮D10・引張D16の梁	圧縮D10・引張D10の梁	圧縮D10・引張D13の梁	圧縮D10・引張D16の梁
入力条件	JIS A 6202に準じたひずみ（$\times 10^{-6}$：ε_i）	539×10^{-6}（共通）			563×10^{-6}（共通）		
	拘束鉄筋比（％：p）	0.95％	1.32％	1.80％	0.95％	1.32％	1.80％
出力値	圧縮鉄筋のひずみ（$\times 10^{-6}$）	632	648	661	563	577	589
	引張鉄筋のひずみ（$\times 10^{-6}$）	632	461	359	563	410	320
実測値	圧縮鉄筋のひずみ（$\times 10^{-6}$）	625	656	691	681	753	707
	引張鉄筋のひずみ（$\times 10^{-6}$）	590	410	316	604	426	330

を用いて，膨張ひずみ分布が比較的良好に算出できると考えられる。また，計算値に比較して，実測値はひずみの傾きが大きい。これは，計算手法に自重による曲げの影響や塑性変形を考慮していないことに起因すると推察される。

13.2 環境温度がケミカルプレストレストコンクリート梁の膨張率に及ぼす影響

13.2.1 実験の目的

膨張材は水と反応することによって効果を発揮する材料であり，当然ながら環境温度によって反応速度にも影響を受ける。しかしながら，鉄筋コンクリート梁における膨張率は，水，セメントおよび骨材からなる複合材料と鉄筋との力の釣合いによって定まるため，膨張材の水和反応速度が必ずしも膨張率には反映されない。

そこで本章では，環境温度によって膨張材を用いた鉄筋コンクリート梁のケミカルプレストレストコンクリート梁の膨張率に与えられる影響を検討する。

13.2.2 実験の概要

本実験では，環境温度および膨張材の種類が実験要因である。**表-13.6**に詳細を示す。膨張材の置換量としては，いずれも標準量の低添加型膨張材については20 kg/m^3，従来型膨張材については30 kg/m^{3}を設定した。

表-13.6 実験要因および水準

要因	水準	
膨張材の種類	従来型膨張材（置換量30 kg/m^3）	
	低添加型膨張材（置換量20 kg/m^3）	
圧縮鉄筋	D10	引張鉄筋はいずれもD16
	D13	
養生温度	「夏場」30 ± 2℃	
	「冬場」10 ± 2℃	

実験に用いる鉄筋コンクリート梁には，**図-13.8**に示す断面形状寸法を用いた。

12.2と同一の材料を用い，**表-13.7**に示すコンクリートの配合を設定した。各配合におけるフレッシュ性状を，**表-13.8**に示す。

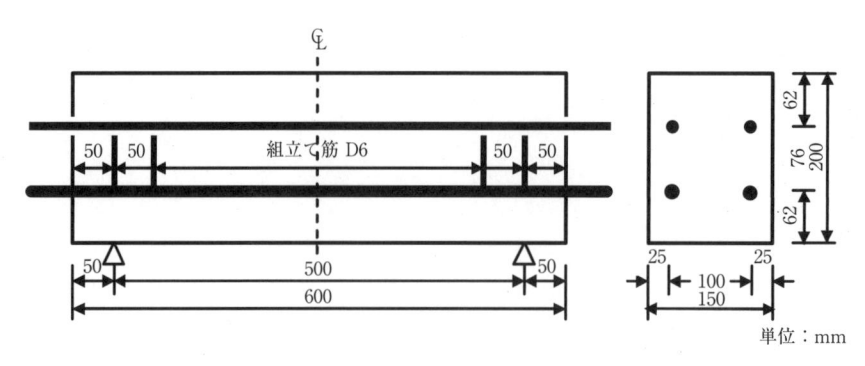

図-13.8 梁の断面諸元

表-13.7 コンクリートの配合

配合 No.	水結合材比 (%)	細骨材率 (%)	単位量 (kg/m^3)					
			水	セメント	膨張材		細骨材	粗骨材
					低添加型	従来型		
2	55.0	41.5	185	316	20	—	727	1 134
3				306	—	30		

表-13.8 コンクリートのフレッシュ性状

配合 No.	「夏場」			「冬場」		
	スランプ (cm)	空気量 (%)	コンクリート温度 (℃)	スランプ (cm)	空気量 (%)	コンクリート温度 (℃)
2	21.0	4.1	28.0	19.0	2.0	11.0
3	21.0	5.0	29.0	19.0	2.5	10.5

実験に供した鉄筋コンクリート梁は，打込み後ただちに，表面(打込み面)を濡れむしろにより覆った。材齢1日において脱型を行い，ただちに水中養生を開始した。そして，材齢28日まで水中養生を行った。なお，冬場において作製したコンクリート梁供試体は，圧縮強度の発現が遅れたため，脱型を材齢2日とした。

あらかじめ圧縮鉄筋および引張鉄筋に貼付けたひずみゲージを用いて，連続的にひずみの測定を行った。

JIS A 6202に準じ，膨張コンクリートの拘束膨張率を測定した。試験体の養生方法は**12.2**に準じている。また，JIS A 1108に準ずる圧縮強度試験を，ASTM C504-65に準ずる静弾性(ヤング)係数の試験を，それぞれ材齢28日において実施した。

13.2.3 実験結果

(1) 長さ変化率

図-13.9および**図-13.10**には，長さ変化率の測定結果を示す。なお，図中にはJIS A 6202に準じて測定した一軸拘束膨張率の結果も併記している。

「夏場」に養生した梁と，「冬場」に養生した梁との間には，膨張ひずみの発現が明らかに異なり，前者は比較的若い材齢で膨張ひずみがほぼ最大値に達しているのに対して，後者は長期間に渡って膨張ひずみが増大している。この点に関しては，膨張材の種類や鉄筋の配置に共通して認められる現象である。

膨張ひずみの最大値に関しては，「夏場」に養生した梁と「冬場」に養生した梁とは大きな違いは認められない。この点に関しても，膨張材の種類や鉄筋の配置に共通している。

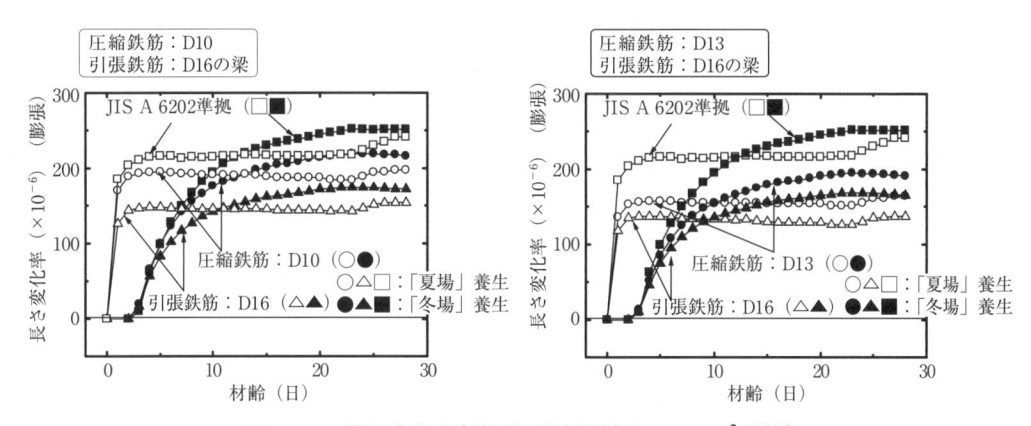

図-13.9 長さ変化率（低添加型膨張材を20 kg/m³置換）

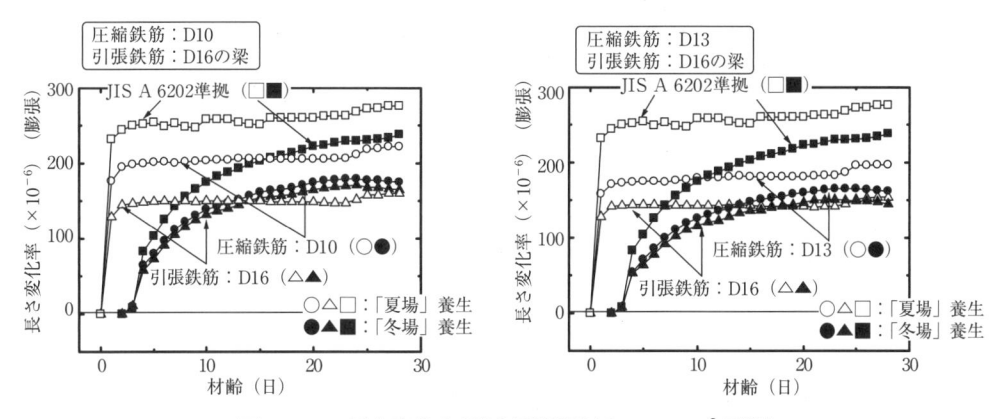

図-13.10 長さ変化率（従来型膨張材を30 kg/m³置換）

(2) 圧縮強度およびヤング係数

表-13.9には，コンクリート試験体の圧縮強度およびヤング係数を示す。

表-13.9 圧縮強度およびヤング係数

配合 No.	圧縮強度 (N/mm^2)		ヤング係数 (N/mm^2)	
	「夏場」	「冬場」	「夏場」	「冬場」
2	38.5	39.2	32 000	30 200
3	40.4	41.1	32 900	31 000

(3) 梁におけるひずみ分布の算定

図-13.9および**図-13.10**において示したJIS A 6202に準拠して求めた拘束膨張率から，**12.1**において記述した内容と同一の手法において，鉄筋コンクリート梁断面における膨張ひずみ分布の推定を行った。算定結果を**図-13.11**および**図-13.12**に示す。また，**表-13.10**は算出に用いた入力条件を，計算によって得られた出力値および実測値とともに示している。

圧縮鉄筋にD10を配置した配合No.3のみ，冬場の養生条件下における実測値と解析値との乖

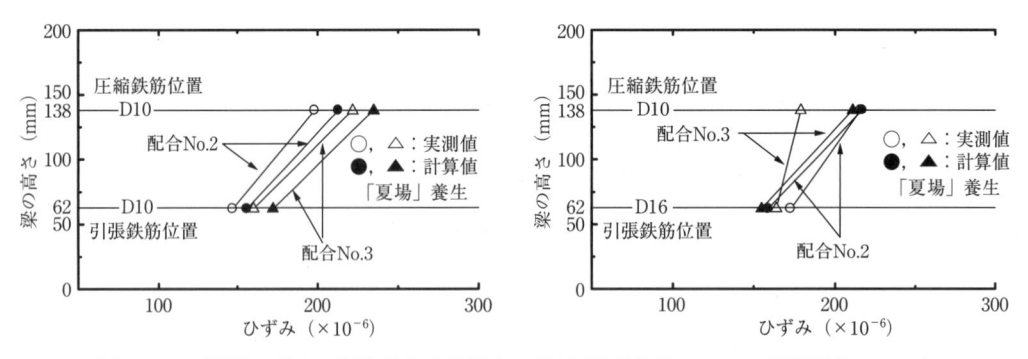

図-13.11 膨張ひずみの計算値と実測値との比較（圧縮鉄筋：D10，引張鉄筋：D16）

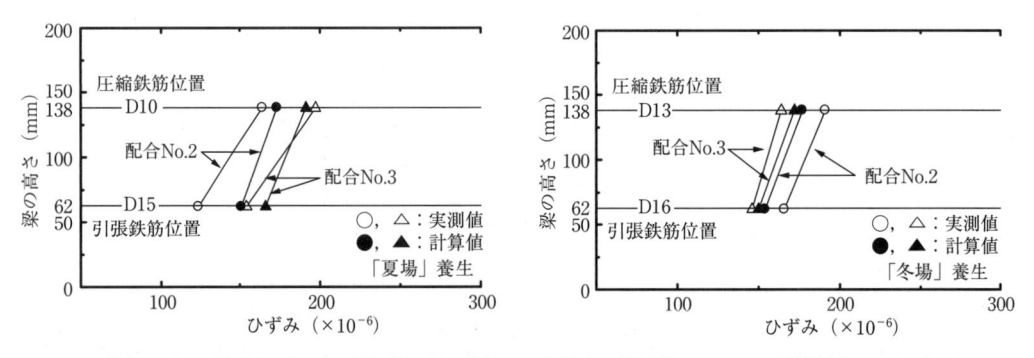

図-13.12 膨張ひずみの計算値と実測値との比較（圧縮鉄筋：D13，引張鉄筋：D16）

表-13.10 計算の入力条件と出力値

		配合No.2				配合No.3			
		圧縮D10・引張D16の梁		圧縮D13・引張D16の梁		圧縮D10・引張D16の梁		圧縮D13・引張D16の梁	
		「夏場」	「冬場」	「夏場」	「冬場」	「夏場」	「冬場」	「夏場」	「冬場」
入力条件	JIS A 6202に準じたひずみ（$\times 10^{-6}$：εi）	241	251	241	251	276	238	276	238
	拘束鉄筋比（％：p）	1.80		2.17		1.80		2.17	
出力値	圧縮鉄筋のひずみ（$\times 10^{-6}$）	213	217	173	177	235	211	191	172
	引張鉄筋のひずみ（$\times 10^{-6}$）	156	159	151	154	172	155	166	150
実測値	圧縮鉄筋のひずみ（$\times 10^{-6}$）	198	216	164	191	222	179	197	164
	引張鉄筋のひずみ（$\times 10^{-6}$）	147	173	123	166	160	164	154	146

離が認められたが，全般的には膨張材の種類や鉄筋の配置，養生条件によらず，良好に膨張ひずみが算出されていることが認められる。

13.3 まとめ

本章では，低添加型の膨張材を用いて作製した供試体において得られた硬化特性について，鉄筋コンクリート梁においても同様であるか否かを検討した。また，環境温度によってひずみに現れる影響についても実験的な検討を行った。

1. 標準的な置換量（従来型膨張材は30 kg/m³，低添加型膨張材は20 kg/m³）をセメントと置換して作製した鉄筋コンクリート梁において，膨張ひずみは同様の数値を示した。また，標準量の1.5倍（従来型膨張材は45 kg/m³，低添加型膨張材は30 kg/m³）を置換して作製した鉄筋コンクリート梁においても同様であった。
2. 「膨張コンクリートが拘束鋼材に対してなす仕事量」について，鉄筋コンクリート梁を用いて検討したところ，低添加型膨張材および従来型膨張材のいずれについても，実測値と理論値との間に良い相関性を確認することができた。
3. 環境温度によって，膨張材を置換した鉄筋コンクリート梁の膨張ひずみ発現には大きく影響を受けることが確認されたが，最終的に得られる膨張ひずみについては，大きな差異はみられなかった。また，従来型膨張材と低添加型の膨張材については，ほぼ同様の傾向が認められた。

13章 ケミカルプレストレインとケミカルプレストレスの推定および効果

●参考文献

1) 辻幸和,ケミカルプレストレスおよび膨張分布の推定方法,コンクリート工学,Vol.19,No.6,pp.99-105,1981

14章 低添加型膨張材のコンクリート構造物への適用

14.1 乾燥収縮ひび割れの抑制への適用

14.1.1 はじめに

　低添加型膨張材を用いたコンクリートの諸物性や耐久性については，これまでの章において従来型膨張材と同等であるという知見が得られている。しかし，低添加型膨張材が開発されてから間もないため，実際に乾燥収縮ひび割れの抑制に効果を発揮したという実例は多くない。

　本章では，石灰系の低添加型膨張材を使用したコンクリートの乾燥収縮ひび割れの抑制効果を把握するために，自走式立体駐車場のデッキスラブへ適用し，埋込型ひずみ計を用いて，その効果を把握した結果を報告する。

14.1.2 現場の計測方法

　ひずみの計測は，福井市内にある図-14.1 に示す4層の自走式立体駐車場のデッキスラブに用いたコンクリートについて行った。膨張材の効果を判断するために，1階・2階は石灰系の低添

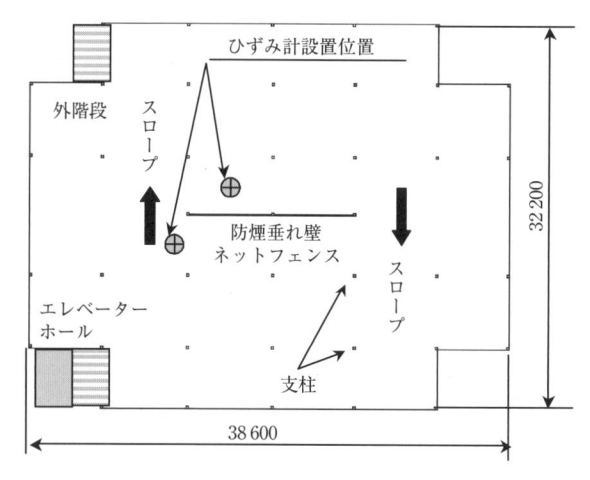

図-14.1　立体駐車場2,3階平面図

加型膨張材を配合し(以下,膨張コンクリートと称する),3階,ルーフ階は通常のコンクリート(以下,普通コンクリートと称する)を用いた。なお,1階は土間部分,ルーフ階は防水部分となり仕様が異なることから,膨張材を使用した2階と膨張材を使用しない3階の同様な場所について,相互に比較するように計測を行った。

測温機能付き埋込型ひずみ計を,波型デッキプレートの軸方向と軸直角方向に設置した。また,おのおのの階で最もひび割れが発生しやすいとされているスロープ部分の軸方向にも,埋込型ひずみ計を設置した。さらに,300 × 200 × 150 mmの発泡スチロール容器中の無応力状態において測温機能付き埋込型ひずみ計を設置して,コンクリートの打込み直後から,自由ひずみも計測した。計測は,打込みから2週間は20分ごとに,以降は3時間ごとに約1ヶ月間連続的に行い,その後はおおむね1ヶ月に1回の計測を実施した。

14.1.3 使用材料と配合

使用材料を**表-14.1**に示す。また,コンクリートの配合を**表-14.2**に示す。石灰系の低添加型膨張材を用いた配合を配合No.1として,膨張材を用いないものを配合No.2と称する。

使用したコンクリートの実験項目と実験方法については,**表-14.3**に示す。フレッシュ性状の試験および供試体の作製は,すべて荷卸し時点とした。翌日には,作製した供試体を現場より試験する場所へ搬送し,各強度試験を実施した。

表-14.1 使用材料

材料名(記号)	生産者・産地	物性値他
セメント(C)	普通ポルトランドセメント	密度 3.16 g/cm^3
膨張材(E_x)	石灰系低添加型膨張材	密度 3.16 g/cm^3
細骨材1(S_1)	九頭竜川水系川砂	表乾密度:2.59 g/cm^3,吸水率:2.29%
細骨材2(S_2)	坂井郡三国町産陸砂	表乾密度:2.59 g/cm^3,吸水率:1.92%
粗骨材(G)	九頭竜川水系川砂利	表乾密度:2.65 g/cm^3,吸水率:1.69%
AE減水剤(A_d)	リグニンスルフォン酸系AE減水剤	標準形1種
水	福井市内地下水・上澄水	

表-14.2 コンクリートの配合

配合No.	スランプ (cm)	Air (%)	W/C (%)	s/a (%)	単位量 (kg/m^3)						
					W	C	E_x	S_1	S_2	G	A_d
1	15 ± 2.5	4.5 ± 1.5	55	47.5	172	293	20	547	295	951	3.13
2						313	—				

表-14.3 実験項目と実験方法

実験項目	実験方法
スランプ試験	JIS A 1101 に従って，荷卸し時点でのスランプを測定した。
空気量試験	JIS A 1128 に従って，荷卸し時点での空気量を測定した。
圧縮強度試験	JIS A 1108 に従って，材齢3，7，28，56日について実施した。
引張強度試験	JIS A 1113 に従って，材齢3，7，28，56日について実施した。
静弾性係数試験	JIS A 1149に従って，材齢3，7，28，56日について実施した。
一軸拘束膨張試験	JIS A 6202 附属書2（参考）の一軸拘束膨張B法に従って実施した。

14.1.4 実験結果

(1) コンクリートのフレッシュ性状と力学的性状

コンクリートのフレッシュ性状を，**表-14.4**に示す。打ち込まれた膨張コンクリートおよび普通コンクリートの拘束膨張の実験結果を**図-14.2**に示し，圧縮強度，引張強度，ヤング係数の実験結果を，**図-14.3 ～ 14.5**に示す。図中に示した計算値は，土木学会コンクリート標準示方書に示されたもので，次式により算出した[1]。すなわち，圧縮強度から引張強度およびヤング係数についても計算している。

$$f'_c(t) = \{t/(a+bt)\}d(i)f'_{ck} \tag{14.1}$$

$$f_{tk}(t) = c(f'_c(t))^{1/2} \tag{14.2}$$

表-14.4 コンクリートのフレッシュ性状

配合No.	スランプ（cm）	空気量（％）	温度（℃）
1	16.0	4.9	19.0
2	15.0	5.3	20.0

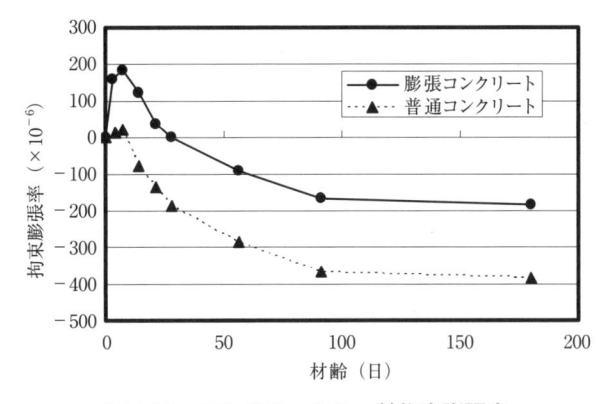

図-14.2 コンクリートの一軸拘束膨張率

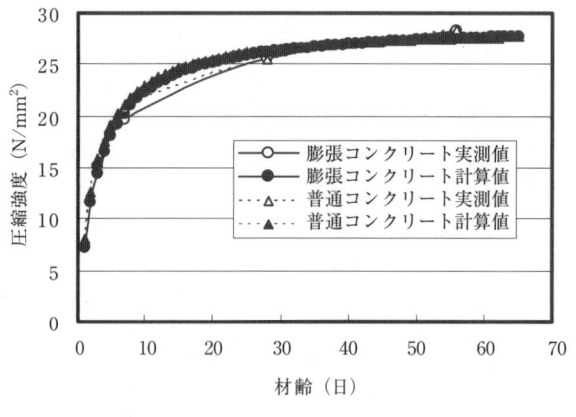

14章　低添加型膨張材のコンクリート構造物への適用

図-14.3　コンクリートの圧縮強度

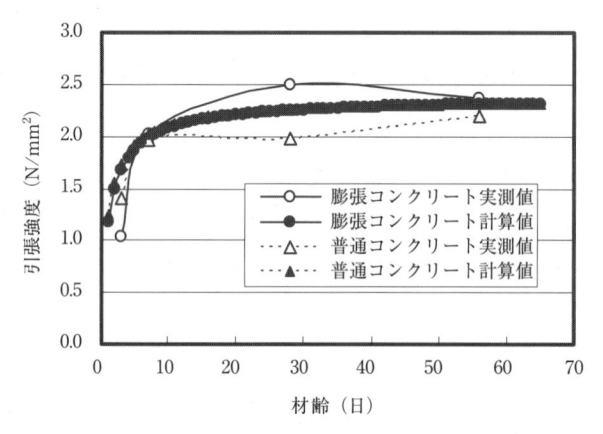

図-14.4　コンクリートの引張強度

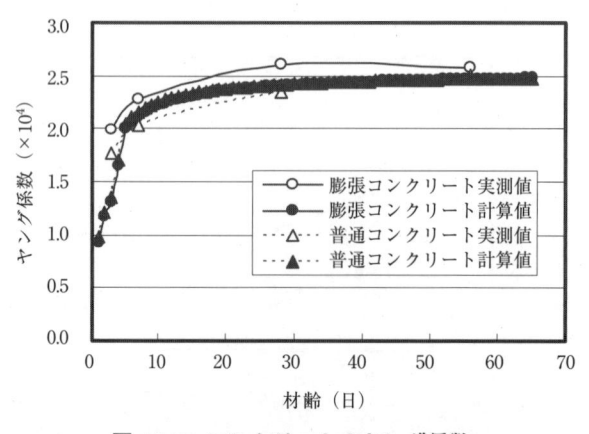

図-14.5　コンクリートのヤング係数

$$E_e(t) = \phi(t)(4.7 \times 10^3)(f'_c(t))^{1/2} \tag{14.3}$$

ここに，$f'_c(t)$：圧縮強度

t：材齢（日）

f'_{ck}：材齢56日の圧縮強度

a, b：定数

c：0.44

$f_{tk}(t)$：引張強度

$E_e(t)$：有効ヤング係数

$\phi(t)$：ヤング係数の補正（低減）係数

拘束膨張率では，従来型膨張材と同様な拘束膨張率が得られている。また圧縮強度では，普通コンクリートと膨張コンクリートの差はないが，算定式にあてはめると若干膨張コンクリートが大きくなっている。一方，引張強度の算定式と実験値では，膨張コンクリートはやや大きく，普通コンクリートはやや小さく推移しており，ひび割れ発生の観点からは，膨張コンクリートの方が安全側の結果となった。ヤング係数についても，圧縮強度からの算定式と実験値では，普通コンクリートはほぼ同様となり，膨張コンクリートはやや大きくなる傾向にあった。

(2) 現場ひずみの計測結果

実際には初期の熱膨張係数が異なると思われるが，部材厚が小さいので同等の10.5×10^{-6}/℃と仮定して，打込みから温度補正を行い，実ひずみを算出した。膨張コンクリートの実ひずみを図-14.6に，普通コンクリートのそれを図-14.7に示す。なお，無応力計は材齢28日までの計測となっている。

膨張コンクリートは波型デッキプレートの軸方向とスロープでの軸方向の膨張ひずみが100 ×

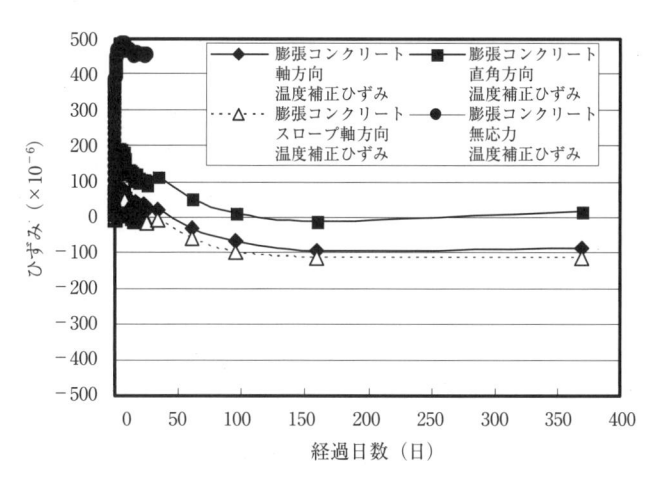

図-14.6 膨張コンクリートの膨張・収縮ひずみ

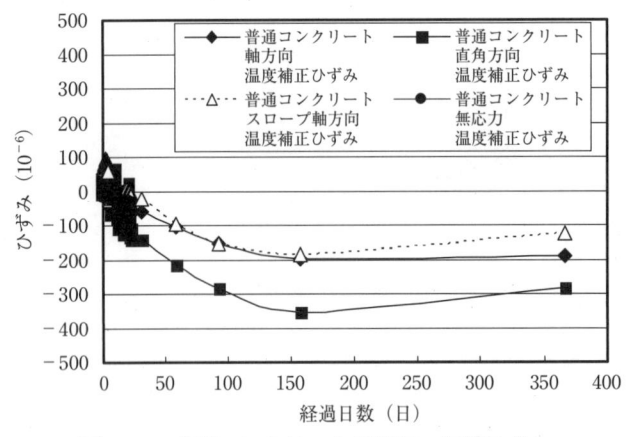

図-14.7　普通コンクリートの膨張・収縮ひずみ

10^{-6} 程度と小さくなった。軸直角方向については，一軸拘束膨張試験と同様な 200×10^{-6} 程度の膨張ひずみが得られた。一方，普通コンクリートについては，初期の熱膨張係数の仮定が小さいため，ひずみが若干膨張側になっている。また，拘束鉄筋比が 0.43 ％の場合と同様であるが，外部拘束が大きいため，軸方向の収縮よりも軸直角方向の収縮ひずみが大きくなった。

それぞれのコンクリートに含まれる実ひずみは，拘束ひずみ，クリープひずみ，乾燥収縮ひずみ，そして膨張コンクリートでは膨張ひずみになる。膨張材による膨張ひずみ以外のひずみは同じであると仮定して，ほぼ温度履歴が同一であることから，ひずみの差を膨張材の効果として求めたものが，図-14.8である。この図では，スロープ部分が最小で 80×10^{-6}，その他は $250 \sim 350 \times 10^{-6}$ となった。

橋梁における場所打ち PC コンクリート床版では $80 \sim 100 \times 10^{-6}$ である[2]ことから，スロープ部分は同等で，その他の計測箇所では，かなり大きな膨張ひずみになった。これは，スロープ部分が大梁に近いため，橋梁の床版コンクリートと同様に拘束度が大きくなったことに起因

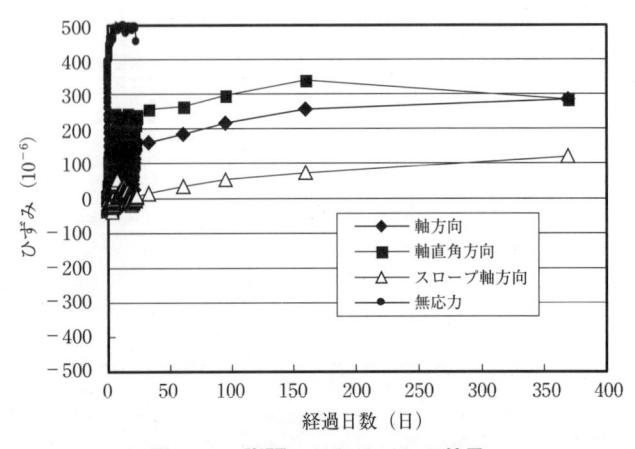

図-14.8　膨張コンクリートの効果

するものと考える。膨張効果が若干上昇方向にあるのは，膨張コンクリートの乾燥収縮ひずみが緩やかに増加していることによる。この理由については，鉄筋のケミカルプレストレインの効果であるかあるいは環境条件的な違いであるかはあまり明確ではない。

14.1.5 引張応力の推定とひび割れの抑制効果

まずコンクリート標準示方書にある乾燥収縮ひずみを，式(14.4)および式(14.5)を用いて推定した[3]。

$$\varepsilon'_{cs}(t,t_0) = \left[1 - \exp\left\{-0.108(t-t_0)^{0.56}\right\}\right] \cdot \varepsilon'_{sh} \tag{14.4}$$

$$\varepsilon'_{sh} = -50 + 78\left[1 - \exp(RH/100)\right] + 38\log_e W - 5\left[\log_e\left\{(V/S)/10\right\}\right]^2 \tag{14.5}$$

ここに，ε'_{sh}：収縮ひずみ最終値($\times 10^{-5}$)の推定値

$\varepsilon'_{cs}(t,t_0)$：材齢 t_0 から t までの収縮ひずみ($\times 10^{-5}$)

RH：相対湿度 = 65(%)

W：単位水量(= 172 kg/m^3)

V：体積(mm^3)

S：外気に接する表面積(mm^2)

V/S：体積表面積比(= 150 mm)

式(14.4)で算出された無拘束収縮ひずみから，一家の式[4]を参考に 12.4 で提案した式を用いて，発生する引張応力を算出する。

普通コンクリートの乾燥材齢 t における引張応力度の算出式を，式(14.6)に示す。

$$\sigma_{p-t} = \varepsilon_{p-\infty} / \phi_\infty \cdot E_c (1 - e^{-\alpha \cdot \phi_t}) \tag{14.6}$$

また，膨張コンクリートの乾燥材齢 t における引張応力度の算出式を，式(14.7)に示す。

$$\sigma_{ex-t} = -\varepsilon'_e \cdot E_s \cdot p \cdot e^{-\alpha \cdot \phi t} + \varepsilon_{ex-\infty} / \phi_\infty \cdot E_c (1 - e^{-\alpha \cdot \phi_t}) \tag{14.7}$$

ここに，ε'_e：拘束状態下の膨張コンクリート(鉄筋)の最大膨張率

$\varepsilon_{p-\infty}$：普通コンクリートの最終収縮率

$\varepsilon_{ex-\infty}$：膨張コンクリートの最終収縮率

E_s：鉄筋のヤング係数 = 2.1×10^5 N/mm^2

E_c：コンクリートのヤング係数

p：拘束率に相当する鉄筋比

α：$n \cdot p/(1+n \cdot p)$ で表される拘束率($n = E_s/E_c$)

ϕ_∞：コンクリートの最終クリープ係数

ϕ_t：材齢 t のコンクリートのクリープ係数

今回の施工現場における拘束率 α は不明であるが，各部位の計測ひずみおよび無応力の計測ひずみから，$\alpha = 0.4$ とした。拘束率 α を 0.4 とした場合の鉄筋比を 7.94％に換算して，膨張コンクリートが拘束に対してなす仕事量が拘束の程度にかかわらず一定であるとの仮定[5]により，拘束下の最大膨張率を 63×10^{-6} と算出した。また，**12.4** で述べたように，普通コンクリートと膨張コンクリートの最終収縮率は同じとして，式(14.5)を用いて算出すると，375×10^{-6} を得た。

コンクリートのヤング係数を，**図-14.5** に示した。式(14.3)の算定式を用い，材齢3日までは 0.73 として，5日で 1.00 とした低減（補正）係数を用いて，有効ヤング係数とした。クリープ係数は既往の研究[6]により求められたものを用い，最終クリープを普通コンクリートで 1.0，膨張コンクリートで 1.5 とし，材齢ごとのクリープ係数は **12.4** のクリープ推定式を用いて推定した。

普通コンクリートおよび膨張コンクリートの発生応力と引張強度を，**図-14.9** 示す。膨張コンクリートは初期に圧縮応力が導入され，引張応力が発生する時期も遅く，速度も小さいことがわかる。

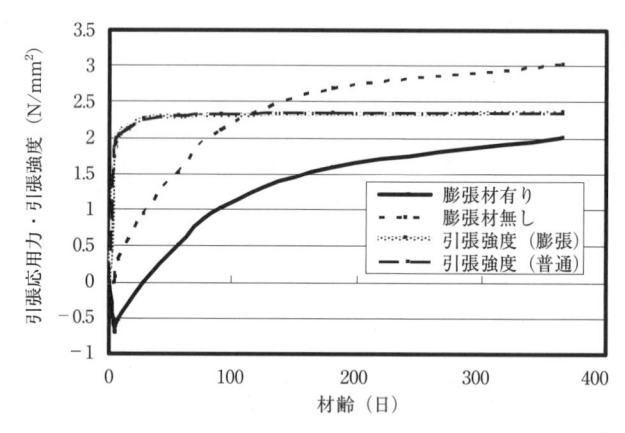

図-14.9 コンクリートに発生する推定引張応力度

ひび割れの発生時期は，以下の観察とも一致する結果であった。すなわち，1ヶ月，2ヶ月ではひび割れが観察されなかったが，約3ヶ月後の観察では，普通コンクリートに18本のひび割れが発生し，膨張コンクリートには2本の微細なひび割れが発生していた。5ヶ月後では，普通コンクリートは拘束が大きい柱廻りを中心に 0.2～0.5 mm 幅のひび割れが30本発生したのに対して，膨張コンクリートはひび割れ幅が 0.1 mm 程度の2本が発生しただけであり，長さも短かった。

さらに1年後の観察によると，**図-14.10** と **図-14.11** に示すように，ひび割れの発生本数が膨張コンクリートでは5本に対して，普通コンクリートは41本であった。また，最大ひび割れ幅

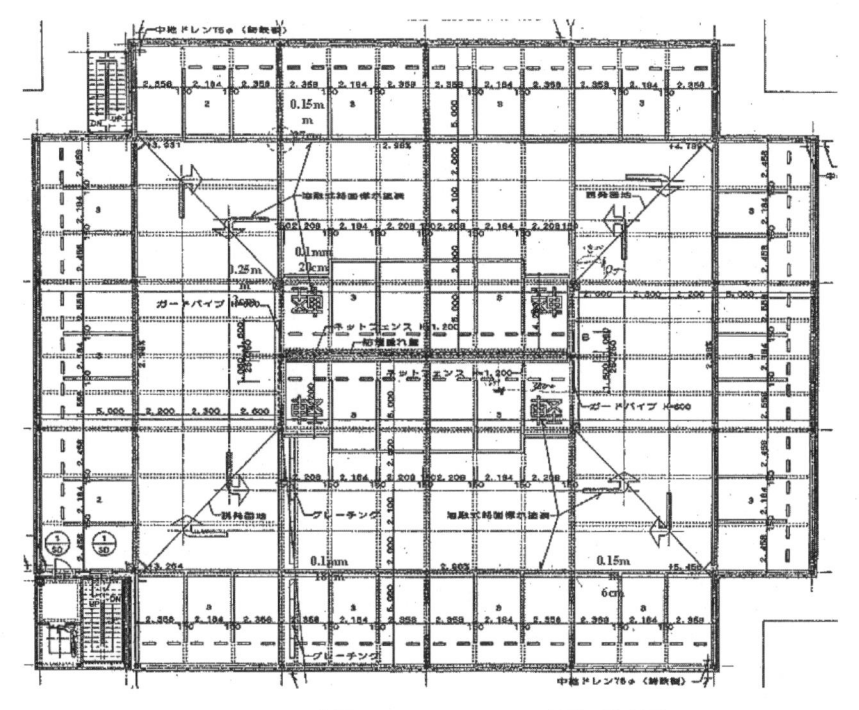

14.1 乾燥収縮ひび割れの抑制への適用

図-14.10 膨張コンクリートのひび割れ発生図

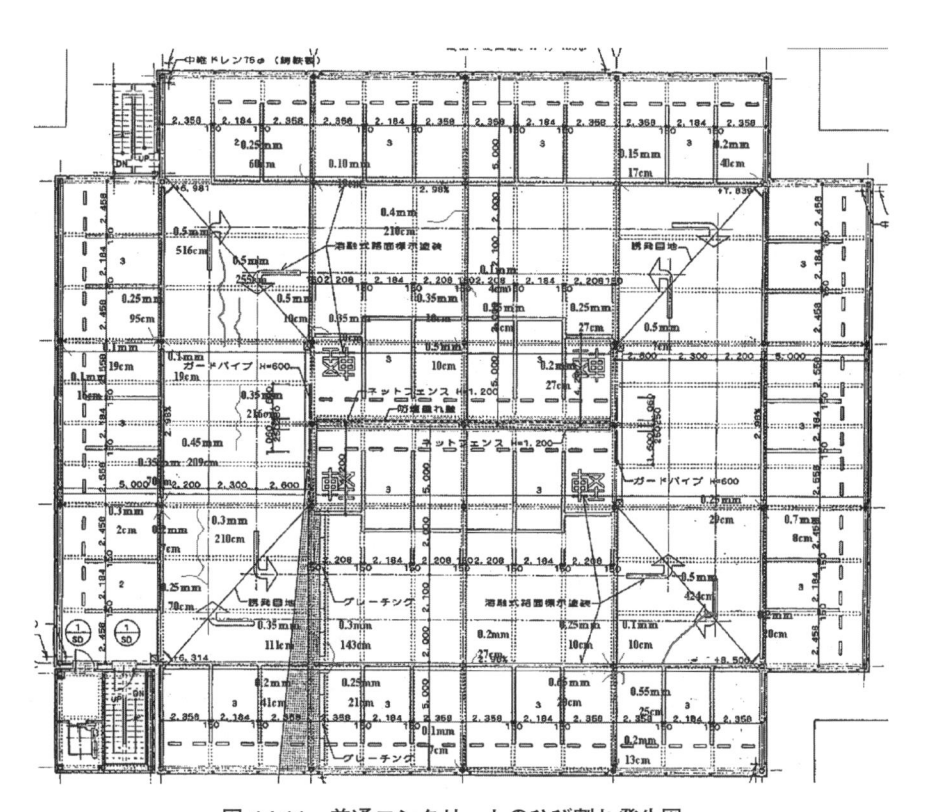

図-14.11 普通コンクリートのひび割れ発生図

が膨張コンクリートでは0.25 mmに対し，普通コンクリートでは0.70 mm，最大ひび割れ長さが膨張コンクリートでは20 cmに対し，普通コンクリートでは516 cmとなり，膨張コンクリートと普通コンクリートでは大きな差があることが判明した。

以上の外観観察の結果から，石灰系の低添加型膨張材を用いる場合について，初期のケミカルプレストレスの導入により，引張応力が低減されるひび割れの抑制効果を検証できた。

14.2 壁体コンクリート構造物における評価

14.2.1 はじめに

9章においては，低添加型膨張材を用いた供試体における基礎的特性[7]を，12章においては，低添加型膨張材を用いた鉄筋コンクリート梁における膨張・収縮をそれぞれ報告した。しかしながら，膨張材は鉄筋コンクリート構造物におけるひび割れの低減を目的として用いる材料であるため，最終的には構造体における評価が必要となる。

本章においては，低添加型膨張材を置換したコンクリートを用いて壁体を作製し，屋外環境下における膨張材の効果を評価する。併せて，構造体における中性化の進行状況と圧縮強度を調査した結果についても報告する。さらに，室内試験における中性化および凍結融解抵抗性に関する実験結果についても，併せて報告する。

14.2.2 実験の概要

(1) 使用材料および配合

本実験において，セメントには普通ポルトランドセメントを使用した。細骨材には姫川水系産川砂を，粗骨材には姫川水系産川砂利をそれぞれ用いた。混和剤にはリグニン系のAE減水剤を使用した。そして膨張材としては，表-9.3～表-9.5に示した低添加型膨張材を使用した。

コンクリートには，表-14.5に示す2配合を用いた。膨張材はセメントに置換する形で，9章において提案した標準置換量の20 kg/m³としている。

表-14.5 コンクリートの配合

	水結合材比 (%)	細骨材率 (%)	単位量 (kg/m³)				
			水	セメント	低添加型膨張材	細骨材	粗骨材
普通コンクリート	54.8	47.5	170	310	—	872	1 000
膨張コンクリート				290	20		

(2) 実験項目および実験方法

a. コンクリート壁体の概要

コンクリート壁体の寸法は**図-14.12**に示す通りであり，主鉄筋としてD16を200 mm間隔で，配力鉄筋としてD13を200 mm間隔でそれぞれ配置した。それらの配置位置は，**図-14.12**中に破線で表示している。また基礎としては，厚さが50 cmのコンクリートを施工している。

コンクリートはレディーミクストコンクリート工場において製造し，施工場所までアジテータ車により運搬し，荷卸しを行った。施工の季節は秋で，当日の天候は晴れ，外気温は20℃程度であった。なお，型枠は材齢7日まで存置した。

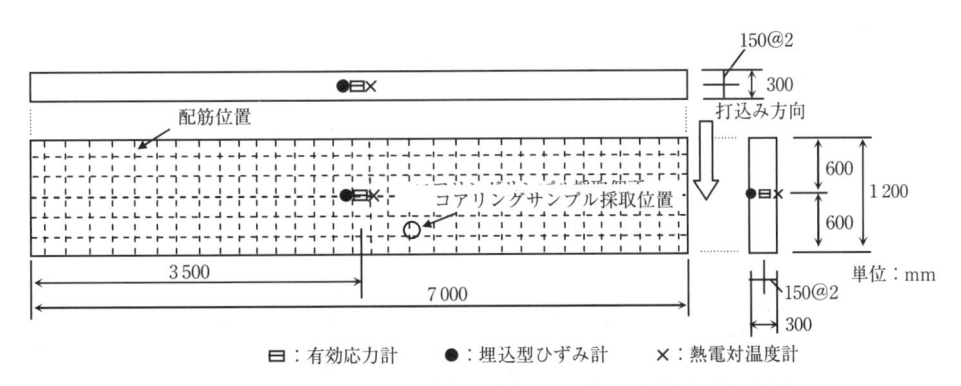

図-14.12 コンクリート壁体の寸法および計測機器の設置位置

b. コンクリートの品質管理試験

スランプはJIS A 1101に，空気量はJIS A 1128に，凝結試験はASTM C403に，それぞれ準拠した。コンクリート温度は，デジタル温度計により計測した。圧縮強度は試験方法はJIS A 1108に準じたが，材齢1日以降の養生条件としては，20℃一定の水中養生と，現場封緘養生の2種類とした。測定材齢は，材齢1，7，28および91日である。

長さ変化率試験はJIS A 6202に準じ，材齢1日で脱型した後は，20 ± 2℃一定の水中養生を行った。試験材齢は1，2，4，7，14，28および91日である。

なお上記試験において，スランプ，空気量およびコンクリート温度については，レディーミクストコンクリートの出荷時と現場到着時(出荷後およそ30分経過時)に行い，それ以外の試験については出荷時に試料を採取した。

c. コンクリート壁体での膨張材の評価方法

壁体内部に各種測定機器を設置することで，壁体に発生する物理的変化を測定した。コンクリート温度および外気温は熱電対温度計を，コンクリートの長さ変化率については埋込型ひずみ計を，コンクリートに発生した応力については有効応力計を，それぞれ**図-14.12**に示す場所に設置した。計測はコンクリートの打込み直後から開始し，材齢120日間継続した。

d. コンクリート壁体からのコアサンプルの採取方法

コアサンプルについては JIS A 1107 に準じ,材齢2年2ヶ月に採取した。内径が10 cmのコンクリートカッターを用い,図-14.12に示した位置において,コンクリート壁体からコアサンプルを採取している。

(3) 耐久性評価の実験項目および実験方法

耐久性に関する評価は,中性化,凍結融解抵抗性および圧縮強度により行った。中性化と圧縮強度については,室内における促進試験と前述したコンクリート壁体からのコアサンプルを用いた実験の双方を実施している。

a. 中性化評価試験

室内試験における中性化の評価は,「高耐久性鉄筋コンクリート造設計施工指針(案)・同解説」[8]に準じた。すなわち,供試体は材齢1日に脱型し,材齢28日まで20℃一定の水中養生の後,20℃,60％R.H.の恒温恒湿室において28日間養生し,その後打込み面および底面をシールして試験に供した。促進中性化の条件は,20℃,60％R.H.で,炭酸ガス濃度は 5 ± 0.2 ％である。

コンクリート壁体を用いた中性化評価試験は,前述した採取した供試体を用い,JIS A 1152に準じた。割裂面を測定面とし,試薬はフェノールフタレイン1％溶液を用いた。試薬の噴霧から測定までの時間は,24時間である。

b. 凍結融解抵抗性試験

凍結融解抵抗性試験は,ASTM C-666に従って実施した。供試体は,材齢14日まで温度が 20 ± 5 ℃一定の水中養生を行った後に試験に供している。凍結融解サイクルが30サイクル経過するごとに動弾性係数と質量を測定し,凍結融解抵抗性の評価指標とした。

c. コンクリート壁体の長期強度

前述の採取したコア供試体を用い,JIS A 1107に準じてコンクリート壁体実物の長期圧縮強度を測定した。採取したコア供試体は長さが30 cm程度であるため,両端(暴露面)を切り落とし,直径に対する高さの比が1.5～2.0になるよう調整している。得られた圧縮強度に,直径と高さとの比から求まる,JIS A 1107において規定されている補正計算を施して,圧縮強度の評価とした。

14.2.3 コンクリートの品質管理の実験結果

壁体に用いたコンクリートの品質管理試験の結果を,表-14.6,図-14.13,図-14.14および図-14.15に示す。それぞれ,フレッシュ性状,凝結試験,圧縮強度および長さ変化率である。

表-14.6および図-14.13より,フレッシュ性状および凝結試験結果は配合による差はほとんど確認されない。図-14.14より,圧縮強度についても現場封緘養生は水中養生に比較して若干の

14.2 壁体コンクリート構造物における評価

表-14.6 コンクリートのフレッシュ性状

配合	スランプ (cm)	空気量 (%)	温度 (℃)
普通コンクリート	16.0 (12.0)	5.5 (5.3)	24.0 (23.5)
膨張コンクリート	16.5 (16.0)	5.5 (4.3)	25.0 (25.0)

注）数値は上段が出荷時，下段が現場到着時

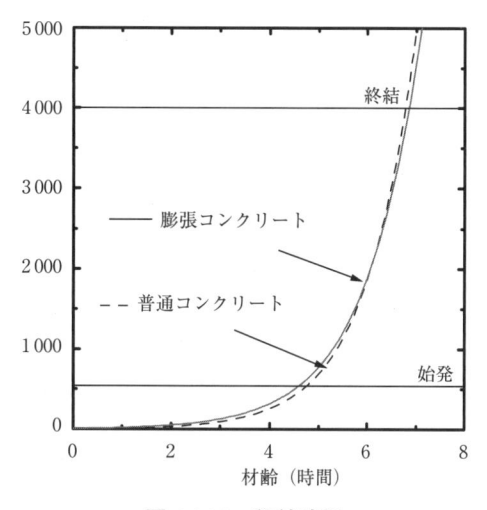

図-14.13 凝結時間

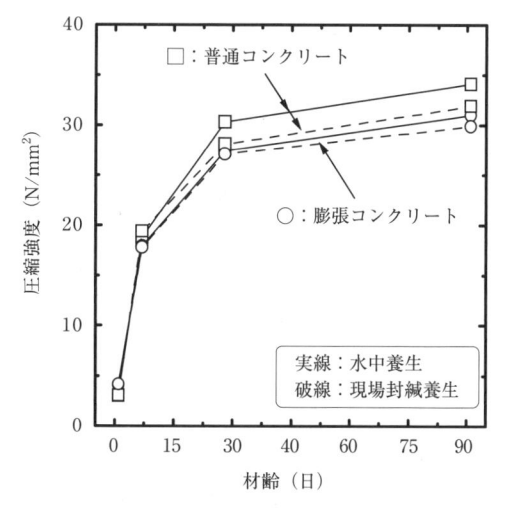

図-14.14 圧縮強度

強度低下が見られるものの，配合による影響は小さい。なお，長さ変化率の測定結果については，図-14.15より膨張コンクリートに200×10^{-6}程度の膨張ひずみが生じていることが確認される。

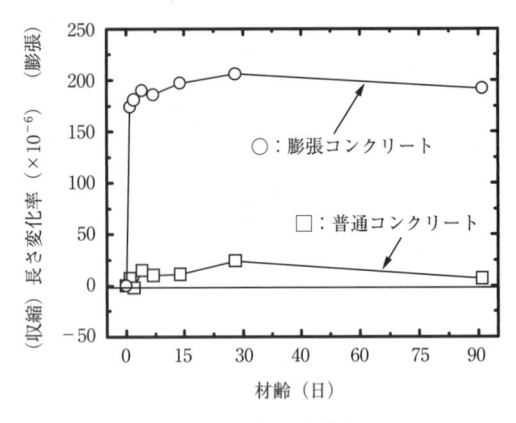

図-14.15　長さ変化率

14.2.4　コンクリート壁体における計測結果

(1)　コンクリート温度

図-14.16には，コンクリート壁における温度の計測結果を示す。図の横軸(材齢)は対数目盛を使用しており，図中の破線は外気温である。表-14.6より，現場到着時におけるコンクリートの温度差が1.5℃あることを考慮しても，コンクリート壁におけるコンクリートの最高温度は，普通コンクリートの35.3℃に比較して膨張コンクリートは41.6℃と，5℃程度高い。既往の報告からも，本実験に用いた低添加型膨張材はコンクリートの発熱を高める方向へ影響する傾向が確認されており[9]，本計測結果も同様の傾向が現れたものと推察される。

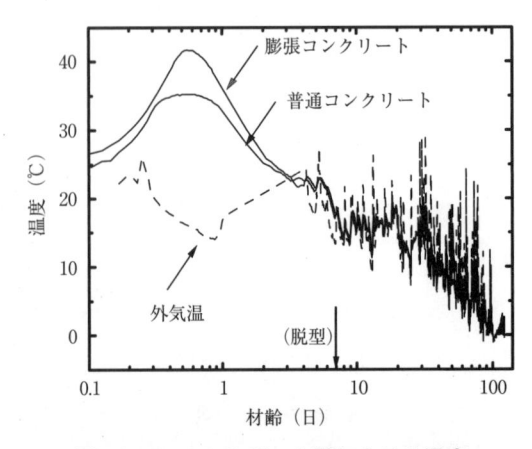

図-14.16　コンクリート壁における温度

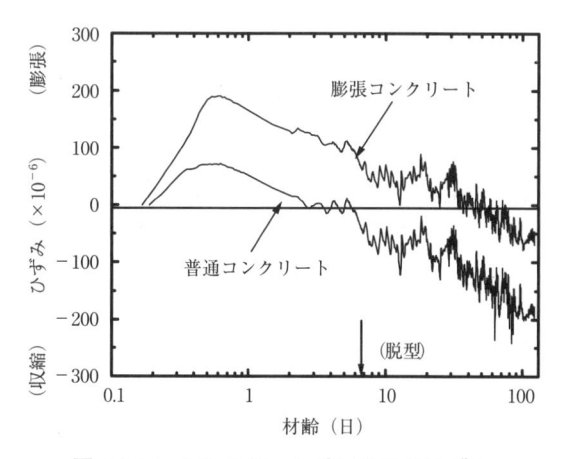

図-14.17 コンクリート壁におけるひずみ

(2) ひずみ

図-14.17には，コンクリート壁におけるひずみの計測結果を示す。ひずみは壁内部に設置した埋込型ひずみ計の数値より，凝結の始発時間を基点として補正計算を施している。なお，図の横軸の材齢には，対数目盛を使用している。

いずれの配合についても，打込み直後からコンクリートの発熱に伴う膨張ひずみを発現しているが，膨張コンクリートについては膨張材の反応による膨張が加わっている。材齢0.5日頃に膨張ひずみは最大値に達しており，普通コンクリートは 71×10^{-6}，膨張コンクリートは 191×10^{-6} となった。

それ以降は温度降下に伴って膨張ひずみが減少し，型枠を取り外した材齢7日以降は乾燥収縮も加わっている。普通コンクリートは既に材齢3日頃，膨張コンクリートも材齢40日頃に収縮に転じている。そして，計測を終了した材齢120日における長さ変化は，普通コンクリートが 195×10^{-6}，膨張コンクリートが 60×10^{-6} の収縮ひずみとなった。

以上のように，普通コンクリートに比較して膨張コンクリートの収縮ひずみは常に小さく，低添加型膨張材によって乾燥収縮が補償されていることが実構造物でも確認することができた。なお，計測結果が波打つ原因は，日射や気温の日変動によって発生したひずみと考えられる。

(3) コンクリートの応力

コンクリート壁における応力の計測結果を，**図-14.18**に示す。打込み後の初期材齢から引張応力が発生している普通コンクリートに対し，膨張コンクリートは材齢0.5日までに 0.5 N/mm^2 程度の圧縮応力が導入されている。

その後，温度降下や乾燥収縮によって圧縮応力は減少し，計測を終了した材齢120日において，普通コンクリートは 0.65 N/mm^2，膨張コンクリートは 0.31 N/mm^2 の引張応力となった。

計測結果が日射や気温の変動によって波打っているが，膨張コンクリートの引張応力は普通

14章 低添加型膨張材のコンクリート構造物への適用

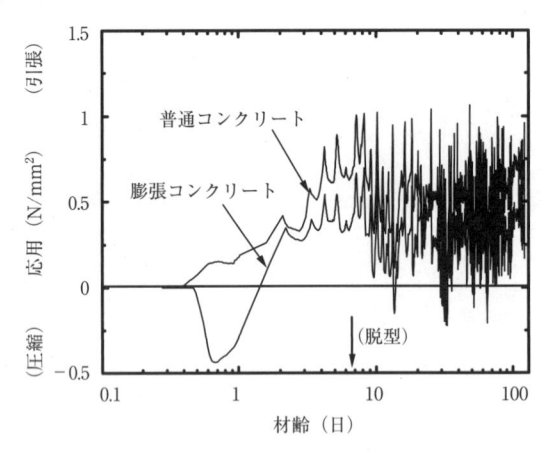

図-14.18 コンクリート壁における応力

コンクリートの引張応力に比較して常に小さい。低添加型膨張材の使用によって，コンクリートに発生する引張応力は低減することが認められた。

ところで，**図-14.17**では普通コンクリートにおいて膨張ひずみが確認されているにもかかわらず，**図-14.18**では普通コンクリートに圧縮応力が見られない。これは，主に計測器の性質，すなわち，ひずみの測定に用いた埋込型ひずみ計と応力の測定に用いた有効応力計は，それぞれ精度を保証するコンクリートのヤング係数が異なっている点に起因するものと推察される。

14.2.5 耐久性の評価

(1) 中性化評価

室内試験において実施した促進中性化試験の結果を，**図-14.19**に示す。中性化深さは促進中

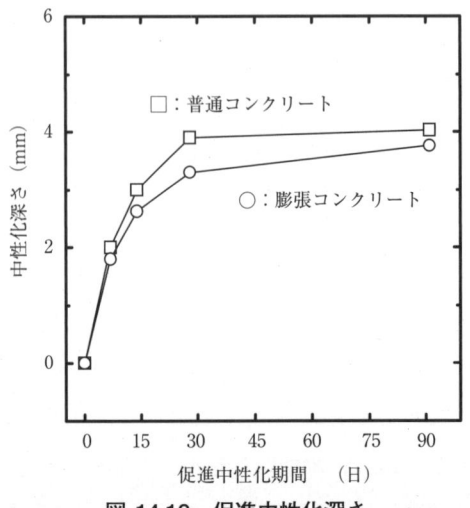

図-14.19 促進中性化深さ

性化期間とともに増大しているが，91日における中性化深さは普通コンクリートが4.0 mm，膨張コンクリートが3.8 mmとほぼ同等である。

コンクリート壁から採取したコアサンプルによる中性化深さの測定結果を，**表-14.7**および**図-14.20**に示す。測定箇所による測定値のばらつきもあるが，普通コンクリートに比較して膨張コンクリートの中性化深さが小さくなっている。ただし暴露（促進中性化）期間が2年2ヶ月と短く，供試体も少ないため，さらに長い期間における評価が必要がある。

表-14.7 コアサンプルによる中性化深さ

配合	中性化深さ（mm）	
	測定値	平均値
普通コンクリート	1.3, 2.0, 1.3, 1.5, 0.8	2.0
膨張コンクリート	0.0, 1.0, 0.0, 0.1, 0.7	1.0

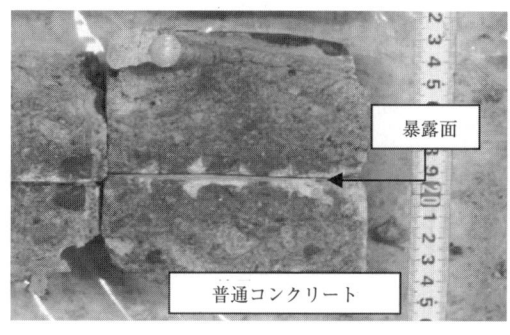

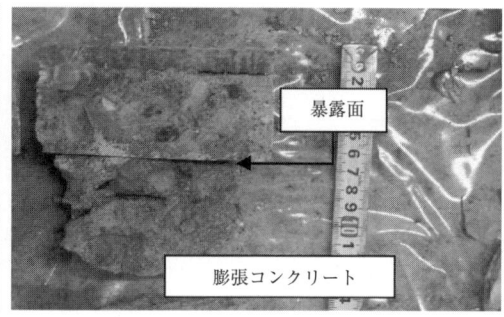

図-14.20 コアサンプルの中性化

（2） 凍結融解抵抗性

図-14.21には，相対動弾性係数比と質量変化率を示す。凍結融解サイクルとともに相対動弾

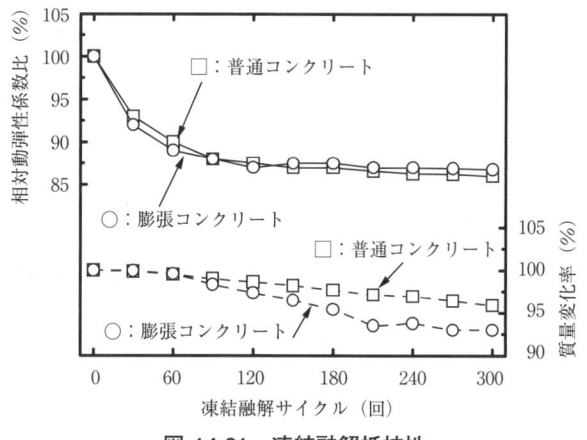

図-14.21 凍結融解抵抗性

性係数比と質量変化率は減少しているが，試験終了時の300サイクルにおいて，いずれの配合も相対動弾性係数比は85％以上，質量変化率は90％以上となっており，いずれのコンクリートも凍結融解抵抗性は優れている。

(3) コンクリート壁の長期強度

コンクリート壁より採取した供試体を用いて行った圧縮強度の測定結果を，**表-14.8**に示す。配合によって圧縮強度による差異はほとんど見られず，また**14.2.3**において示した品質管理試験の圧縮強度（材齢91日）に比較しても，強度の増進が認められることから，いずれのコンクリート壁も構造物として健全であることが伺える。

表-14.8 コンクリート壁の圧縮強度

配合	補正係数		圧縮強度 (N/mm^2)		
	直径に対する高さの比	補正係数	試験値	補正値	平均値
普通コンクリート	1.60	0.969	30.8	29.8	
	1.70	0.976	40.9	39.9	35.4
	1.92	0.992	36.8	36.5	
膨張コンクリート	1.67	0.974	36.6	35.6	
	1.70	0.976	38.0	37.1	36.7
	1.95	0.995	37.7	37.5	

14.2.6 まとめ

本節では，低添加型膨張材を置換したコンクリートを用いて壁体コンクリート構造物をつくり，屋外養生条件下において膨張材による効果を評価した。併せて，打込みから2年2ヶ月が経過した時点でコアリングによるサンプル採取を行い，構造物としての耐久性を中性化と圧縮強度により評価した。

本実験の範囲内において得られた結論を，以下に述べる。

1. 低添加型膨張材を置換したコンクリートは，構造物においても膨張材による効果が認められた。具体的には，膨張材による乾燥収縮の補償および引張応力の低減が，構造物においても確認できた。

2. 上記構造物において，施工後2年2ヶ月が経過した時点における調査の結果，構造物の圧縮強度は低添加型膨張材の有無によらず同等であり，一方で中性化については，低添加型膨張材を置換することでその進行が低減されている結果が得られた。

3. 室内試験における促進中性化試験および凍結融解抵抗性試験の結果において，低添加型膨張材を置換したコンクリートは，置換しないコンクリートと同等の品質を示した。

14.3 マスコンクリート構造物への適用

14.3.1 はじめに

下端が拘束された壁構造物では，コンクリートの乾燥収縮や水和熱に起因する温度収縮を底盤コンクリートが拘束することによって，有害なひび割れが発生することが考えられる。ここでは，浄水場の建設工事において，部材厚が1.0 mの側壁部マスコンクリートのひび割れ対策として採用された誘発目地と膨張材を組み合わせた工法に対して，現場計測試験によりその効果を確認し，さらに解析的検討を実施した結果を報告する。

14.3.2 計測の概要

側壁部に使用したコンクリートの配合を，**表-14.9**に示す。膨張材は石灰系の低添加型膨張材を使用した。**図-14.22**に示す部材厚が1.0 mの側壁部の高さ方向に0.5，1.5，2.5 mの3箇所において，測温機能付き埋込型ひずみ計，また2.5 m位置に設置した有効応力計により，それぞ

表-14.9 コンクリートの配合

スランプ (cm)	Air (%)	W/C (%)	s/a (%)	単位量 (kg/m^3)					
				W	C	E_x	S	G	Ad
12 ± 2.5	4.5 ± 1.5	47.5	40.1	168	334	20	707	1 061	3.54

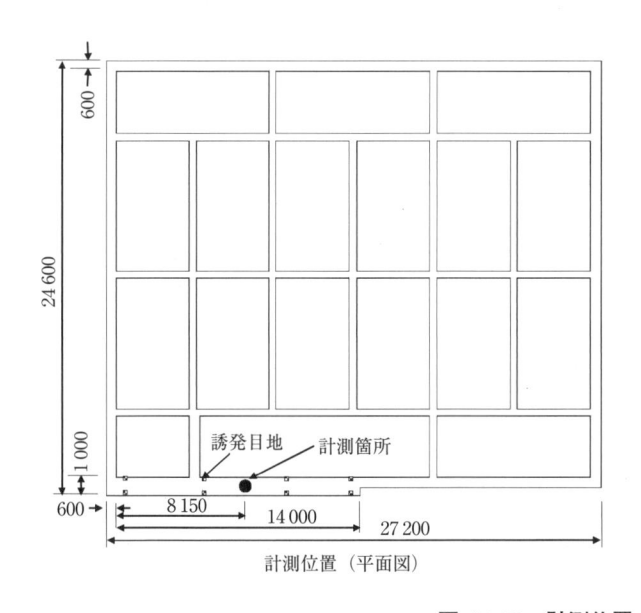

図-14.22 計測位置

れ温度，実ひずみ，発生応力を測定した。なお，ひび割れ誘発目地は，4m間隔で4箇所に設置している。

14.3.3 実ひずみ，温度，発生応力およびひび割れ

実ひずみ，温度，発生応力の計測結果を，図-14.23～図-14.25に示す。0.5，1.5，2.5mの位置の最高温度は，それぞれ材齢が約1日で47.0℃，56.0℃，53.8℃を示した。温度下降時の温度は3箇所とも同様の傾向を示したが，2.5m位置の実ひずみが最も急激な収縮を示した。これは，外部拘束が小さいためと考えられる。

2.5m位置の発生応力は，材齢が0.65日（約16時間）に低添加型膨張材による1.63 N/mm^{2}の圧縮応力が導入され，また材齢が22日で1.05 N/mm^{2}の引張応力が生じている。いずれの材齢に

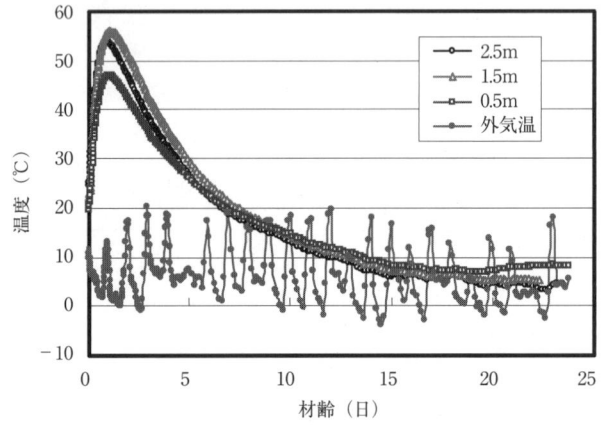

図-14.23 温度の計測結果

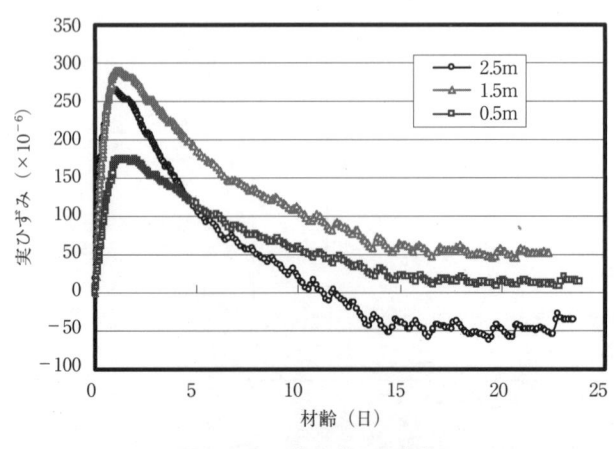

図-14.24 実ひずみの変化

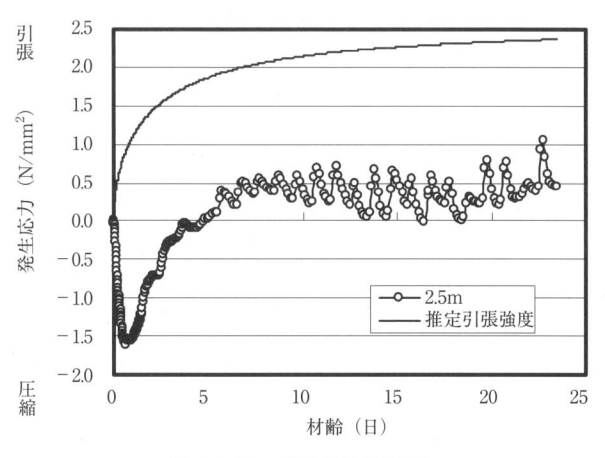

図-14.25 発生応力の変化

おいても，土木学会のコンクリート標準示方書で算出した引張強度に比べて，発生した引張応力は下回っている。

実構造物の外観観察では，誘発目地以外にはひび割れが発生していなかった。ひび割れ誘発目地の設置と低添加型膨張材を用いたコンクリートにより，壁が厚いマスコンクリートにおいても，温度応力よるひび割れの抑制効果が確認された。

14.3.4 解析的検討

解析モデルと解析ポイントを，**図-14.26**に示す。解析ポイントは，有効応力計を設置した2.5 mとした。**表-14.10**に示す3ケースを解析条件として，温度応力解析プログラム（ASTEA MACS）

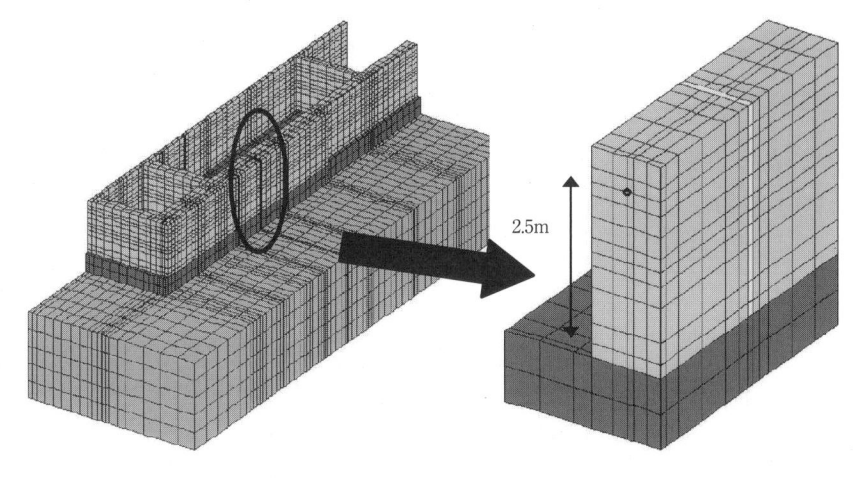

図-14.26 解析モデルと解析ポイント

表-14.10　解析条件

CASE	ケース1	ケース2	ケース3
コンクリートの種類	普通コンクリート	膨張コンクリート	膨張コンクリート
断熱温度上昇式（℃）	$52.14(1-e^{-1.225t})$	$52.14(1-e^{-1.348t})$	$52.14(1-e^{-1.348t})$
膨張ひずみ（$\times 10^{-6}$）	—	—	$150(1-e^{-0.75t^{1.5}})$
熱膨張係数（$\times 10^{-6}$）	10	7	10
圧縮強度（N/mm²）	$f'_c(t)=t/(a+bt) \times 1.1 \times f'_c(28) \times d$ $f'_c(28)=33$　$a=4.5$　$b=0.95$　$d=1.11$		
引張強度（N/mm²）	$f_t(t)=0.44 \times \sqrt{f'_c(t)}$		
有効ヤング係数（N/mm²）	$E_c(t)=\Phi(t) \times 4.7 \times 10^3 \sqrt{f'_c(t)}$		
ヤング係数の補正係数	$3d$まで$\Phi=0.73$, $5d$以降$\Phi=1.0$, $3d \sim 5d$は直線補間		
熱伝導率（W/m℃）	2.7		
熱伝達率（W/m²℃）	$7d$まで8，以降は14		
環境温度（℃）	10		
初期温度（℃）	18.7		

を用いて，温度解析と温度応力解析を行った。打込み温度は，実際の温度の18.7℃を用いた。

解析ケース1では，膨張材を使用しないコンクリートを対象としている。ケース2，ケース3では膨張コンクリートで，断熱温度上昇式の速度係数βを10％大きく設定し，温度上昇速度を大きく見込んでいる。

また，ケース2では，膨張材の効果として熱膨張係数を10×10^{-6}から7×10^{-6}へ小さくすることで，その効果を導入している[7]。ケース3では，膨張材の効果を，膨張ひずみを$150(1-e^{-0.75t^{1.5}}) \times 10^{-6}$として，解析に導入している。ただし，有効ヤング係数は，土木学会の補正（低減）係数を用いて解析を行った。

14.3.5　解析結果

温度と温度応力の解析から得られた解析値を，計測した実測値と比較をして，**図-14.27**および**図-14.28**に示す。その結果，温度解析値は51.0℃となり，実測値の53.8℃に近い値が得られた。

熱膨張係数を通常用いられる10.5×10^{-6}/℃より小さくする手段は，膨張コンクリートを使用した温度応力解析に便宜的に用いられている方法である[10]。ケース2の熱膨張係数を7×10^{-6}/℃とした場合，初期の圧縮応力が実測値より小さい値となった。

JIS A 6202の膨張コンクリートの一軸拘束膨張試験（拘束鋼材比は0.95％）より得られた膨張ひずみ曲線（最大膨張率：150×10^{-6}）を用いたケース3では，初期の最大圧縮応力として1.87 N/mm²が得られ，実測値の最大圧縮応力の1.63 N/mm²に近い値となった。膨張ひずみを用いることで，膨張材を用いた場合の圧縮応力をより近似でき，解析により得られた引張応力も実

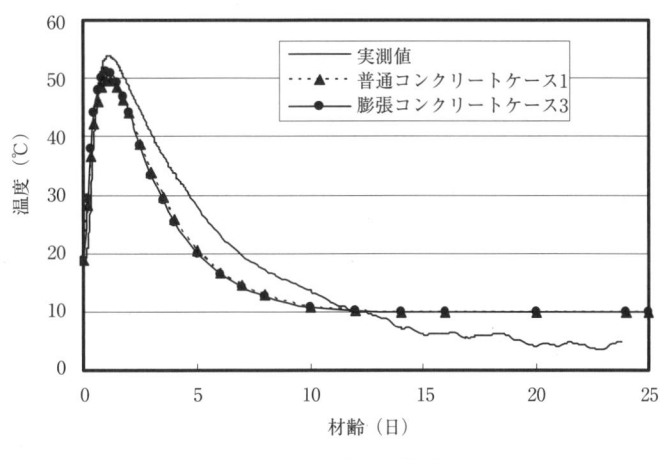

図-14.27 温度の解析結果

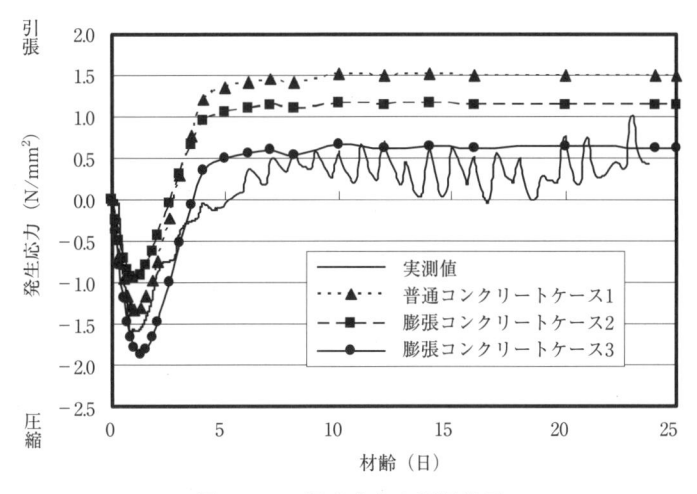

図-14.28 温度応力の解析結果

測値とかなり近い値となった。

　ケース1の普通コンクリートとケース3の膨張コンクリートの解析による発生応力を比較すると，膨張材の使用により引張応力が約 0.8 N/mm² 低減できることとなる。この初期の圧縮応力(ケミカルプレストレス)の導入と引張応力域での引張応力の低減効果により，コンクリートのひび割れは抑制されたと推察される。

●参考文献

1) 2007年制定コンクリート標準示方書［設計編：標準］，土木学会，2008.3
2) 高瀬和男，寺田典生，福永靖雄，石川敏之：場所打ちPC床版の材齢初期における膨張材効果の評価方法に関する一考察，コンクリート工学年次論文集，Vol.24, No.1, pp.549-554, 2002.6
3) 2007年制定コンクリート標準示方書［設計編：本編］，土木学会，2008.3

4) 一家惟俊：膨張材によるひび割れ防止，建築の技術　施工，pp.186-196，1975.8
5) 辻幸和：コンクリートにおけるケミカルプレストレスの利用に関する基礎研究，土木学会論文報告集，第235号，pp.111-124，1975.3
6) 佐竹紳也，佐久間隆司，細見雅生，中本啓介：高膨張コンクリートの調合設計・基礎物性について，コンクリート工学年次論文集，Vol.25，No.1，pp.125-130，2003.7
7) 保利彰宏，高橋光男，辻幸和：低添加型膨張材を用いたコンクリートの基礎物性，コンクリート工学年次論文集，Vol.24，No.1，pp.261-266，2002
8) 日本建築学会：高耐久性鉄筋コンクリート造設計施工指針(案)・同解説，pp.179-184，1991
9) 樋口隆行，中島康宏，保利彰宏，盛岡実：膨張材を混和した各種高流動コンクリートの自己収縮，セメント技術大会講演要旨，Vol.56，pp.234-235，2002
10) 中村時雄，斉藤文男，湯室和夫，佐野隆行：高ビーライト系低発熱セメントと水和熱抑制型膨張材を併用した高度浄水処理施設の側壁部マスコンクリート対策，コンクリート工学，Vol.36，No.9，pp.28-34，1998.9

15章 早強型膨張材の コンクリート製品への適用

15.1 早期脱型強度の向上

15.1.1 はじめに

コンクリート製品は，型枠にコンクリートを打ち込んだ後に蒸気養生を施すことで，早期に脱型が可能となり，生産効率を上げている。近年，大型コンクリート製品の需要が多くなり，脱型強度を得るために蒸気養生の温度を上げることや，蒸気養生の時間を長くする必要が生じてきている。しかしながら，大型製品では部材が厚いことから，蒸気養生が終了して，とくに冬季では脱型直後に表面温度が低くなると部材中心との温度差が大きくなる。このため，内部に拘束されて温度が低いコンクリート表面には引張応力が生じ，ひび割れが発生する危険性が高くなる。この引張応力を低減する方策としては，蒸気養生における最高温度を下げることが効果的であるが，脱型強度が得られないために難しい面がある。

従来，膨張材は，コンクリート製品の長期在庫品における乾燥収縮の低減や，ケミカルプレストレスの導入による曲げひび割れ耐力の増進を主目的に使用されてきた。本章では，早強性が付与された早強型膨張材を使用することによって，蒸気養生の最高温度を低減した場合の脱型強度の確保，および初期ひび割れの低減効果について検討した結果を報告する。とくに高炉スラグ微粉末をセメント量に対して50％使用していることから自己収縮が大きくなっていること[1)-3)]にも着目して，早強型膨張材による自己収縮の補償効果と蒸気養生の最高温度の低減による脱型強度を検討することとする。

15.1.2 実験の概要

実験は主に，3シリーズにわかれている。実験1では，主に無機カルシウム塩系硬化促進剤との組み合わせの中で，コンクリートに対する蒸気養生の温度を変化させて，短期強度を上昇させる方策を中心に検討を行った。

実験2では，供試体の大きさを変化させて，短期強度や拘束膨張率を検討した。また実験3では，早強型膨張材の配合量と蒸気養生の温度を変化させて，コンクリート製品が硬化した後

の寸法安定性を検討したものである。

15.1.3　無機カルシウム塩系硬化促進剤との組み合わせ効果

(1)　目　的

　早強ポルトランドセメントを結合材として，高炉スラグ微粉末を結合材の質量で50％置換したコンクリートについて，無機カルシウム塩系硬化促進剤と早強型膨張材を併用した場合の圧縮強度を検証する。蒸気養生の温度を下げる中で，材齢7時間の圧縮強度が15 N/mm^2 の脱型強度を確保できる配合についても検討する。

(2)　実験の概要

　使用材料には，早強ポルトランドセメント（密度は3.13 g/cm^3），砕石（表乾密度は2.65 g/cm^3），陸砂（表乾密度は2.62 g/cm^3），高炉スラグ微粉末（粉末度は4 000 cm^2/g，密度は2.90 g/cm^3），ポリカルボン酸系高性能減水剤をそれぞれ用いた。また，無機カルシウム塩系液体の硬化促進剤（結合材料量×1％），および早強型膨張材を用いた。

　これらの水準も含めて，強制2軸ミキサでコンクリートを練り混ぜた。実験水準を**表-15.1**に，配合を**表-15.2**に示す。

　フレッシュコンクリートは，スランプが3 ± 1.5 cm，空気量が2.0 ± 1.0％を目標とした。供

表-15.1　実験1の水準

早強型膨張材配合量 (kg/m^3)	最高温度（℃）		
	35		45
	硬化促進剤有	硬化促進剤無	硬化促進剤無
0	○	○	○
25	—	—	○
35	—	—	○
45	○	○	○

表-15.2　実験1のコンクリートの配合

配合名	W/C (%)	W/P (%)	s/a (%)	単位量 (kg/m^3)						SP
				W	C	S	G	S_g	E_x	
N-EX0		29.1	40.9	125	215	765	1 116	215	0	
N-EX25	58.1	27.5	40.2	125	215	744	1 116	215	25	適宜
N-EX35		26.9	39.9	125	215	736	1 116	215	35	
N-EX45		26.3	39.7	125	215	728	1 116	215	45	

試体は，前置き30分として，所定の温度の蒸気養生槽に入れて，5.5時間養生した。蒸気養生槽から供試体を取り出した後，材齢7時間で圧縮強度試験を行った。

(3) 圧縮強度

材齢7時間と材齢14日の圧縮強度を，**図-15.1**に示す。蒸気養生温度を45℃とすると，硬化促進剤や早強型膨張材を使用しなくても，目標脱型強度の15 N/mm^{2}を達成できる。しかし，本実験の目的であるコンクリート製品の部材厚が厚くなった場合，脱型時の温度ひび割れを避けるためには，蒸気養生の温度をさらに低下させる必要がある。

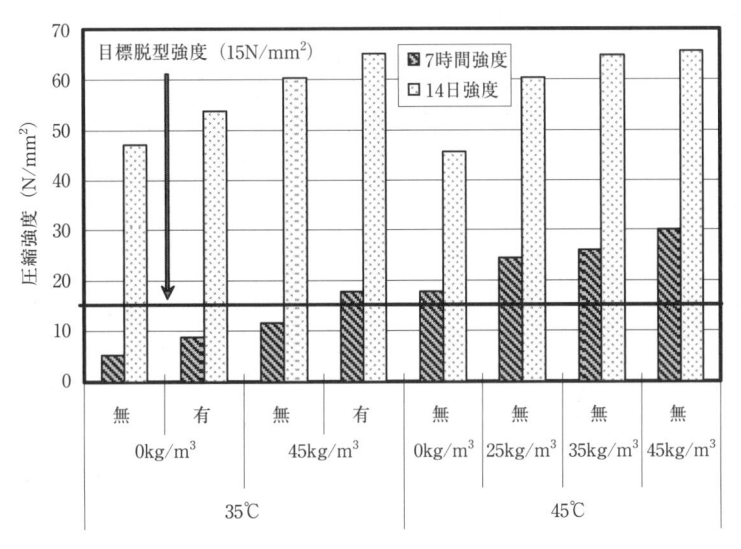

図-15.1 圧縮強度

蒸気養生温度が35℃では，硬化促進剤も早強型膨張材も配合しないと5.2 N/mm^{2}程度の脱型強度である。硬化促進剤を配合した場合は8.8 N/mm^2，早強型膨張材を配合した場は11.6 N/mm^{2}と，それぞれ69％，123％の強度の増進効果が認められる。しかし，目標脱型強度の15 N/mm^{2}には達していない。硬化促進剤と早強型膨張材を併用した場合，17.8 N/mm^{2}と目標脱型強度を達成し，相乗効果によって242％の強度の増進効果が認められる。

蒸気養生の温度が45℃では，早強型膨張材の単位量と材齢7時間の強度および材齢14日の強度とは相関性が高く，単位量の増加により初期強度の増進が大きいこともわかる。さらに，早強型膨張材を用いたコンクリートでは，材齢14日で60 N/mm^{2}以上の強度が得られており，早強型膨張材を使用しない場合より明らかに圧縮強度が大きくなっている。この原因は，初期強度が大きくなっただけではなく，早強型膨張材によるケミカルプレス効果[4]が働き，コンクリート硬化体が密実化したためではないかと推察する。

15.1.4　供試体の大きさの影響

(1)　実験の目的

　実験1で検証された早強型膨張材と硬化促進剤の組み合わせについて，供試体の大きさを変化させて，供試体内部の温度を把握し，部材が厚い場合における温度上昇による温度ひび割れの可能性を検討する。また，内部温度の上昇による強度上昇もあわせて検証する。

(2)　実験の概要

　使用材料は実験1と同様であり，コンクリートの練混ぜ方法も同様である。ただし，実験に用いた配合は，**表-15.3** に示す2水準である。蒸気養生の方法は実験1と同じであり，蒸気養生の最高温度を35℃とした。また，実験方法は圧縮強度供試体の大きさを変えて2種類とし，供試体内部の温度を測定した。実験方法を**表-15.4** に示す。

表-15.3　実験2のコンクリートの配合

配合名	W/C (%)	W/P (%)	s/a (%)	単位量（kg/m³）						SP
				W	C	S	G	S_g	E_x	
N-EX0	58.1	29.1	40.9	125	215	765	1 116	215	0	適宜
N-EX40		26.9	39.9	125	215	732	1 116	215	40	
N-EX45		26.3	39.7	125	215	728	1 116	215	45	

表-15.4　実験2の実験項目と実験方法

実験項目	実験方法
温度測定	練り上り直後から蒸気養生中の$\phi 10 \times 20$ cm，$\phi 15 \times 30$ cmについての供試体温度をデータロガーで測定する。
圧縮強度	JIS A 1108に従い，供試体寸法は$\phi 10 \times 20$ cm，$\phi 15 \times 30$ cmとする。試験は材齢7時間と材齢14日とする。
長さ変化	JIS A 6202（附属書2（参考）膨張コンクリートの拘束膨張及び収縮試験方法）のA法に従った。成形後，所定の蒸気養生を施し，蒸気養生後の拘束膨張率を材齢1日で測定して，その後水中養生を行い，材齢7日，14日で測定した。

(3)　供試体寸法が異なる圧縮強度と拘束膨張率

　材齢が7時間の圧縮強度を，**図-15.2** に示す。圧縮強度は，ほぼ実験1を再現する結果が得られている。すなわち，蒸気養生の最高温度が35℃で，早強型膨張材を45 kg/m³配合することにより，目標脱型強度の15 N/mm²を得ることができる。供試体寸法の違いにより，圧縮強度は材齢が7時間では0.8〜1.5 N/mm²程度大きくなるが，早強型膨張材が45 kg/m³では変わらない結果となった。

　内部の温度変化を測定した結果を，**図-15.3** に示す。$\phi 15 \times 30$では早強型膨張材を配合しな

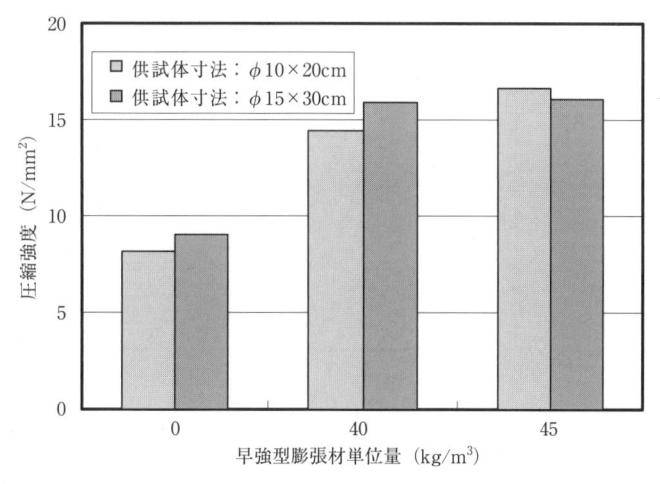

図-15.2 供試体寸法の違いによる材齢7時間の圧縮強度

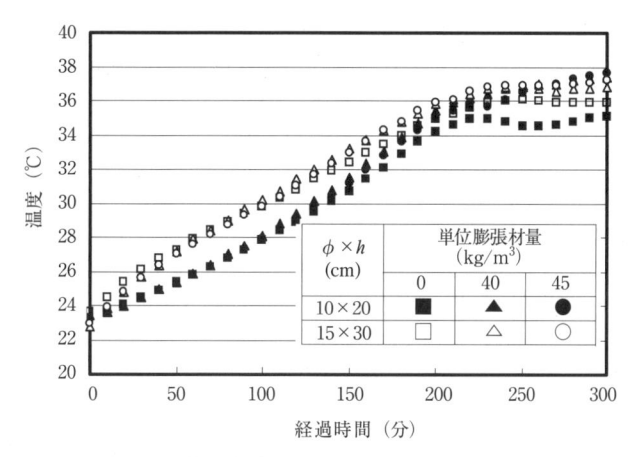

図-15.3 供試体寸法の違いによる内部温度変化

い場合，温度の上昇速度が速くなり，最高温度が1～2℃程度高くなる傾向にある。一方，早強型膨張材を配合すると，温度の上昇速度に変化はあるが，最高温度はほとんど変わらない結果となった。

早強型膨張材を使用しない場合と使用した場合の温度差は，1℃程度である。蒸気養生の温度が35℃程度であれば，早強型膨張材の発熱による内部温度の上昇が過大にならないと思われる。

拘束膨張試験の結果を，**図-15.4** に示す。早強型膨張材量が $40\,kg/m^3$ と $45\,kg/m^3$ とでは，拘束膨張率に 150×10^{-6} 以上の差が認められる。この差分については，ケミカルプレストレスがより大きく導入されることになる。

蒸気養生後，水中養生を行うことで，蒸気養生後の膨張ひずみの増加を検討した。その結果，

15章　早強型膨張材のコンクリート製品への適用

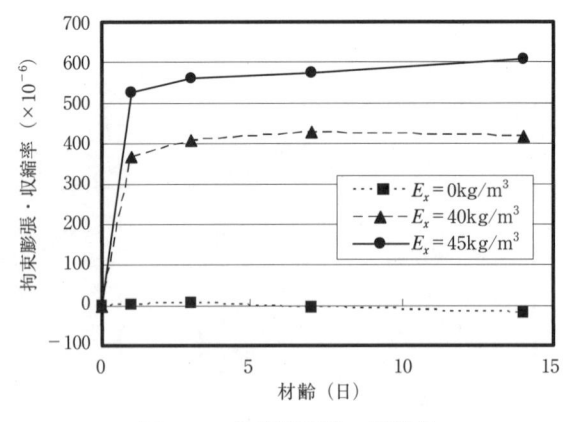

図-15.4　拘束膨張率・収縮率

材齢14日の材齢1日に対する伸び率は，早強型膨張材の配合量を変化させても両配合量とも1.15で変わらないが，絶対値としては80×10^{-6}程度の膨張が継続する結果となった。これは，早強型膨張材は蒸気養生によって，すべてが水和反応しているのではないことを示唆している。

15.1.5　単位早強型膨張材量と蒸気養生の最高温度の影響

(1) 実験の目的

大型のコンクリート製品を製造する場合，蒸気養生の最高温度を高くした場合，早強型膨張材を用いると配合量によっては，コンクリート製品の長さや寸法の規格値を超える膨張が発生することもある。このような膨張過多になるような配合や蒸気養生条件を見つけ出すことが必要である。また，コンクリート製品を同一型枠で一日2回製造する場合，脱型時間をさらに短縮する必要がある。

本実験シリーズでは，早強型膨張材の配合量と蒸気養生の最高温度を変化させて，自由膨張，拘束膨張，5時間強度を検討して，最適な製造条件を見出すこととする。

(2) 実験の概要

材齢が5時間で脱型強度が$15\,\text{N/mm}^2$を得るため，早強型膨張材の配合量を変化させ，蒸気養生の最高温度を変化させた実験水準を，**表-15.5**に示す。また**表-15.6**には，使用したコンクリートの配合を示す。コンクリートの使用材料は，実験1，2と同様であるが，実験1，2が早強型膨張材を細骨材と置き換えた外割り配合であったのに対して，実験3では早強ポルトランドセメント，高炉スラグ微粉末の結合材に置き換えた内割配合である。

コンクリートは，パン型強制ミキサを用いて150秒間練り混ぜたものを試料とした。蒸気養生は，前置きを30分として，4時間30分間供試体を各水準の蒸気養生槽に入れた。

表-15.5 実験3の水準

早強型膨張材単位量 (kg/m³)	蒸気養生温度 (℃)			
	40	45	50	55
30	○	○	○	○
37	○	○	○	○
45	○	○	○	○

表-15.6 実験3のコンクリートの配合

配合名	W/P (%)	s/a (%)	単位量 (kg/m³)								Ad 添加率
			W	C	S_g	E_x	S	G	Ad	ES	
Ex30				200	200	30	838	1 036	4.73	4.3	
Ex37	30.7	45.0	132	197	197	37	838	1 036	4.73	4.3	$P \times 0.75\%$
Ex45				192	192	45	838	1 036	4.73	4.3	

表-15.7 実験3の実験項目と実験方法

実験項目	実験方法
圧縮強度	JIS A 1108に従った。供試体寸法はφ10×20 cmの鋼製型枠に打ち込み,材齢5時間で脱型して試験を行った。
曲げ強度	JIS A 1106に準じて,長さ変化試験に用いた供試体を蒸気養生を施した後,材齢14日で行った。
長さ変化	JIS A 6202附属書2(参考)(膨張コンクリートの拘束膨張及び収縮試験方法)のB法に準じて,拘束棒をD13に代えて,中央部に温度補償型ひずみゲージを両側に添付して防水処理を施したものを使用した。コンクリートの打込みから連続的にひずみを測定した。
自由膨張収縮	JCI自己収縮委員会「セメントペースト,モルタルおよびコンクリートの自己収縮および自己膨張試験方法(案)」に準拠し,低弾性型埋込ひずみ計を埋設して,自由膨張収縮量を測定した。

　実験は,材齢が5時間における強度と成形から自由膨張ひずみと拘束膨張ひずみについて,ひずみ計を用いて計測した。**表-15.7**には,実験項目と実験方法を示す。自由膨張ひずみは,低弾性型埋込ひずみ計を用いて測定を行った。コンクリートの初期の熱膨張係数を 10.5×10^{-6} として,計測されたひずみから線膨張分のひずみを差し引いて,膨張ひずみを算出した。

　拘束膨張試験には,JIS A 6202附属書2(参考)の拘束膨張試験方法にある供試体に準拠して,コンクリート製品の鉄筋と鉄筋比に近づけるため,PC鋼棒の代わりに異形鉄筋D13を用い,端板を溶接した供試体を用いた。供試体の鉄筋中央部に,温度補償型ひずみゲージを2枚貼付し,防水処理を施した。計測は,打込みから蒸気養生終了まで行った。

(3) 圧縮強度と曲げ強度および自由膨張ひずみと拘束膨張ひずみ

　圧縮強度を**図-15.5**と**図-15.6**に示す。蒸気養生の最高温度が高くなれば,圧縮強度が大きくなる傾向がある。しかし,早強型膨張材の単位量と圧縮強度については相関が見出せない。材

15章　早強型膨張材のコンクリート製品への適用

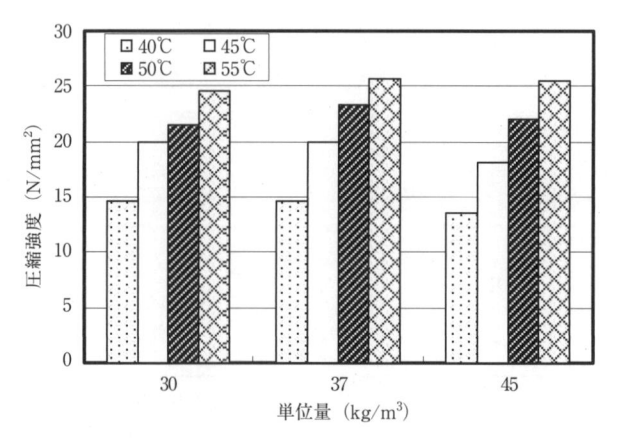

図-15.5　材齢5時間の圧縮強度

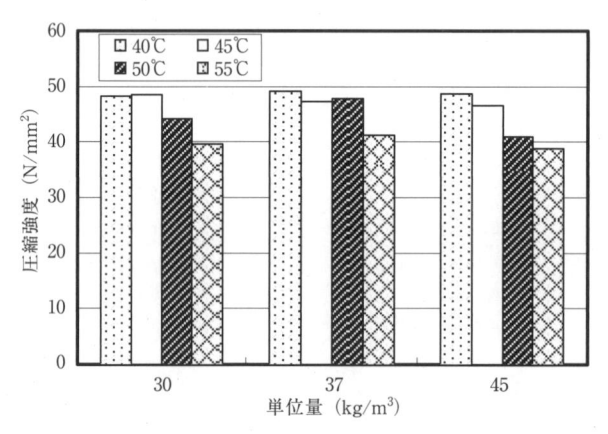

図-15.6　材齢7日の圧縮強度

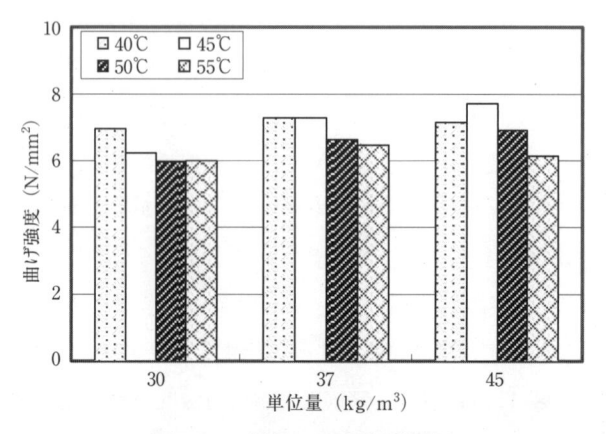

図-15.7　材齢7日の曲げ強度

齢が7日の圧縮強度についても，蒸気養生温度が高く，早強型膨張材の単位量が多いものほど自由膨張量が大きいために，圧縮強度が低下する傾向にある。

曲げ強度試験における初期ひび割れ強度は，**図-15.7**に示すように，ほぼ圧縮強度に比例している。蒸気養生の温度が50℃以上になると，一様にひび割れ発生強度が小さくなる傾向にある。

図-15.8の結果から，蒸気養生の最高温度が高くなればなるほど，自由膨張ひずみは大きくなる。そして，膨張ひずみの増加速度は速くなり，その程度は早強型膨張材の配合量が多いほど大きくなる傾向にある。圧縮強度が低下するのは，自由膨張ひずみが$2\,000 \times 10^{-6}$を超える水準であり，これ以上は過大膨張になり，製品寸法に影響を与えるものと考える。

拘束膨張試験結果では，JIS A 6202附属書2(参考)の拘束膨張試験と比較すると，拘束鋼材比が1.27％と少し大きい拘束程度にもかかわらず，いずれの水準も**図-15.9**のように大きな膨張率を示している。しかし，自由膨張に比較すると全体に小さく，蒸気養生の最高温度が高くなると小さくなる傾向にある。

蒸気養生の最高温度が低いところでは，早強型膨張材の単位量によって，拘束膨張ひずみには差が大きくなる。しかしながら，蒸気養生温度が高くなるに従って，膨張ひずみの差が小さくなることや拘束膨張ひずみが最大に達する材齢が早くなる傾向にある。これは蒸気養生の温度が高くなることで，セメントおよび早強型膨張材の水和反応が早くなるため，膨張が硬化体

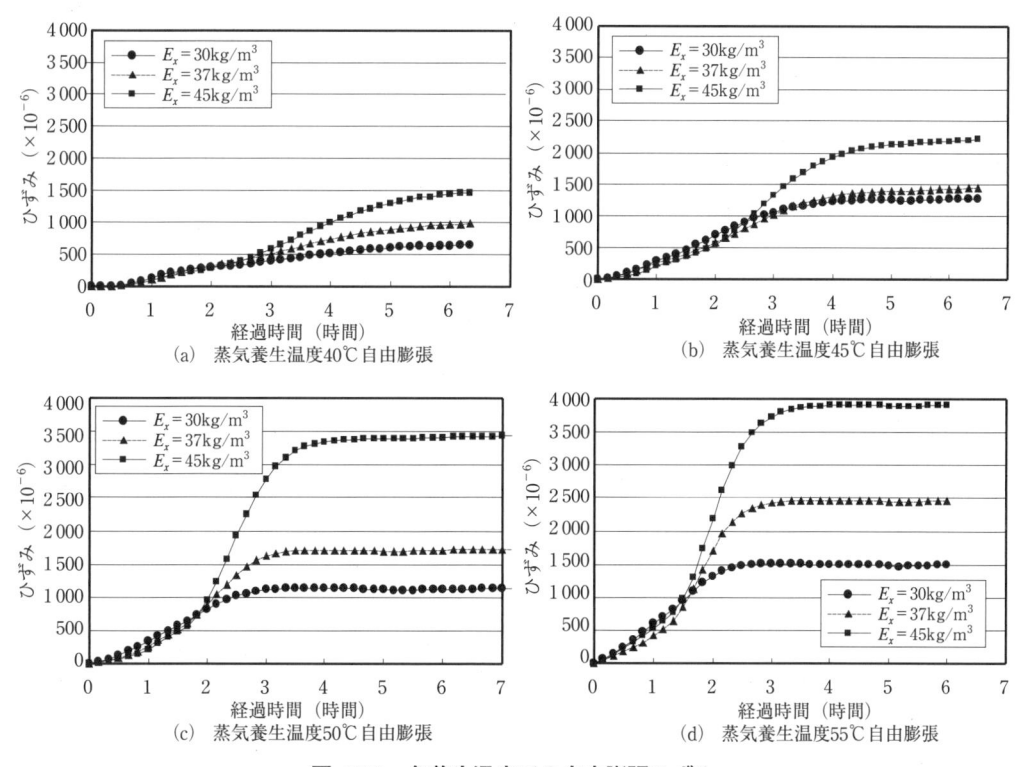

図-15.8 各養生温度での自由膨張ひずみ

15章　早強型膨張材のコンクリート製品への適用

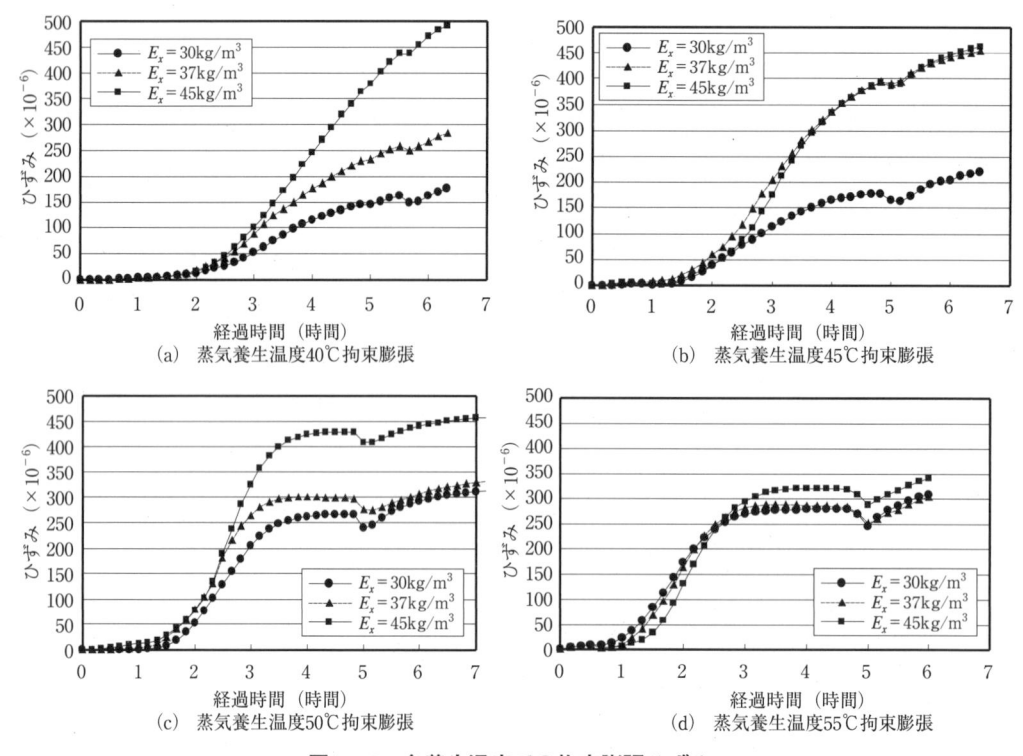

（a）蒸気養生温度40℃拘束膨張
（b）蒸気養生温度45℃拘束膨張
（c）蒸気養生温度50℃拘束膨張
（d）蒸気養生温度55℃拘束膨張

図-15.9　各養生温度での拘束膨張ひずみ

マトリックスに拘束されるためであると思われる。なお，今回は材齢7日から気中養生で行い，曲げひび割れ発生強度試験の直前に計測を行っている。

　鉄筋のひずみ量から，蒸気養生が温度が50℃を超えると拘束膨張量が小さく，ケミカルプレストレスが導入されにくい傾向にある。この傾向は，曲げひび割れ発生強度と一致した結果である。

　以上をまとめると，要求性能である脱型強度の $15\,\mathrm{N/mm^2}$ を満たして，膨張が大きくなり，コンクリート製品の設計寸法に影響を与えない範囲は，早強型膨張材を $30\,\mathrm{kg/m^3}$ 使用し，蒸気養生の最高温度は45℃の条件であることが判明した。

15.2　断熱養生への適用

15.2.1　はじめに

　冬季において，軌道スラブ用コンクリート製品が蒸気養生を行わないで，プレストレスの導入ができる圧縮強度を確保する目的で，早強型膨張材の使用を検討した。目標強度は，16時間

後で32 N/mm²以上である。

15.2.2 使用材料と配合

配合設計条件を**表-15.8**に，コンクリートの配合を**表-15.9**に示す。早強型膨張材を使用する配合は，細骨材に置き換えた外割り配合とし，セメント量の6％とした。

表-15.8 軌道スラブ用コンクリートの配合設計条件

配合項目	設計条件
設計基準強度 (N/mm²)	40
16時間脱型強度 (N/mm²)	32
粗骨材の最大寸法 (mm)	25
セメントの種類	早強セメント
単位セメント量 (kg/m³)	400
設計スランプ (cm)	6 ± 1.5
設計空気量 (%)	4 ± 1

表-15.9 軌道スラブ用コンクリートの配合

スランプ (cm)	W/C (%)	s/a (%)	単位量 (kg/m³)				
			W	C	E_x	S	G
6	37	43	148	400	0	731	1 050
		42			24	809	

注) E_xは早強型膨張材

15.2.3 実験の概要

打ち込んだコンクリートは，断熱シートで，16時間の養生を行った。断熱シートは，通常の養生シートを2枚重ねて，中間層にエアマットシートを積層させたものであり，**図-15.10**に示す。

強度管理用の圧縮強度用供試体は，コンクリート部材中央に埋め込まれた温度計の温度履歴と同様な温度履歴を与える追従養生装置（養生槽と温度制御装置がセットされた装置）により養生した。すなわち，実際の部材の強度が計測できるようにした（**図-15.10**参照）。

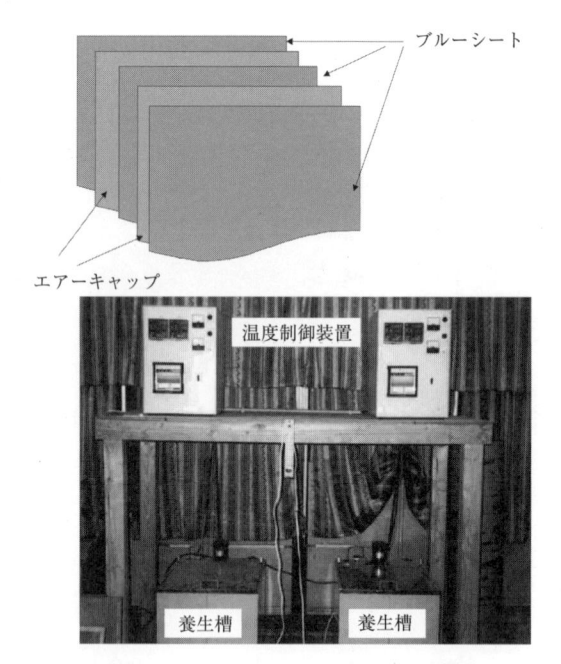

図-15.10 断熱シートと追従養生装置

15.2.4 温度履歴と強度

温度履歴の計測結果を，**図-15.11**に示す。早強型膨張材を使用した温度履歴は，通常の現場養生に比較して5℃程度高いことがわかる。追従養生による圧縮強度試験の結果を，**図-15.12**に示す。材齢が16時間の圧縮強度が22.6 N/mm^{2}から36.2 N/mm^{2}と増加して，設計強度の32 N/mm^{2}を満している。早強型膨張材を外割で24 kg/m^{3}添加することにより，冬季においても蒸気養生を行わなくても断熱シートによる養生を行うことにより，自己発熱およびセメントの水和促進の効果を得て，設計強度が満たすことを確認できた。

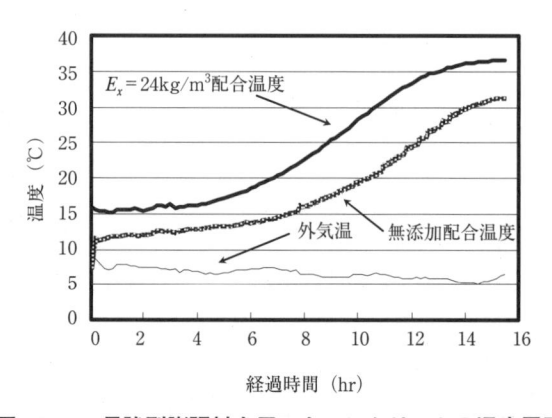

図-15.11 早強型膨張材を用いたコンクリートの温度履歴

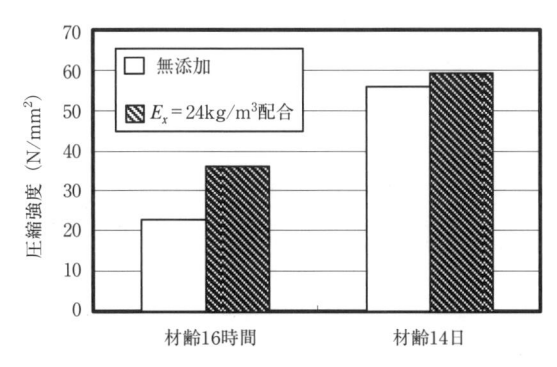

図-15.12　追従養生における圧縮強度

15.3　大型コンクリート製品の温度ひび割れの防止

15.3.1　はじめに

　大型ボックスカルバートの製造は，所要の脱型強度を得るために蒸気養生温度を高くすると，部材が厚いために，部材コンクリート内部に蓄熱する。このため，蒸気養生後の脱型直後に表面温度が下降して，内外の温度差が大きくなり，ひび割れが発生しやすくなる。とくに，ハンチ部分の厚みが大きい箇所の外側に，ひび割れが発生しやすい。
　このひび割れを回避するには，蒸気養生後の部材の温度降下量を小さくするために，脱型に十分な時間を待って行わなくてはならず，製造効率が著しく低下するという不具合が生じていた。このために，早強型膨張材を適用して，蒸気養生の最高温度を低下する検討を実施した。

15.3.2　実験の概要

　実験に使用したコンクリートの配合を**表-15.10**に，製造条件を**表-15.11**に示す。従来は，25 kg/m³の通常の膨張材を乾燥収縮補償用として使用していた。今回は，早強型膨張材を同様に25 kg/m³使用して，蒸気養生の温度を通常の70℃で使用されていたものを55℃，45℃と下げて，大型ボックスカルバートを製造した。**図-15.13**に大型ボックスカルバート供試体と圧縮強

表-15.10　大型ボックスカルバートの配合

配合No.	SL (cm)	W/C (%)	s/a (%)	単位量 (kg/m³)					
				W	C	従来型膨張材	E_x	S	G
1	8 ± 2.5	41	45	164	400	25	—	800	1 000
2						—	25		

注）E_xは早強型膨張材

表-15.11 蒸気養生パターン

配合No.	膨張材の種類	前置き時間 (hr)	昇温速度 (℃/hr)	最高温度 (℃)	保持時間 (hr)	脱型時間 (hr)
1	従来型膨張材	2	15	70	3	18
2	早強型膨張材			55		
				45		

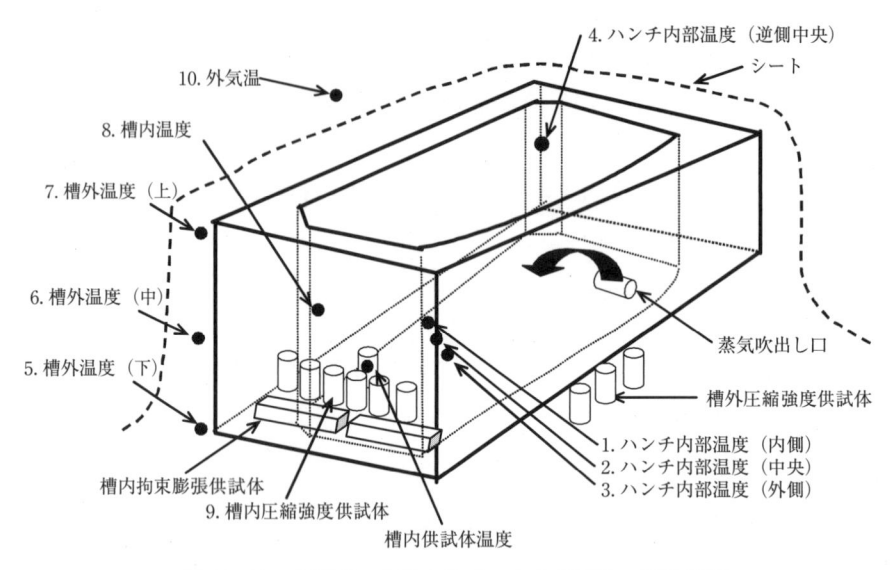

図-15.13 大型ボックスカルバートと供試体の養生状況

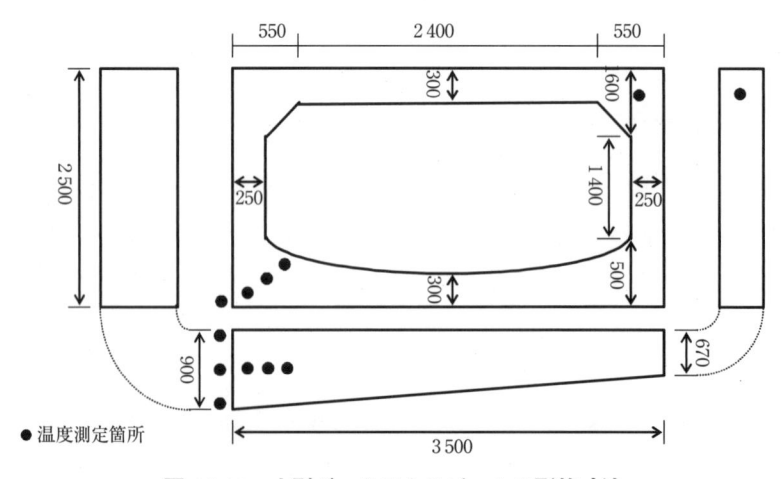

図-15.14 大型ボックスカルバートの形状寸法

度用および拘束膨張用の供試体の養生状況を示す。また**図-15.14**に，大型ボックスカルバートの形状寸法を示す。

15.3.3 ひび割れ，圧縮強度および一軸拘束膨張率

ボックスカルバート表面に発生したひび割れの観察結果を，**図-15.15**に示す。従来型膨張材を使用して蒸気養生の温度を70℃で製造したものは，最大ひび割れ幅が0.15 mmに達する大きなひび割れが15本観察される。一方，早強型膨張材を使用して55℃で製造したものは，ひび割れ幅が0.04 mmと小さく，本数も8本に減少している。

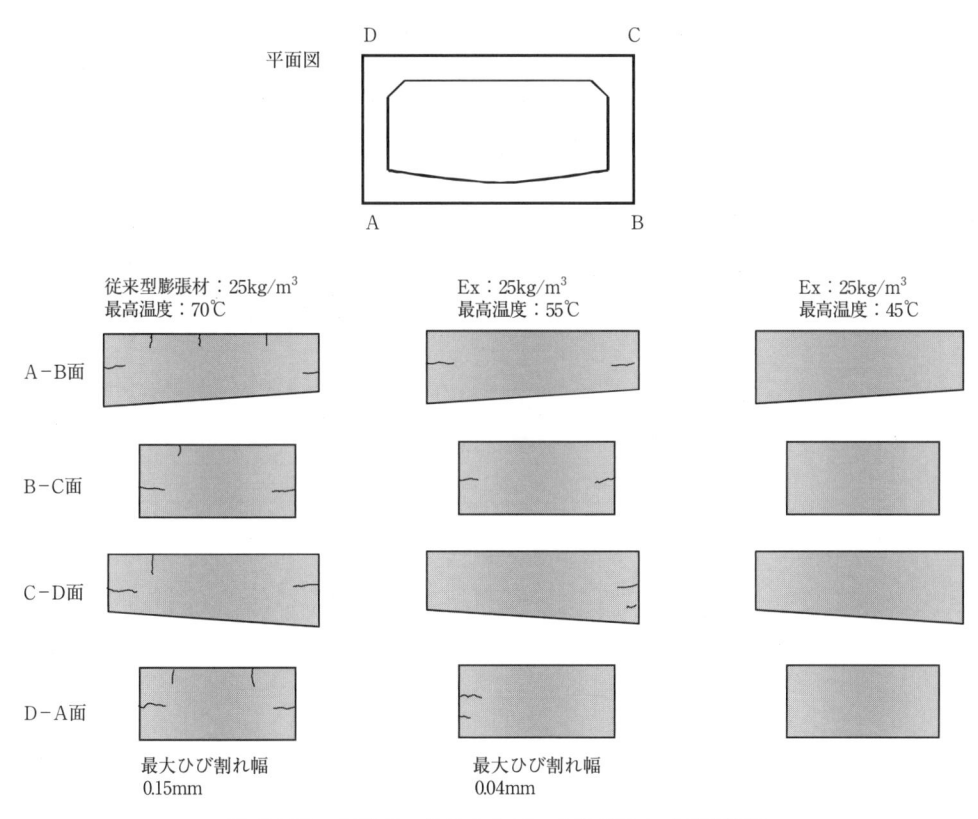

図-15.15　大型ボックスカルバートに発生したひび割れ

蒸気養生の温度が45℃になると，さらにひび割れは発生しなくなっている。内部拘束による温度ひび割れは，内外の温度差により発生する引張応力が原因であることから，膨張材を使用しても抑制できないとされている。蒸気養生の最高温度が70℃の結果では，内外の温度差が原因であるために，ひび割れは抑制できない結果となった。

18時間後の脱型時における各温度測定点での温度を，**表-15.12**に示す。18時間後においても，大型ボックスカルバートにおける温度は，まだ高い状態を保っている。また，ハンチ部では，内外の温度差は18℃程度生じている。蒸気養生の最高温度を低下した配合No.2では，部材温度が低下している。

15章 早強型膨張材のコンクリート製品への適用

表-15.12 脱型時の温度

(単位：℃)

配合No.	蒸気養生温度	1. ハンチ内部(内側)	2. ハンチ内部(中央)	3. ハンチ内部(外側)	4. ハンチ逆側内部	5. 槽外(下)	6. 槽外(中)	7. 槽外(上)	8. 槽内	9. 槽内供試体	10. 外気温
1	70	73.0	71.8	52.5	70.9	30.1	35.4	40.5	44.7	41.3	4.8
2	55	64.3	65.7	—	65.7	26.5	32.0	35.2	41.0	35.1	5.5
2	45	—	61.6	45.3	63.2	23.8	30.0	34.2	38.8	28.4	5.0

表-15.13と図-15.16には，圧縮強度と一軸拘束膨張率を示す。早強型膨張材を使用することにより，目標脱型強度の15 N/mm²以上を確保するための蒸気養生の最高温度を低下できる。また，大型ボックスカルバートは，蒸気養生後の乾燥を受けた条件下においても，良好なケミカルプレストレスが残存していることが確認された。

表-15.13 圧縮強度と一軸拘束膨張・収縮率

配合No.	膨張材の種類	蒸気養生最高温度(℃)	圧縮強度 (N/mm²)			一軸拘束膨張・収縮率 ($\times 10^{-6}$)					
			槽内		槽外	1日	7日	14日	28日	56日	91日
			脱型	7日	脱型						
1	従来型膨張材	70	31.9	44.3	30.2	150	115	75	25	−121	−200
2	早強型膨張材	55	30.9	44.9	26.2	289	242	160	25	−103	−186
2	早強型膨張材	45	22.7	37.0	20.8	287	207	154	39	−90	−176

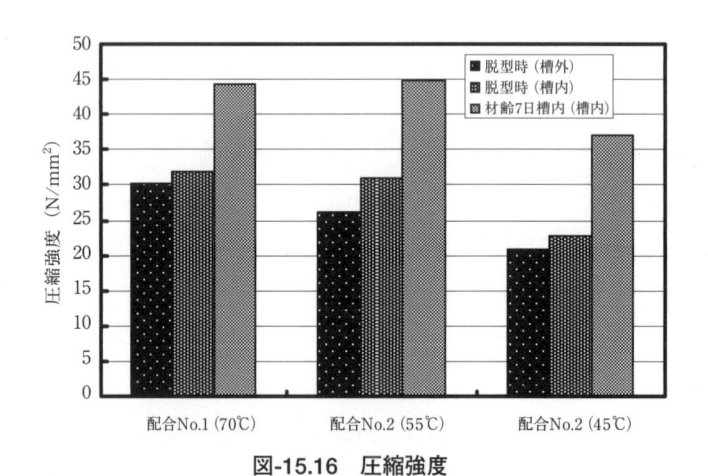

図-15.16 圧縮強度

15.4 遠心力鉄筋コンクリート管への適用

膨張材を使用した遠心力鉄筋コンクリート管（以後は，CPC管と称す）を対象として，従来型

のエトリンガイト系膨張材と対比しながら，早強型膨張材を適用するに際しての課題を抽出し，その解決策を提示している[5),6)]。すなわち，早強型膨張材を用いたコンクリートは，蒸気養生の最高温度を従来型のエトリンガイト系膨張材の場合に比べて20℃以上低下できる見通しが得られたが，早期に膨張が開始し，蒸気養生過程の膨張が大きく，脱型後の水中養生中の膨張が小さくなるため，CPC管は外圧ひび割れ強度が低く，管の円周方向に微細なひび割れが発生しやすい傾向にある。夏季における外圧ひび割れ強度の低下は，とくに大きくなることも明らかにされた。

CPC管の外圧ひび割れ強度を向上させるために，円周方向の型枠拘束制御方法を開発している。この方法は，円周方向の型枠に新たにばね装着ボルトを設置し，膨張力の発現に応じてばねが作動して，型枠の拘束を緩和するものである。そして，蒸気養生過程における所定の型枠の開口幅と，ばね装着ボルトに作用する膨張力を算出して，ばねの強さを選定する方法を提示するとともに，コンクリート強度の発現が小さい段階でばねが作動して管コンクリートが変形することがないように，ばね装着ボルトをあらかじめ締め付けるトルク値の設定方法を提案している。この円周方向の型枠拘束制御方法により，管コンクリートの膨張変形に伴って，らせん鉄筋に効果的にケミカルプレストレインが導入されるものである。

提案された円周方向の型枠拘束制御方法の効果と実用性を確認するために，膨張材の種類，膨張コンクリートの配合および蒸気養生条件を変化させてCPC管を製造し，現行の製造方法によるCPC管の外圧ひび割れ強度と比較した結果，円周方向の型枠拘束制御方法によって製造したCPC管の外圧ひび割れ強度は，いずれの条件においても向上した。さらに，拘束制御値を設定するための試験室コンクリートとCPC管の成形に用いたコンクリートの一軸拘束膨張ひずみの相違を解析した。その結果，初期拘束トルク値を設定するための「ばね作動時の膨張ひずみ比」の差が小さくなるほど，外圧ひび割れ強度の向上効果が大きくなることも明らかにしている。また脱型後の水中養生期間を変えて，CPC管の外圧ひび割れ強度の変化および一軸拘束膨張ひずみの変化を比較した結果，早強型膨張材を用いた場合は，従来型のエトリンガイト系膨張材の場合に比べて，外圧ひび割れ強度の変化および一軸拘束膨張ひずみの変化が小さく，脱型後の早期の段階で品質が安定することも明らかにしている。

以上のように，早強型膨張材と型枠拘束制御方法を採用することにより，遠心力鉄筋コンクリート管の製造において，蒸気養生温度の低下によるエネルギーコストの低減，および早期の品質の安定による品質管理および出荷管理の合理化を図ることが期待できる。

● 参考文献
1) 中江孝士，松下博通，牧角龍憲，鶴田浩章：高流動・高強度コンクリートの収縮性状に関する実験的研究，コンクリート工学年次論文報告集，Vol.19, No.1, pp.721-726, 1997
2) 名和豊春，出雲健司，堀田智明，矢野めぐみ：セメント・コンクリートの自己収縮と内部湿度，セメント・コンクリート，No.672, pp.48-56, 2003.2

3) 原田克己，松下博通，後藤貴弘：水和熱を考慮した高炉セメントコンクリートの自己収縮ひずみ特性，コンクリート工学論文集，第14巻1号，pp.23-33，2003.1
4) 辻幸和：膨張コンクリートのケミカルプレス効果，セメント・コンクリート論文集，No.44，pp.488-493，1990
5) 鈴木脩，松村武文，橋本哲夫，渡邉斉：早強型膨張材の遠心力鉄筋コンクリート管への適用に関する基礎研究，コンクリート工学論文集，第15巻1号，pp.23-33，2004.1
6) 鈴木脩，松村武文，橋本哲夫，渡邉斉：型枠拘束制御による遠心力鉄筋コンクリート管の外圧ひび割れ強度の向上に関する基礎研究，コンクリート工学論文集，第15巻3号，pp.1-14，2004.9

16章 おわりに

おわりにあたり，膨張コンクリートの誕生，実用化の技術課題，ケミカルプレストレスの推定方法の提案，曲げおよびせん断特性の改善効果，ボックスカルバート工場製品の開発，土木学会の膨張コンクリート設計施工指針の制定について概観し，最後に膨張コンクリートの将来に対する展望を述べる。

16.1 膨張コンクリートの誕生

コンクリートは，セメント，水，骨材および混和材料を混合した建設材料である。型枠の中に詰め込むだけで，容易に自由な造形が得られ，その中に配置された鉄筋と絶妙な複合効果を発揮している。そのため，わが国でも毎年約2億 m^3 と大量に製造され，使用されている。

詳細に観察すると，コンクリート中の水は，セメントと反応する以上の量が，型枠に打ち込むことなどのため必要である。余った水は，徐々に周辺に発散され，そのことによりコンクリートは収縮して，鉄筋との複合効果を減じることになる。そのため，混和材料として膨張材を添加して，このような収縮を減じ，さらに膨張力を積極的に活用する膨張コンクリートが開発され，実用されてきた。

16.2 膨張コンクリートの実用化の技術課題

わが国でコンクリート用の膨張材が市販されたのは1968年であり，筆者の一人が研究を開始した1970年は，揺籃の時期であった。そして，コンクリートの収縮補償用だけでなく，ケミカルプレストレス(CP)を積極的に利用して遠心力鉄筋コンクリート管に適用し，ひび割れ耐力を2倍から3倍に増加させる方法が注目されていた。いわゆる，CPC(ヒューム)管の誕生であった。

しかしながら，膨張材を用いた膨張コンクリートをより有効かつ多方面に適用するためには，次に示す①～④の4項目について解明し実施することが，課題として残されていた。

① ケミカルプレストレスの推定方法の提案

② 曲げおよびせん断特性の改善効果
③ ケミカルプレストレスを活用したCPヒューム管に並ぶ工場製品の開発
④ 膨張コンクリート設計施工指針の制定

16.3 ケミカルプレストレスの推定方法の提案

　膨張コンクリートを鉄筋で長さ方向に拘束した場合に，コンクリートには圧縮応力度のケミカルプレストレスが，また鉄筋には膨張率のケミカルプレストレインが，それぞれ導入される。これらを精度良くかつ簡便に推定することが，求められていた。

　鉄筋の断面積 A_s とコンクリートの断面積 A_c の比で定義される拘束鉄筋比 p を増加させると，ケミカルプレストレス σ_{cp} は増加するが，鉄筋の膨張率であるケミカルプレストレイン ε_s は減少する。この現象は，実験により見出され，実験式も提案されていたが，精度の悪いものであった。

　単位体積あたりの膨張コンクリートが鉄筋のような拘束に対してなす仕事量の概念 U を，次式のように提示した。U は，p が0.5％から4％まで増加すると，わずかながら減少するが，p にかかわらずほぼ等しいと仮定しても実用上は良いことを，実験により見出した。すなわち U は，鉄筋のヤング係数を E_s とすると次式で示され，この U が p にかかわらず一定であるとする，仕事量一定則の仮定である。

$$U = \sigma_{cp}\varepsilon_s/2 = E_{sp}\varepsilon_s^2/2 = \sigma_{cp}^2/2E_{sp}$$

　p_s が約1％のJIS A 6202（コンクリート用膨張材）に規定されているA法一軸拘束器具を用いて，その膨張率を ε_{ss} として測定するだけで，任意の拘束鉄筋比 p_a を持つ鉄筋コンクリートのケミカルプレストレス σ_{cpa} とケミカルプレストレイン ε_a は，次式で簡便に算定できるのである。

$$U_s = \frac{1}{2}E_s p_s \varepsilon_{ss}^2 = U = \frac{1}{2}E_s p_a \varepsilon_a^2 = \frac{1}{2E_s p_a}\sigma_{cpa}^2 \text{ より}$$

$$\sigma_{cpa} = \sqrt{2p_a E_s U_s}, \qquad \varepsilon_a = \sqrt{2U_s/p_a E_s}$$

　実測値と推定値の誤差は，最大で10％であることを確かめた。

　次に推定方法の一般化を図るため，鉄筋や旧コンクリート等の拘束体が配置されている場合にも，推定式を導き出した。そして，推定値と実測値の差は，最大でも20％であることも確かめた。

16.4 曲げおよびせん断特性の改善効果

　膨張コンクリートを鉄筋コンクリートに適用すると，ケミカルプレストレスが導入できて曲げひび割れ発生荷重が増加することは，それまでの多くの研究で明らかにされていた。その増加程度は，ケミカルプレストレスを①により推定することにより，簡便に算定できることを提案した。

　外力モーメントに伴う引張鉄筋のひずみの増加量は，曲げひび割れが発生した後においても小さくなることを見出した。この減少程度は，①の引張鉄筋のケミカルプレストレイン ε_s に相当することも明らかにした。したがって，曲げひび割れ幅も，ε_s に応じて減少させることができるのである。

　曲げ特性の改善とともに，スターラップによる膨張の拘束効果も加味して，斜めひび割れ発生荷重とせん断破壊荷重の増加が図られることも，実験で確かめた。

16.5 ボックスカルバート工場製品の開発

　1972年夏から箱形断面の工場製品のボックスカルバートに膨張コンクリートを適用して，版厚の減少による製品の軽量化を図る研究に，製品会社と膨張材メーカーで取り組んだ。円筒断面のCPC管ではすでに製品化されていたが，①と②を明確化することにより，箱形断面についても膨張コンクリートの使用効果を確かめることができた。

　蒸気養生に適した膨張材を開発するとともに，1973年暮には，いわゆるCPCカルバートとして市販することができた。その後，（財）国土開発技術研究センターにおいてボックスカルバートの製品規格を制定する際に委員として参画し，ケミカルプレストレスの効果をコンクリートの曲げ強度の増加として考慮する指針が，1990年3月に発刊された。

16.6 土木学会　膨張コンクリート設計施工指針の制定

　1976年9月に，土木学会に膨張コンクリート設計施工指針作成分科会が設置され，1979年12月に指針（案）が発刊された。委員として参画し，上記①～③の内容を指針（案）の本文に盛り込むことに努力したが，時期尚早のため解説に述べられるに留まった。

　その後1989年12月に，指針（案）改訂のための分科会が設置され，主査を務めた。その時点までには実績も増加し，①～③の内容をケミカルプレストレストコンクリートとして本文に採り入れることができ，1993年7月に指針を出版することができた。そして，2008年3月に改訂

された土木学会コンクリート標準示方書［設計編］においては，ケミカルプレストレインとケミカルプレストレスの効果がより明確に記述されている。

16.7　将来に対する展望

　1970年から指針発刊の1993年までにおける膨張コンクリートの実用化に関する研究を主として述べたが，現在も研究を継続している。高性能膨張材の開発研究である。そのため，現時点における研究開発の評価を行うのは難しい。ただ，開発研究の枠組みとしては，①～④に対応した **16.3**～**16.6** に述べた事項については，大筋として適していると考えている。

　今後，コンクリート構造物の要求性能が高度化し多様化していく。その際，乾燥収縮や自己収縮によるマイクロクラックおよびマスコンクリートの温度ひび割れの制御などには，膨張コンクリートがこれまで以上に使われることも期待している。その適用を促進するためには，次の項目を明らかにすることが必要である。

1. 膨張コンクリートの若材齢時における膨張作用と力学的特性の定量的把握

　若材齢時に引張応力を受ける場合の膨張作用は，膨張コンクリートの引張クリープとも複合している。マスコンクリートや自己収縮が卓越する場合には，この現象の解明が重要であり，いわゆるコンクリートの伸び能力とも関連する。

2. 膨張コンクリートが拘束に対してなす仕事の概念の一般化

　仕事量の概念に基づくケミカルプレストレスの推定方法を，広範囲に精度良く適用できるようにする必要がある。そのためには，膨張コンクリートの膨張作用時の強度，弾性係数およびクリープなどの力学的特性を，仕事量の中に組み入れなければならない。また，多軸拘束方向への適用精度を上げるためにも，これらの力学的特性の定式化が求められる。

索　引

■あ行

圧縮強度　35, 99, 105, 114, 122, 134, 171, 178, 184, 193, 207, 209, 212, 217, 220

一軸拘束供試体　152, 159
一軸拘束膨張　98
一軸拘束膨張試験　202
一軸拘束膨張・収縮率　220
一軸拘束膨張率　71, 84, 183
インバー鋼　152

A法一軸拘束器具　125, 129, 169
SEM像　84
エトリンガイト　5
エトリンガイト系膨張材　86
遠心力鉄筋コンクリート管　220

応力の低減率　55
大型コンクリート製品　217
温度　203
温度応力　41, 44, 47, 51, 203
温度応力試験装置　17, 42, 61
温度ひび割れ　16, 47, 217
温度履歴　46, 47, 216

■か行

化学組成　82
壁構造物　199
乾燥収縮　143
乾燥収縮ひずみ　63, 158, 162
乾燥収縮ひび割れ　12, 158, 162, 181

凝結　121
凝結時間　112, 193

空気量　104, 112
クリープ　155
クリープ係数　53
クリンカー組成　93
クリンカーの反応性　91

ケミカルプレス効果　126
ケミカルプレストレス　21
ケミカルプレストレスの推定　159
ケミカルプレストレスコンクリート梁　175
現場ひずみ　185

コアサンプル　197
高強度・高流動コンクリート　59
高性能膨張クリンカー　79, 86
高性能膨張コンクリート　137
高性能膨張材　75, 77, 79, 87
拘束鋼材比　129, 130, 131
拘束鉄筋比　151
拘束膨張ひずみ　211, 214
拘束膨張率　95, 123, 178
拘束膨張率・収縮率　105, 210
拘束モデル　151
拘束率　160, 163
鉱物組成　82
高膨張コンクリート　68
高炉スラグ微粉末　31
コンクリート温度　194
コンクリートの応力　195

■さ行

細孔経分布　142

CPC管　220
自己収縮ひずみ　29, 62

227

索 引

自己収縮ひび割れ　19
仕事量　133
仕事量一定則　129
仕事量一定則の概念　21, 115, 124, 132, 134, 160
自己長さ変化率　31
実ひずみ　200
弱材齢時のクリープ　155
自由膨張ひずみ　151, 211, 213
蒸気養生　210
焼成クリンカー　83
焼成実験　81
初期圧縮強度　99

推定引張応力度　188
水和発熱　37, 95
スランプ　104
スランプの経時変化　111, 121

石灰系膨張材　86
石灰石微粉末　34

早期脱型強度　205
早強型膨張材　78, 89, 119, 205
相対動弾性係数　143
促進中性化　106
促進中性化深さ　64, 126, 196

■た行

耐久性　124
耐久性指数　106, 125, 142
単位膨張材量　134
短期圧縮強度　121
断熱温度上昇量　43, 64, 65
断熱養生　214
断面内の膨張分布　137

中性化深さ　197
長期圧縮強度　121
長期強度　198

低添加型膨張材　9, 77
低熱セメント　33
デッキスラブ　181
鉄筋コンクリート梁　144

電気炉　81
凍結融解抵抗性　197
透水性　126

■な，は行

内部温度変化　209
長さ変化率　49, 113, 146, 177, 194
長さ変化率（膨張・収縮率）　149
長さ変化率（膨張率）　149

発生応力　201

ひずみ分布　178
引張応力　164, 187
引張強度　52, 161, 164, 184
ひび割れ　219
ひび割れ指数　67, 162, 164
ひび割れ抵抗性　66
ひび割れの発生確率　162
ひび割れの抑制効果　187
ひび割れ幅　73
ひび割れ誘発目地　200

フレッシュ性状　145, 170, 176, 183, 193
粉末度　87, 94

壁体コンクリート構造物　190

膨張応力　157
膨張係数　153
膨張コンクリート　7
膨張材　6, 86
膨張材の種類　148
膨張材の膨張機構　86
膨張・収縮ひずみ　151, 185, 186
膨張性能　82, 84
膨張セメント　5
膨張ひずみ　131, 153, 154
膨張ひずみの重ね合わせの概念　157
膨張ひずみ分布　170, 172
膨張分布　143
ボックスカルバート　218

■ま，や，ら行

曲げ強度　212
マスコンクリート　41, 199

見かけの熱膨張係数　50
見かけのヤング係数　157

無水石こう　85, 95

ヤング係数　52, 171, 178, 184
ヤング係数の低減係数　155, 156

有効自由膨張ひずみ　132, 155
有効ヤング係数　151, 154
遊離石灰　85, 93

力学的特性　137
粒度組成　93

累積空隙量　143

連続合成桁　68

著者略歴

辻　　幸和(つじ　ゆきかず)

群馬大学大学院 工学研究科 社会環境デザイン工学専攻　教授
昭和44年　名古屋工業大学 工学部 土木工学科卒業
昭和49年　東京大学大学院 工学系研究科 博士課程修了，工学博士

佐久間　隆司(さくま　たかし)

太平洋マテリアル株式会社 開発研究所　所長
昭和55年　千葉大学 工学部 工業化学科卒業
平成17年　群馬大学大学院 工学研究科 博士後期課程修了，博士（工学）

保利　彰宏(ほり　あきひろ)

Denka Chemicals GmbH セールス マネジャー
平成 7 年　広島大学工学部 第四類卒業
平成 9 年　広島大学大学院 工学研究科 博士前期課程修了
平成16年　群馬大学大学院 工学研究科 博士後期課程修了，博士（工学）

高性能膨張コンクリート

定価はカバーに表示してあります。

2008年11月25日　1版1刷発行　　ISBN 978-4-7655-1745-4 C3051

著　者　辻　　幸　和
　　　　佐久間　隆　司
　　　　保　利　彰　宏
発行者　長　　滋　彦
発行所　技報堂出版株式会社

〒101-0051　東京都千代田区神田神保町1-2-5
（和栗ハトヤビル）

日本書籍出版協会会員
自然科学書協会会員
工学書協会会員
土木・建築書協会会員
Printed in Japan

電　話　営　業（03）（5217）0885
　　　　編　集（03）（5217）0881
　　　　Ｆ Ａ Ｘ（03）（5217）0886
振替口座　00140-4-10
http://gihodobooks.jp/

Ⓒ Yukikazu Tsuji, Takashi Sakuma and Akihiro Hori, 2008

装幀 ジンキッズ　印刷・製本 昭和情報プロセス

落丁・乱丁はお取り替えいたします。
本書の無断複写は，著作権法上での例外を除き，禁じられています。

◆ 小社刊行図書のご案内 ◆

コンクリート構造物の難透水性評価

辻　幸和・小西一寛・藤原　愛　著
A5・132頁

【内容紹介】近年，コンクリートが有する難透水性の性能を適切に評価し，安全な鉄筋コンクリートの施設を経済的に構築することが社会的な要請となっている。本書は，難透水性の中空円筒形のマッシブな鉄筋コンクリート構造物を構築して開発してきた技術を，とりまとめて解説する。この技術開発には，材料・構造・施工の各分野で発展してきた温度ひび割れの抑制技術を駆使している。また，このようなコンクリート構造物の難透水性を評価する手法および技術についてもまとめて提示する。

建設材料学（第六版）

樋口芳朗・辻　幸和・辻　正哲　著
A5・230頁

【内容紹介】建設関係学生・初級技術者向け入門書。固有の建築材料を除く主要な建設材料について「なじみ」を覚えるとともに，建設材料全般についての要を得た「地図」を頭の中に入れられることを第一に，材料相互の関係，組合せや施工・構造との関係なども具体的に解説した。技術開発のヒントや事故例・失敗例を多くのコラムで紹介し，建設技術者として頭を働かせるべき要点を具体的に知ることができるよう配慮した。改正JISやコンクリート示方書最新版の内容に準拠し，最新の知見を盛り込み改訂。

コンクリート構造物の力学
―解析から維持管理まで―

川上　洵・小野　定・岩城一郎　著
A5・190頁

【内容紹介】コンクリート構造物の中でも，主として用いられている鉄筋コンクリートに重点を置き，構造物の安全性，使用性および耐久性に関し力学的観点からまとめた書。コンクリート構造物の構造解析や設計計算と構造物の補修・補強を含めた維持管理にかかわる変形やひび割れの相互関係が一冊の本によりわかるようつとめている。大学における鉄筋コンクリート工学および維持管理工学の講義に最適。

ネビルのコンクリートバイブル

A.M.Neville 著・三浦　尚　訳
A5・990頁

【内容紹介】世界的なコンクリートの教科書として有名な「Properties of Concrete Fourth Edition」の訳本。コンクリート工学全般を網羅し，本書独自の最新の知見までも含んだ最新版。著者の長年の現場調査や実務に関連させた研究の経験に基づいて，建設材料としてのコンクリートの広くそして詳細な見解を示す。コンクリートの特性の統合した見方と，基礎を成している科学的な根拠を重要視し，実務への適用性を考慮して解説している。

新土木実験指導書
――コンクリート編（第四版）

村田二郎・岩崎訓明　編
A5・268頁

【内容紹介】第三版の刊行（平成13年）以降に見直しがなされた関連JIS，特に実験課題として最も重要なコンクリートの強度試験関連JIS（強度試験用供試体の作り方，曲げ強度試験，圧縮強度試験，圧縮強度試験および割裂引張り強度試験）を中心に，それらを反映させる訂正を行った。近年，コンクリートの挙動を予測する技術は急速に発展しているが，実験による解析的手法の正統性の確認は必須とされており，実験の重要性は一段と高まっている。高専・大学の学生に長年使われてきた定評ある教科書の改訂4版である。

エコセメントコンクリート利用技術マニュアル

土木研究所　編著
A5・118頁

【内容紹介】都市ごみ焼却灰を主原料とし，必要に応じて下水汚泥等も使用してつくられる「エコセメント」は，資源循環型社会をめざすうえで大いに期待されており，2002年7月にはJIS規格も制定されている。本書は，エコセメント製造過程で脱塩素処理を行い，普通ポルトランドセメント類似の性質をもたせた「普通エコセメント」を，鉄筋コンクリート材料として利用するさいに留意すべき基本的な事項について，とりまとめた書。指針・基準類に多く見られる条文とその解説の形式で実務的に解説されている。適用例の紹介など，カラー32頁。

技報堂出版　TEL 営業 03(5217)0885　編集 03(5217)0881
FAX 03(5217)0886